U0287530

工业和信息化部"十四五"规划专著

复杂体系过程的
随机网络理论与应用

方志耕　陶良彦　陆志沣　杜浃浃　刘思峰　陈　顶　著

科学出版社

北　京

内 容 简 介

本书以作者团队在随机网络领域的理论创新和应用实践为支撑，全面介绍了复杂体系过程的随机网络模型，主要内容包括随机网络模型要素和结构框架、智能随机网络模型、不确定性随机网络模型，以及卫星通信网络建模和资源管控、复杂体系效能评估、复杂体系可靠性建模、区域产业发展分析等。

本书适合从事复杂体系过程设计、运维等方面工作的工程技术人员参考，也可作为从事可靠性工程、复杂系统建模等相关研究的科研人员及教学工作者的参考书。

图书在版编目(CIP)数据

复杂体系过程的随机网络理论与应用/方志耕等著. —北京：科学出版社，2023.9

(工业和信息化部"十四五"规划专著)

ISBN 978-7-03-076283-2

Ⅰ.①复… Ⅱ.①方… Ⅲ.①计算机网络-理论研究 Ⅳ.①TP393

中国国家版本馆 CIP 数据核字 (2023) 第 162503 号

责任编辑：李涪汁　高慧元／责任校对：任云峰
责任印制：张　伟／封面设计：许　瑞

科 学 出 版 社 出版
北京东黄城根北街 16 号
邮政编码：100717
http://www.sciencep.com

北京中科印刷有限公司印刷
科学出版社发行　各地新华书店经销
*
2023 年 9 月第 一 版　开本：720×1000　1/16
2023 年 9 月第一次印刷　印张：16 1/4
字数：327 000
定价：149.00 元
(如有印装质量问题，我社负责调换)

序

当前，新一轮科技革命和产业变革的浪潮方兴未艾，数字技术正以前所未有的广度和深度改变着人类的生产方式和生活形态。数字技术、信息技术、网络技术、智能技术赋能推动制造业向高端化、智能化、绿色化发展。图示评审技术 (GERT) 作为一种网络分析技术，能很好地描述多个系统构成的复杂体系，精确研究体系内多个有关参数的传递关系。该书作者团队一直从事 GERT 网络理论研究，致力于应用 GERT 解决复杂装备可靠性管理等复杂体系过程中的管理难题，为该书撰写奠定良好的理论和实践基础。

体系是由多个系统所构成的一个协同 (联盟) 整体，体系中交织着大量的物质流、能量流与信息流等元素，体系组分之间存在着复杂的相互作用关系。该书作者团队在国家自然科学基金项目、国家社会科学基金项目及企业委托项目等的支持下，围绕 GERT 反问题、自学习、特征函数型传递参数、不确定性 GERT、智能体 GERT 等多维度对随机网络模型进行了研究探索，在航空航天等单位的设计制造、生产管理中得到应用，获得江苏省科学技术奖一等奖等奖励。

该书主要内容瞄准 GERT 研究前沿，结合复杂装备研制，列举了复杂体系过程应用案例，展示该书作者团队在随机网络理论研究的前沿成果，扩展 GERT 模型的研究框架和研究内容，对促进 GERT 理论发展与推广应用具有积极作用。该书可作为高等院校、企业及科研院所等相关科技人员的学习用书，也可供从事效能评估、可靠性管理等工程实践的一线工作人员参考借鉴。

前　言

　　复杂体系存在于社会民生、国家安全、军事作战等方面，是社会运行的组成部分和重要保障。对这些重要复杂体系进行分析与评价，是进一步科学开发和设计的前提和基础，也是国家和社会的重大现实需求。本书聚焦于复杂体系中的相关科学问题，结合团队特色、相关理论创新成果和实践案例，从介绍复杂体系过程与随机网络的概念与内涵、复杂体系过程的随机网络模型要素与结构框架设计出发，阐述随机网络模型在复杂体系建模、复杂体系自学习、复杂体系效能评估等领域的理论与实践。本书入选工业和信息化部"十四五"规划专著。

　　本书编写团队近 20 年来一直从事 GERT 网络理论研究，并应用 GERT 成功地解决了复杂武器作战体系、复杂装备可靠性管理等复杂体系过程管理难题。本书系统地介绍了这部分工作，主要包括随机网络结构和算法，随机网络参数不确定情形下的多元不确定 GERT 网络，智能随机网络，GERT 模型的反问题模型和多传递参量 GERT 网络，以及它们在复杂体系效能评估、低轨卫星通信网络簇结构设计与资源管控优化、复杂体系可靠性管理等方面的应用。

　　本书第 1 章由方志耕、陶良彦执笔；第 2 和 9 章由陶良彦执笔；第 3 和 4 章由方志耕执笔；第 5 和 6 章由陆志沣执笔；第 8 章由杜决决执笔；第 10 章由刘思峰执笔；第 7 章由陈顶执笔。杨保华、张靖如、耿孙悦、王欢、吴双等博士研究生，夏悦馨、陈静邑、张习习、张亚东、华晨晨、郝雪婷、李云宇、薄淑莉、陈钟文等硕士研究生也参加了相关课题研究，并做出很大贡献。

　　本书相关研究获得国家自然科学基金项目（72271124，72071111，52232014，71801127，71671091）、中国博士后科学基金项目（2019TQ0150）、科技部科技创新引智基地项目（G20190010178）、科技部外国专家高端引智项目（G2021181014L）、工业和信息化部中国商飞 PHM 专项等的资助。南京航空航天大学校长、中国工程院院士单忠德一直关心我们的工作，给予了很大的帮助和指导，并为本书作序；同时本书出版也得到科学出版社领导和编辑的大力支持，在此一并表示衷心的感谢！

　　限于作者水平，书中疏漏之处在所难免，敬请同行和读者不吝指正。

作　者

2023 年 2 月

前　言

目　　录

第1章 绪 论

1.1 复杂体系概述

1.1.1 复杂体系缘起与研究意义

1991 年 1 月 17 日，以美国为首的多国部队轰炸巴格达，海湾战争爆发。在 42 天的时间里，一支由美国领导的联军就重创了伊拉克军队并将其驱逐出了科威特。这一战争给出了各国如何打赢现代战争的答案——运用诸军兵种一体化作战力量，实施信息主导、精打要害、联合制胜。之后美国国防部开发跨越组织和国界的体系架构框架 DoDAF（Department of Defense Architecture Framework），英国国防部体系结构框架 MoDAF（Ministry of Defense Architecture Framework）和北约体系结构框架 NAF（NATO Architecture Framework）等也被相继提出。美国 IBM 公司开发用于体系建模的设计工具 UPDM，其被广泛应用于装备体系、企业云服务建构、信息系统设计等多种场景。

近年来，随着物联网、云计算等新一代信息技术的发展，智慧城市、智慧工厂、智慧园区等平台体系出现，对复杂体系的相关研究可以帮助解决体系中存在的环境污染、能源浪费、资源配置不合理等问题。在智慧城市中，针对城市中存在的交通拥堵、环境恶化等问题，可以通过物理系统、社会系统和信息系统的动态智能组合，使多个系统协同运转，为城市提供包括规划、节能、环保、安全在内的一系列服务。对于未来战场，面对瞬息万变的形势，海、陆、空、天作战域与侦察、装备、打击、运输、后勤保障等系统紧密配合，形成作战体系，实现统一指挥，协同作战，为打赢未来战争保驾护航。

2021 年 3 月出台的《中华人民共和国国民经济和社会发展第十四个五年规划和 2035 年远景目标纲要》中明确指出，要完善企业创新服务体系、住房市场体系和住房保障体系、生态安全屏障体系、养老服务体系，建设高标准市场体系和高质量教育体系。由此可见，随着工程系统、装备系统、通信网络系统、城市系统等复杂系统规模不断增加，复杂程度不断加深，交互活动更加频繁，体系和体系工程应运而生。复杂体系无关大小、广泛存在，在此背景下，开展复杂体系相关研究具有重要的理论与实践意义。

（1）新时代背景下，开展复杂体系研究对于国家创新、社会服务体系和国家安全力量至关重要。复杂体系（system of system，SoS）是近年来新兴的研究热点，受到国内外学者的广泛关注。复杂体系广泛存在，从城市的交通体系、信息时代网络环境中的虚拟联合体到国家防御体系和战场 CISR 体系等都是典型的复杂体系。复杂体系由众多独立异质系统组成，在体系的使命（任务）目标驱使下，这些独立异质体系要素（系统或装备等）产生大量错综复杂的相互作用，而这种相互作用在体系的更高层次上表现为体系的涌现性和适应性。近年来，国防安全和军事、作战等领域的体系问题更是受到实践部门和理论工作者的高度关注。在联合军事作战方面，复杂体系建设被认为是通过众多作战平台、武器系统、传感器系统、预警系统、指挥系统和通信系统等各个独立系统的协同运作实现战争目标的必要措施。美军参联会前主席 Owen 上将把未来的网络中心战（network centric warfare，NCW）思想归为复杂体系思想，在美国国防部内部，复杂体系成为网络中心战建设的核心指导思想。因此，复杂体系及其工程问题的研究对于未来体系的构建具有重大的理论意义和应用价值。

（2）复杂体系内部子系统众多，系统间连接关系具有动态性和时变性，体系描述及建模困难重重。复杂体系内子系统数量多、类型多样，以体系功能逻辑为导向，存在物质和信息交互，构成了多层级结构关系。体系中各组成要素的能力和执行任务的效能表现可能具有较大的动态性、随机性，因此，亟须找到一种对体系架构进行适度抽象和描述的模型。传统的方法主要有基于 DoDAF 及其衍生架构的建模方法和基于 ABMS 的建模方法，这两种方法能够清晰地描述体系架构，但是缺少形式化的表示使得这两类模型无法有效地支撑优化阶段的工作。网络化建模能够形式化地描述体系架构的基本要素及其之间的关系。同时，随着复杂体系本质研究的深入，体系架构模型的粒度和层次也越发复杂，体系运行过程中架构层次多变。因此，针对这种多层次、节点异质、关联关系异构、动态演化的复杂体系研究如何构造合理科学的网络模型以全面地涵盖体系架构要素及其交互关系困难重重。

1.1.2　复杂体系概念

复杂体系又称为"系统之系统"，从英文"system of system"翻译而来，是复杂系统发展的必然结果，通过将不同的部分与整体连接起来，以解决大规模的问题。

可以用一个简单的航空旅行案例来说明系统与体系的区别。飞机是大规模复杂系统的一个典型例子，由动力系统、飞控系统、液压系统、机体等子系统共同组成。当飞机的所有子系统协同工作时，飞机就会安全飞行；但如果系统彼此独立工作，飞机就不会正常飞行。机场是另一个复杂的系统，其涉及飞机、摆渡车、行李搬运设备和许多其他系统，而且这些系统可以彼此独立运行。为了使机场正常运行，它需要拥有这些独立系统的正确组合和相互合作。空中交通管制系统是结合飞机、控制中心、机场、卫星、雷达等的另一个复杂系统例子。

复杂体系的概念描述了对许多独立的、自洽的子系统进行大规模集成，以满足总体需求。从空中交通管制系统到卫星星座，这些复杂的多系统相互依存，相互影响。与工程师们解决的单个复杂系统设计问题不同，这些子系统的大规模综合集成通常会产生新的问题。研究如何将这些单独的系统整合在一起并进行协调就是体系工程所需要解决的主要问题。

关于 SoS 有据可查的文献最早可以追溯到 1964 年，一篇关于纽约市城市模型的论文《城市系统中的城市系统》中提到了 "system within system"。目前关于体系概念还没有统一公认的定义，但一些国际组织，例如，系统工程国际委员会（INCOSE）、国际标准化组织（International Organization for Standardization，ISO）、国际电工委员会（International Electrotechnical Commission，IEC）和美国电气电子工程师学会（IEEE）给出了一些定义。

（1）根据 INCOSE 的定义，体系是独立系统的集合，通过集成独立子系统提供独特的能力。这些独立的组成系统通过协作来产生它们无法单独产生的整体行为。

（2）在 ISO/IEC/IEEE 21839 中，体系是系统或系统元素的集合，它们相互作用以提供一种独特的、任何一个组成系统都无法单独完成的能力。

（3）美国国防部采办、技术与后勤部 [1] 将体系定义为 "一种子系统的集合或统筹，以将独立的、有用的系统整合到一个更大的系统中，并提供独特的能力"。这份文件为企业内可能存在的 SoS 类型提供了一套明确的定义，以及与每个 SoS 类型相关的独特特征。该文件还提供了一些关于如何在美国国防采办指南（Defense Acquisition Guide，DAG）中使用系统工程活动的见解。该文件还根据体系相关的治理和控制水平，将体系划分为四种类型。

虚拟系统：缺乏一个中央管理机构；大规模的行为会涌现，而且这些行为可能是需要的，但这种类型的体系必须依靠相对不可见的机制来维持它（如互联网）。

协作型系统：各组成子系统互动以实现商定的中心目的。中心参与者集体决定如何提供或拒绝服务，从而提供一个维护和执行标准的手段（如大学实验室联合体）。

公认体系：各组成子系统有公认的目标，有一个指定的管理者、资源，但保留独立的所有权、目标、资金、发展和维持 (例如，海军航母攻击群由各种船只和飞机组成，通过语音和数据通信网络连接在一起)。

定向体系：为实现一个中心目的而设计、建造和管理的体系。通常是在很长一段时间内，各组成子系统可以独立运行，但作为一个体系工作（例如，卫星和地面站的任务分配、收集、通信和处理活动）。

（4）美军参联会主席在《联合能力集成与系统演化》（*Joint Capabilities Integration and Development System*，*JCIDS*）中给出了体系的定义："体系是相互

依赖的系统的集成，关联与链接这些系统以提供一个既定的能力需求。"去掉组成体系的任何一个系统将会在很大程度上影响体系整体的效能或能力。体系的演化需要在单一系统性能范围内权衡集成系统整体。战斗飞行器是体系研究典型案例，战斗飞行器既可以作为单一系统研究，也可以作为体系的子系统研究，作为体系研究时，其组成系统包括机身、引擎、雷达、电子设备等。

（5）Maier 在 1998 年提出体系是为实现共同目标聚合在一起的大型系统集合或网络。常见的 SoS 包括国际航空系统（飞机、机场、航空公司、航空交通控制系统）、海军水面舰艇火力支援系统（侦察、定位、武器系统和 C4I）、战区弹道导弹防御系统（监视、跟踪和拦截系统）等。

1.1.3　复杂体系研究梳理

20 世纪 90 年代末至今，系统工程规模变得更大、更复杂，以复杂自适应系统为理论指导的体系出现，体系及体系工程逐渐成为系统工程、管理科学等诸多学科的新研究领域。尽管在体系与体系工程的认识上还没有形成统一的、为学术研究领域广泛接受的概念定义，但关于体系与系统、体系工程与系统工程的区别已经得到众多学者的认可。从时间上看，体系工程、复杂体系等研究一直从 90 年代持续发展至今，渗透到了交通、军事、信息网络等社会的各个领域，并且带动了大量其他相关理论研究。近年来，关于体系的研究主要聚焦在体系建模、体系结构、体系评估等方面，并且基于复杂网络建模的体系建模研究如今已成为热点，而超网络、效能评估方法等相关研究得到迅速发展。

信息技术发展使得系统间的联系和交互日益紧密，体系已经普遍成为当下大规模系统存在的重要形态。体系是能够进行涌现性质的关联或联结的独立系统的集合，属于复杂系统范畴，因此也可称为复杂体系 [2]。Maier 较早地提出了体系的关键特性，即组成部分的运行独立性、管理自主性、地域分布性以及体系的涌现性、演化性 [3]，其中组成系统的自主性使得体系具有动态结构 [4]。体系的合理运行和演化行为以体系结构为依据，体系结构建模本质上是捕获详细的体系结构描述从而构建模型 [5]。

基于体系结构框架的建模方法。目前已有一些发展成熟的体系结构框架，例如，美国国防部开发的 DoDAF、英国国防部主要运营的 MoDAF 以及北约组织内通用的北约体系架构产品 NAF 等。王丰等 [6] 基于 DoDAF 分析战区军事物流战略重点，并设计了战区军事物流体系作战视图。王新尧等 [7] 采用 DoDAF 2.02 框架，在考虑人因和智能因素的条件下从作战角度构建有人/无人机协同作战体系结构模型，基于 IBM Rational Rhapsody 平台动态仿真验证了模型执行状态与预期一致。这种体系结构框架作为视图概念模型本身不具备定量分析能力，需要将其转化为可执行模型来进行仿真和验证。Wagenhals 等 [8] 证明了体系结构框架转换到可执行模型的可行性。通过实现这种自动转换，能够对复杂体系进行更严格的分析和评估。

基于仿真的建模方法。信息技术的发展和普及使得体系内在结构和关联关系越来越复杂，从体系整体属性去构造和描述体系更加困难。仿真技术作为一种能够有效地描述和刻画体系的实验手段，能够较好地构建满足实验精度的模型。Hela等[9]采用分层着色 Petri 网建立体系模型，考虑系统间交互和系统故障时的体系重构，仿真验证了模型运行良好。尹丽丽等[10]采用分布式建模与仿真方法，结合多 Agent 技术模拟体系单元及交互关系，实例验证中 Agent 运行正常，能够协同完成目标。另外，国外基于多 Agent 仿真建模的研究也颇多，如美国海军分析中心（Center For Naval Analyses）首次应用多 Agent 仿真技术研制的地面作战仿真系统——最简半自治适应性作战（Irreducible Semi-Autonomous Adaptive Combat，ISAAC），可以用于基于 ABMS 的作战体系建模与仿真。

基于网络模型的建模方法。网络化建模作为体系建模的主流方法之一，能很好地描述体系中各系统间的关联关系，便于分析体系的整体性、涌现性等特点。传统的复杂网络建模方法，将装备实体作为节点，装备间关系作为边，进而建立装备体系网络，目前已经被广泛认可和接受。Cares[11] 于 2004 年首先提出了基于网络的交战模型，将作战过程中的装备节点划分为传感类、指挥类、影响类和目标类，进而对作战过程进行网络化描述与分析。在国内，很多学者也陆续开始应用相似的方法进行体系作战建模与评估研究，并取得了一系列成果。Jin 等[12]采用复杂网络构建装备技术体系模型，结合 TOPSIS（technique for order preference by similarity to an ideal solution）评估装备技术重要度，结果与实际应用相比基本一致。徐建国等[13]在多视图体系结构的基础上构建预警作战体系超网络模型，引入超网络评价指标，实例分析证明模型与现实作战相符，能够识别系统运行情况，指导体系设计。另外，针对预警作战体系的特殊性，徐建国在 DoDAF 多视图的基础上，构建包含系统信息流网、系统能力网、能力关联网等子网的预警作战体系超网络模型，并通过多种测度指标对该超网络进行评估。赵丹玲等[14]运用异质网络构建武器装备体系模型，考虑装备节点异质性和关系多样性，结合异质网络元路径定义将杀伤链数作为体系结构抗毁性评估指标，与常用指标相比更加有效。

1.2　随机网络与复杂体系过程建模

1.2.1　复杂体系过程特征与建模需求分析

复杂体系存在于社会民生、国家安全、军事作战等方面，是社会运行的组成部分和重要保障。对这些重要复杂体系进行分析与评价，是进一步科学合理地开发和设计的前提和基础，也是国家和社会的重大现实需求。根据 Mayer 的研究，区分复杂体系和一般系统的 5 个特征分别如下。

（1）运行独立性：即使体系解散了，成员系统依然能独立运行且能发挥自己的作用。

（2）管理独立性：体系的成员系统有自己的所有权和管理权。

（3）进化式发展：体系的目标和功能会持续变化，因此体系不会显示出完成的形式，进化会一直持续下去。

（4）行为涌现性：体系整体涌现出的行为能力不来自任何成员系统，而这恰恰是体系设计的目的所在。

（5）地理分布性：体系的成员系统往往分布在不同的地理环境中，彼此通过网络连接，只交换信息，不交换物质或能量。

而且，由于组成要素类型多样，功能逻辑递进与交叉互补，节点之间的连接关系复杂多变，呈现出多样异质性和层次性，复杂体系通常可以看成一类网络。复杂体系网络结构建模最困难的工作之一是辨识组成要素之间的相互关系、解析作用机理与建构其逻辑连接关系。组成要素的复杂程度、重要程度、运行环境、任务时间等相关因素均会对复杂体系结构建模产生重要影响，因此开发科学高效的分析技术和建模工具至关重要。

本书利用随机网络（图示评审技术）的逻辑分析机制，为解构复杂体系网络逻辑结构，解析复杂体系静态结构特征，识别复杂体系动态演化特性提供技术支撑。

1.2.2　随机网络概述

随机网络（或图示评审技术，graphic evaluation and review technique，GERT）创建于 20 世纪 60 年代初，由 Pritsker 在 1966 年首次描述，主要被应用于描述不确定情形下研发项目过程，该技术已在可靠性管理、体系效能评估、项目管理、应急管理、节能减排、供应链管理、再制造管理等多个领域得到广泛应用。

GERT 网络是活动在箭线上的一种网络 (AOA)。网络中节点代表系统状态，节点之间的箭头代表活动或转换关系。GERT 网络可以表示为 $G = (N, A)$，其中 N 表示状态的一组网络节点，而 A 表示活动的一组网络箭头。与箭头相关联的信息是传递函数 W，是活动发生概率 (P) 和活动矩母函数（moment generating function，MGF）(M) 的乘积，矩母函数的计算公式为 $M_{ij}(s) = E(e^{x_{ij}s}) = \int_{-\infty}^{+\infty} e^{x_{ij}s} f(x_{ij}) dx_{ij}$。根据所构建的 GERT 网络及其收集到的各项参数，可以使用 GERT 网络的解析算法来计算项目完工时间的均值和方差。图 1.1 所示为 GERT 网络的基本结构示意图。

GERT 网络的特点包括以下几个方面。

（1）概率分支：GERT 网络可能包含概率型分支、确定型分支或两者的组合，允许在耦合和非耦合活动之间表示通信传输链路。

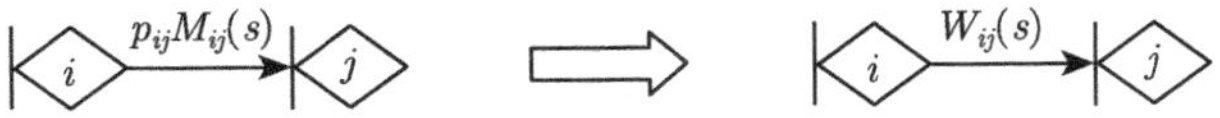

图 1.1　GERT 网络的基本结构示意图

（2）网络回路：允许 GERT 网络包含回路。在项目进度网络中，这意味着以前完成的活动将被重新执行或修改，某些事件可能会被多次执行。

（3）节点实现逻辑：在 GERT 网络中实现某一个节点时，可以在该节点上完成一个或多个活动。

（4）活动时间分布：在 GERT 网络中，各个箭线可以表示不同的活动，因此可以为不同活动的运行时间设置多种类型的分布，例如，正态分布、β 分布、γ 分布等。

在 GERT 网络中，使用代表时间参数和概率参数组合的传递函数表示有向箭头两个节点之间的预定活动或通信路径，传递函数的符号是 W，传递函数是活动发生概率和活动矩母函数的乘积。

为了概括和简化 GERT 网络建模的解析算法过程，Zhou 等将该方法划分成了如下七个步骤。

步骤 1：划分项目流程，推导项目运行的逻辑结构图。

步骤 2：将项目运行逻辑结构图转化为 GERT 类型的随机网络。

步骤 3：收集网络中各个箭线所表示活动的参数 (从节点 i 到节点 j)：活动发生的概率 p_{ij} 和活动时间的概率密度函数 $f(x_{ij})$。

步骤 4：将每项活动的发生概率和概率密度函数整合为一个传递函数 $W_{ij}(s)$，传递函数由两部分组成，表达式为 $W_{ij}(s) = p_{ij}M_{ij}(s)$。

步骤 5：基于 GERT 网络的结构和各 $W_{ij}(s)$ 的表达式，应用梅森规则计算从源节点 0 到节点 n 的总等价传递函数 $W_{E_{0n}}$。

步骤 6：根据总等价传递函数 $W_{E_{0n}}$ 以及 MGF 的定义和特征，推导从源节点 0 到节点 j 的发生概率 $P_{E_{0j}}$，其计算公式为 $P_{E_{0j}} = W_{E_{0j}}(s)|_s$。

步骤 7：根据总等价传递函数 $W_{E_{0n}}$ 以及 MGF 的定义和特征，得到从源节点 0 到节点 j 的期望时间，其计算公式为 $E(t) = \frac{\partial}{\partial s}(M_{E_{0n}}(s))|_{s=0}$。

因此，可以将 GERT 网络进度计划构建方法用于描述复杂装备研制项目，并根据收集的各项参数，使用 GERT 网络的解析算法步骤来计算项目完工时间的期望和方差。

1.3　本书主要内容

本书主要介绍了复杂体系过程的随机网络模型要素和结构，在此基础上，分别考虑不确定性和学习效应，构建了基于多种不确定性参数分布的随机网络模型、基于智能体的复杂体系过程 A-GERT 网络自学习模型等，解决低轨卫星通信网络建模和资源管控、复杂体系效能评估、复杂体系可靠性建模、区域经济体系价值流动等问题，主要内容如下所述。

第 2 章主要介绍了信号流图的基本特征和拓扑方程，随机网络的结构、传递关系和解析算法等，并给出了随机网络求解的矩阵式表达和求解模型，以及以特征函数为传递函数的创新型随机网络。

第 3 章考虑到复杂体系过程的不确定性和随机性，构建了随机网络参数不确定情形下的不确定 GERT（uncertain GERT，U-GERT）网络，介绍了 U-GERT 网络的仿真算法及其应用情况。

第 4 章针对经典随机网络不具备学习能动性，难以刻画自学习过程，考虑到智能体（agent）可以决策出智能行为，能够在多方面再现人类可以做出的智能行为，构建了智能随机网络（A-GERT），建立其相关自学习模型，如 Shapley 学习机制、Bayes 学习机制等。

第 5 章在第 4 章智能随机网络模型的基础上，构建了基于排队论的复杂体系过程 AQ-GERT，并给出了其在低轨卫星通信网络簇结构设计、资源管控优化以及航空公司航材库存管理上的应用。

第 6 章主要介绍了随机网络模型在复杂体系效能评估中的应用。首先，构建了 GEO 卫星通信星座 PS-GERT 效能评估模型，求解了各通信链路效能及其重要度参数；进而基于装备体系作战能力和装备体系作战效能两个视角提出了装备体系评估框架，设计了随机不确定背景下体系效能评估 UC-GERT 网络模型，总结了模型的基本研究思路与框架。

第 7 章引入体系的可靠性思想、结构函数分析方法和 GERT 网络建模技术，构建体系可靠性结构框架的科学表征与"和联"结构函数；建立复杂体系可靠性结构 GERT 网络模型，设计复杂体系可靠性计算算法。

第 8 章针对复杂装备体系的故障分析，基于故障树分析（fault tree analysis，FTA）法构建了描述故障信息在复杂装备间传递情况的 FTA-GERT 模型；基于 GERT 网络模型研究环境冲击应力下系统的平均无故障时间预测，提出了复杂装备退化型失效可靠性评估隐 GERT 模型。

第 9 章研究了 GERT 模型的反问题，即在随机网络输出目标确定的情况下，如何优化随机网络各参数。具体来说，针对复杂装备研制项目主要工作完成时间

（进度）规划问题，根据 GERT 网络的构建原理，使用异或型节点对该过程的标志性事件进行描述，构建反问题模型并提供解决算法。

第 10 章针对复杂的宏观经济系统，构建多传递参量 GERT 网络模型，研究网络活动间多传递参量之间相关参数的函数关系及其运算法则；结合投入产出表，基于价值增值过程定量研究国民经济系统多部间的价值流动及价值增值情况，研究国民经济系统中企业与企业之间、产业与产业之间、部门与部门之间、地区与地区之间发展的交互影响关系。

参 考 文 献

[1] DoD. Systems Engineering Guide for Systems of Systems[R]. Office of the Deputy Under Secretary of Defense for Acquisition, Technology and Logistics, Washington DC., 2008.

[2] 胡晓峰, 张斌. 体系复杂性与体系工程 [J]. 中国电子科学研究院学报, 2011, 6(5): 446-450.

[3] Maier M. Architecting principles for systems-of-systems[J]. Systems Engineering, 1998, 1(4): 267-284.

[4] Delécolle A, Lima R, Neto V, et al. Architectural strategy to enhance the availability quality attribute in system-of-systems architectures: A case study[C]. 2020 IEEE 15th International Conference of System of Systems Engineering (SoSE), Budapest, 2020: 93-98.

[5] 葛冰峰, 任长晟, 赵青松, 等. 可执行体系结构建模与分析 [J]. 系统工程理论与实践, 2011, 31(11): 2191-2201.

[6] 王丰, 秦潜聪. 基于 DoDAF 的战区军事物流体系研究 [J]. 舰船电子工程, 2021, 41(12): 119-125.

[7] 王新尧, 曹云峰, 孙厚俊, 等. 基于 DoDAF 的有人/无人机协同作战体系结构建模 [J]. 系统工程与电子技术, 2020, 42(10): 2265-2274.

[8] Wagenhals L, Liles S, Levis A. Toward executable architectures to support evaluation [C]. International Symposium on Collaborative Technologies and Systems, Baltimore, 2009.

[9] Hela K, Lakhal O, Conrard B, et al. Formal approach to SoS management design[C]. 2021 16th International Conference of System of Systems Engineering (SoSE), Västerås, 2021: 138-143.

[10] 尹丽丽, 寇力, 范文慧. 基于多 Agent 的装备保障体系分布式建模与仿真方法 [J]. 系统仿真学报, 2017, 29(12): 3185-3194.

[11] Cares J. An information age combat model[C]. Produced for the United States Office of the Secretary of Defense, 2004.

[12] Jin Q, Li J, Jiang J, et al. Research on assessment of technical importance based on weapon technology system-of-systems network model[C]. 2020 IEEE 15th International Conference of System of Systems Engineering (SoSE), Budapest, 2020: 75-82.

[13] 徐建国, 李孟军, 姜江, 等. 预警作战体系超网络建模及结构分析 [J]. 系统工程与电子技术, 2018, 40(5):7.

[14] 赵丹玲, 谭跃进, 李际超, 等. 基于异质网络的武器装备体系结构抗毁性研究 [J]. 系统工程理论与实践, 2019, 39(12): 3197-3207.

第 2 章　复杂体系过程的随机网络模型要素与结构框架设计

2.1　信号流图的基本概念

信号流图是一种线性系统的构模和分析工具，起初用于配电网络的分析计算，之后逐步扩展到电路分析、自动控制、概率与统计以及随机网络等工程的其他线性系统。它表示了若干个变量间的关系，图中节点代表变量，箭头表示变量间的关系，即节点之间的传递系数或函数。传递函数可以由一个或若干个参数组成，箭头的方向表示关系的传递方向。

2.1.1　信号流图的基本特征

在任一系统中，对于任意两个相邻节点 i 和 j，若存在一有向箭头 ij 将它们联系起来，节点 i 对应于一个独立变量 x_i，节点 j 对应于一个独立变量 x_j，箭头参数 t_{ij} 表示一定的传递关系，表明传递 x_i 值的因子。以上都是信号流图的基本要素，如图 2.1(a) 所示。信号流图的基本特征由节点定律确定，节点定律表明：节点上的变量等于引入该节点各前导节点的传递值的总和，在图 2.1(b) 中可以表示为

$$x_k = \sum_{\forall j} x_j t_{jk} \tag{2.1}$$

式 (2.1) 表明，各节点所代表的变量之间具有线性关系，只要这些线性方程组有解，即可确定信号流图中各个节点上的变量值。

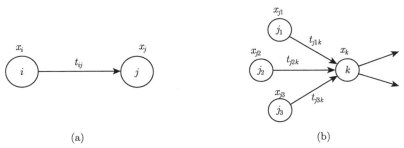

(a)　　　　　　　　　　　　　　　(b)

图 2.1　信号流图的元素

根据节点定律，复杂信号流图可以简化为某种等价的信号流图，并得到相应的等价传递系数或传递函数，这种简化过程表明了信号流图的拓扑等价性。若某些节点引入引出箭头过多，或存在自环或反馈，为了简化研究和分析，可以将它分裂成多个节点，加入单位传递系数的箭头，从而在不改变传递关系的同时形成了新的等价信号流图。若在分析整个信号流图的等价传递系数时，节点和传递关系较多，可以将某些节点消去，以局部的等价传递系数代替原传递系数，从而使整个信号流图的等价传递系数计算简化。

如图 2.2 所示信号流图中，节点 1、2 与 4 存在串联传递关系，而它们与节点 3 之间又存在并联传递关系，此外，在节点 4 上还有自环。按节点定律可得以下线性方程组：

$$x_2 = t_{12} \cdot x_1$$

$$x_4 = t_{24} \cdot x_2 + t_{34} \cdot x_3 + t_{44} \cdot x_4$$

求解可得 $x_4 = \dfrac{t_{12}t_{24}x_1 + t_{34}x_3}{1 - t_{44}}$，由此可以看出：

（1）串联元素的传递关系为各串联箭头上传递值的乘积；

（2）并联元素的传递关系为各并联箭头上传递值的和；

（3）自环元素的传递关系与自环传递值 t 呈 $\dfrac{1}{1-t}$ 的关系。

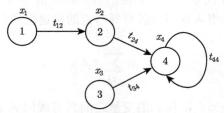

图 2.2　信号流图简例

2.1.2　信号流图的拓扑方程

以上所述的信号流图的特征提供了简化信号流图和求解等价传递系数的方法，对于求解任意复杂结构信号流图的拓扑方程，是由梅森 (Mason) 在 1953 年提出的。为说明其应用，首先对一些概念进行说明。

定义 2.1　在信号流图中，若源节点与终节点完全重合，连接这些节点的封闭路径称为环；若环内每一节点可由环内任何其他节点到达，该环称为一阶环；若一组 n 个一阶环间不存在公共节点，则该组一阶环称为 n 阶环；若信号流图中每个节点（或箭头）都至少属于一个环，则该图称为闭信号流图。

利用定义 2.1 的概念，可将梅森的拓扑方程表述成定理 2.1。

定理 2.1 设 x_i, x_j 为信号流图中任意两个节点的变量值，则由节点 i 到节点 j 的等价传递系数 T_{ij} 可表示为

$$T_{ij} = \frac{x_j}{x_i} = \frac{1}{\Delta} \sum_{k=1}^{n} p_k \Delta_k \tag{2.2}$$

其中，Δ 表示信号流图的特征式，即

$$\Delta = 1 - \Sigma T(L_1) + \Sigma T(L_2) - \Sigma T(L_3) + \cdots$$

$$= 1 - \Sigma(奇阶环的传递系数) + \Sigma(偶阶环的传递系数)$$

$$= 1 - \sum_m \sum_i (-1)^m T_i(L_m) \tag{2.3}$$

其中，i 表示在 m 阶环中的第 i 个环；m 表示图中环的阶数；$T_i(L_m)$ 表示 m 阶环中，第 i 个环的传递系数；p_k 表示由 i 到 j 第 k 条路径上的传递系数；Δ_k 表示消去与第 k 条路径有关的全部节点和箭头后剩余子图的特征式。

下面以图 2.3 为例给出梅森公式的应用。

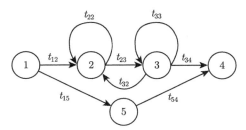

图 2.3 由梅森公式分析信号流图

图中共有三个一阶环（$t_{22}, t_{33}, t_{23}t_{32}$），一个二阶环（$t_{22}t_{33}$），由节点 1 到达节点 4 的可能路径有 $1 \to 2 \to 3 \to 4$ 和 $1 \to 5 \to 4$ 两条，该信号流图的特征式为

$$\Delta = 1 - t_{22} - t_{33} - t_{23}t_{32} + t_{22}t_{33}$$

$$p_1 = t_{12}t_{23}t_{34}, \quad \Delta_1 = 1 - 0 = 1$$

$$p_2 = t_{15}t_{54}, \quad \Delta_2 = 1 - t_{22} - t_{33} - t_{23}t_{32} + t_{22}t_{33}$$

将上面公式代入梅森公式可得信号流图的等价传递系数：

$$T_{14} = 1/T_A = \frac{t_{12}t_{23}t_{34} + t_{15}t_{54}(1 - t_{22} - t_{33} - t_{23}t_{32} + t_{22}t_{33})}{1 - t_{22} - t_{33} - t_{23}t_{32} + t_{22}t_{33}}$$

为了进一步简化计算，通过简单的证明可以得到推论 2.1。

推论 2.1　对任意闭信号流图，其特征式必等于 0。

证明　给定输入端为源节点 s，输出端为终节点 t，由式 (2.1) 可求得 s 到 t 的等价传递系数，假设为 T_E。

在图中加入一个由 t 到 s 的闭合箭头，并设其传递系数为 T_A，则此时的闭信号流图可以看成一个传递系数为 $T_E \cdot T_A$ 的一阶环。

由传递系数的概念可知

$$
\begin{cases}
x_t = T_E \cdot x_s \\
x_s = T_A \cdot x_t
\end{cases}
$$

故 $x_t = T_E \cdot T_A \cdot x_t$，即 $T_A = \dfrac{1}{T_E}$。

由式 (2.2)，设此闭信号流图的特征式为 Δ^*，则

$$
\Delta^* = 1 - T_E \cdot T_A = 1 - T_E \cdot \frac{1}{T_E} = 0
$$

证毕。

推论 2.1 还可以表示为 $\Delta^* = 1 + \sum\limits_{m}\sum\limits_{i}(-1)^m T_i(L_m) = 0$ 的形式。

因此，当求解一个信号流图的等价传递系数时，只要在所求传递系数的节点之间加上闭合箭头，求解 $\Delta^* = 0$ 即可得到相应的 T_E。

同样以图 2.3 中的信号流图为例，在节点 4 和节点 1 之间加上一个闭合箭头，如图 2.4 所示，其传递系数为

$$
T_A = \frac{1}{T_E} = \frac{1}{T_{14}}
$$

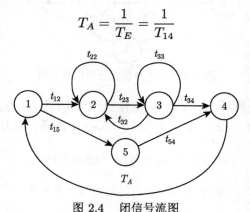

图 2.4　闭信号流图

此时，闭信号流图比原信号流图多了两个一阶环 $(t_{12}t_{23}t_{34}T_A, t_{15}t_{54}T_A)$ 和三个二阶环 $(t_{22}t_{15}t_{54}T_A, t_{33}t_{15}t_{54}T_A, t_{23}t_{32}t_{15}t_{54}T_A)$，因此有

$$
\Delta^* = 1 - t_{22} - t_{33} - t_{23}t_{32} - t_{12}t_{23}t_{34}T_A - t_{15}t_{54}T_A
$$

$$+ t_{22}t_{33} + t_{22}t_{15}t_{54}T_A + t_{33}t_{15}t_{54}T_A + t_{23}t_{32}t_{15}t_{54}T_A = 0$$

解得

$$T_{14} = \frac{t_{12}t_{23}t_{34} + t_{15}t_{54}\left(1 - t_{22} - t_{33} - t_{23}t_{32} + t_{22}t_{33}\right)}{1 - t_{22} - t_{33} - t_{23}t_{32} + t_{22}t_{33}}$$

2.2 随机网络的解析算法

2.2.1 随机网络的一般形式——广义活动 GAN 网络

在观察一个客观系统的动态运行过程时，可以将其看作系统状态的转移。我们用网络节点代表状态，连接节点的箭头代表状态传递关系，就可以用网络的形式来描述系统的运行。在此基础上，对状态的转移赋上概率性质，并且对其传递关系给出一定的概率分布，网络就具有了随机性质。

当系统从一种状态转移到另一种或多种状态中时，可以取不同的概率。对网络系统来说，可以理解为从某一节点转移到其他可能节点时具有不同的概率，也就是说，从给定节点有一定的概率转移到另一节点去，即节点的引出箭头允许有概率分支。这个特征使网络带有随机性。在随机网络中，假设这种状态转移概率不随时间的变化而变化，从而保证系统的稳定性。然后，在随机网络中并不排除一部分节点之间存在肯定性的转移关系，即转移概率取 1 的转移关系。若网络中所有节点之间都存在肯定性转移关系，该网络退化为 PERT/CPM 的状况。在状态转移中所有的传递关系将表现为某些参数的变化或某些资源的占用。在随机网络中，这些传递参数通常都服从一定的概率分布，即同样两个节点之间在两次转移中，其传递参数将按一定的概率分布取不同的数值，这是随机网络的又一特征。若网络中所有的传递参数都唯一服从 β 分布，则网络属于 PERT 类型；若网络中所有的传递参数都是肯定性数值，则网络属于 CPM 类型。

综上所述，GAN 网络的一般要素为概率分支及传递参数的分布，可按如图 2.5 所示的形式标识于箭线上，通常用一个二维及以上的向量加以描述。以图 2.5 为例，p_u 代表节点 1 实现时，活动（1，2）实现的概率；t_u 代表活动（1，2）所需的时间，可能是一个随机变量；c_u 代表活动（1，2）所需的费用，可能是一个随机变量。

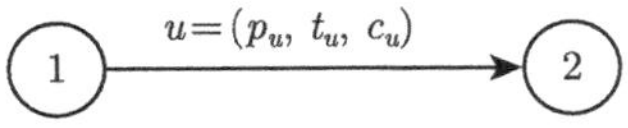

$$1 \xrightarrow{u=(p_u,\ t_u,\ c_u)} 2$$

图 2.5　GAN 网络一般要素

在网络中，除了源节点和终节点外，每一个节点至少有一条引入箭线和一条引出箭线，网络同时允许存在多个源节点和多个终节点。任一节点存在输入和输出两端，GAN 网络中定义了三种输入类型和两种输出类型，如表 2.1 所示，可组合成六种逻辑功能。

表 2.1 GAN 网络节点类型

输出端	输入端		
	异或型 ◁|	或型 ◁	与型 ◖
肯定型 ▷	⋈	◠	◯
概率型 ▷	⋈	◇	◔

其中各节点含义如下。

异或型输入：若任一引入活动完成，则节点实现，注意某时刻只有一个活动能完成。

或型输入：若任一引入活动完成，则节点实现，允许某时刻有同时完成的活动。

与型输入：当且仅当所有引入活动完成节点才实现，节点将在所有引入活动中的最迟完成时刻实现。

概率型输出：节点实现时，引出活动中只有一个按一定概率实现，各引出活动实现概率和为 1。

肯定型输出：节点实现时，所有引出活动被执行的概率均为 1，即所有活动迟早要被完成。

GAN 的节点和箭头具有较多的逻辑功能，因而能够适应较广的范围，构造出多种多样的网络模型。构造 GAN 网络目的有二，其一是将一个客观系统用网络形式表示出来，以便给人以概括的了解；其二是研究系统中各项要素之间的相互关系，从而使原始网络得以简化，以便得到系统的各种特性。

在输入型节点中，异或型处理起来较为方便，其他两种节点尚未找到适当的解析方法，因此常常通过适当逻辑变换，将或型和与型转换为异或型。

GAN 网络的形式有很多，从网络结构的特点来看，可以归纳为串联型、并联型以及自环型三种基本结构。其中并联结构又可按节点输入端的特点分为并联"与"，并联"或"及并联"异或"等三种结构，如表 2.2 所示

利用以上基本结构所构造的 GAN 网络具有以下特征。

由于允许自环存在，它意味着网络中允许存在反馈环节。对自环加以适当的扩展，可以得到不同的反馈方式，如多重自环反馈、不同节点之间的反馈至源节点和终节点之间的反馈等。

在一个 GAN 网络中，网络的实现并不意味着其中所有的事项和活动都被实现，而可能只有一部分节点和箭头处于活动实现所经过的路线上。

表 2.2　　GAN 网络基本结构

结构形式	网络图示	等价向量

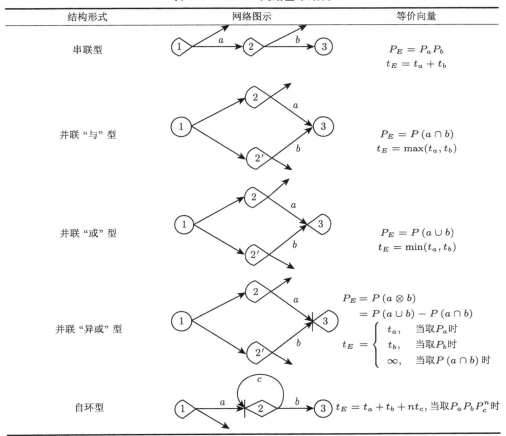

注: $\otimes$ 表示一个且仅一个事件发生。

对于只有单个引入箭头，即串联型网络结构中，不同类型的输出端逻辑关系都相同。因而"或"型及"与"型节点可以直接用"异或"型节点来代替，并不会影响整个网络的运行特征。

存在多个活动引入"与"型节点时，如图 2.6(a) 所示，其中节点 3 必须在活动 a 和 b 都完成时才能实现，即从节点 S 到节点 3 的实现概率为 $p_3 = p_1 p_2 p_a p_b = p_a p_b$，实现时刻可表示为 $t_3 = \max(t_1 + t_a, t_2 + t_b) = \max(t_a, t_b)$。按照这种等价关系，可以将网络改变为如图 2.6(b) 所示的形式，其中节点 $\overline{3}$ 表示节点 3 不能实现。这样就完成了一个"与"型节点到两个"异或"型节点的转换。

在有多个活动引入"或"型节点时，同样可以转变为两个"异或"型节点，如图 2.7 所示。

网络中的反馈环节只能用于具有"异或"型输入端的节点上。对于"与"型节

点来说，必须在所有引入活动都完成时才能实现，因此若有反馈活动引入，则该
节点将永远无法实现。对于 "或" 型节点来说，只有最早完成的一个互动是有意义
的，而一个反馈活动必须在非反馈活动完成之后才能执行，因而反馈活动所引入
的节点可以用 "异或" 型节点代替，这并不影响其逻辑关系。

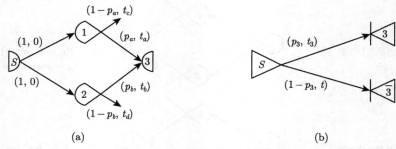

图 2.6 "与" 型节点的等价转换

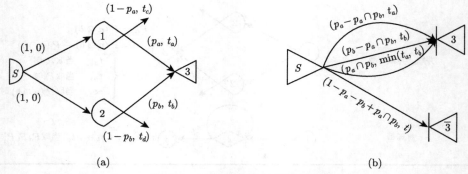

图 2.7 "或" 型节点的等价转换

2.2.2　GERT 网络及其解析算法

GERT 网络是 GAN 网络的一种形式，是只包含 "异或" 型节点的随机网络，
从理论上说，把信号流图原理和矩母函数的特征结合起来就形成了 GERT 网络
解析算法的基础。

定义 2.2　令网络 $G = (N, A)$，其中节点集合 N 仅包含 "异或" 型节点，设
随机变量 t_{ij} 为活动集合 A 中第 (i, j) 个活动的周期，p_{ij} 为节点 i 实现的条件下
活动 (i, j) 被执行的概率，则活动 (i, j) 的传递函数可表示为

$$W_{ij}(s) = p_{ij} M_{ij}(s) \tag{2.4}$$

其中，$M_{ij}(s)$ 是 t_{ij} 的矩母函数，即 $M_{ij}(s) = \displaystyle\int_{-\infty}^{\infty} \mathrm{e}^{st_{ij}} f(t_{ij}) \,\mathrm{d}t_{ij}$，$f(t_{ij})$ 为 t_{ij}

的概率密度函数。

对于一个每项活动都有两项参数 p_{ij} 和 t_{ij} 的网络 G, 总可以用一个与原网络结构相同, 但每项活动上只有一个参数 $W_{ij}(s)$ 的网络 G' 来代替。运用信号流图原理, 对具有 $W_{ij}(s)$ 函数的网络求解其等效 $W_E(s)$ 函数, 再根据矩母函数的特征, 通过一定换算, 得到网络的等价参数 p_E 和 t_E。当网络中各项活动的周期均为独立随机变量时, 具有 W 函数的 G' 网络运算具有以下特征。

1. 串联结构

定理 2.2 GERT 串联结构的等价传递函数是各部分传递函数之积。

证明 以图 2.8 所示的三节点串联结构为例。

图 2.8 串联 GERT 网络的等价参数

首先, 根据串联结构有 $t_{ij}+t_{jk}=t_{ik}$, 根据矩母函数的性质, 随机变量之和的矩母函数等于各随机变量的矩母函数的乘积, 有 $M_{ij}(s)\cdot M_{jk}(s)=M_{ik}(s)$, 在串联结构中又有 $p_{ij}\cdot p_{jk}=p_{ik}$, 因此 $W_{ik}(s)=p_{ik}\cdot M_{ik}(s)=p_{ij}\cdot p_{jk}\cdot M_{ij}(s)\cdot M_{jk}(s)=W_{ij}(s)\cdot W_{jk}(s)$。

这与信号流图串联结构的等价传递函数相同。

证毕。

2. 并联结构

定理 2.3 GERT 并联结构的等价传递函数是各部分传递函数之和。

证明 以图 2.9 所示的两路并联结构为例。

图 2.9 并联 GERT 网络的等价参数

首先, 活动 a 被执行的概率为 p_{iaj}, 此时从 i 到 j 的时间的矩母函数为 $M_{iaj}(s)$, 活动 b 被执行的概率为 p_{ibj}, 此时从 i 到 j 的时间的矩母函数为 $M_{ibj}(s)$, 根据 "异或" 型节点只有一个活动被执行, 且从 i 到 j 的活动必被实现, 因此有

$$M_{ij}(s)=\frac{p_{iaj}M_{iaj}(s)+p_{ibj}M_{ibj}(s)}{p_{iaj}+p_{ibj}}$$

其次, 并联结构下两平行活动实现的概率应该为两者之并, 因此有 $p_{ij} = p_{iaj} \cup p_{ibj} = p_{iaj} + p_{ibj} - p_{iaj} \cap p_{ibj}$, 且活动 a、b 有且仅有一个被实现, $p_{iaj} \cap p_{ibj} = 0$, 因此有 $p_{ij} = p_{iaj} + p_{ibj}$。

因此有

$$W_{ij}(s) = p_{ij}W_{ij}(s) = (p_{iaj} + p_{ibj})\frac{p_{iaj}M_{iaj}(s) + p_{ibj}M_{ibj}(s)}{p_{iaj} + p_{ibj}}$$

$$= p_{iaj}M_{iaj}(s) + p_{ibj}M_{ibj}(s)$$

这与信号流图串联结构的等价传递函数相同。

证毕。

3. 自环结构

定理 2.4 自环结构如图 2.10 所示, 其等价传递函数满足 $W_{ij}(s) = \dfrac{p_{ibj}M_{ibj}(s)}{1 - p_{iaj}M_{iaj}(s)}$。

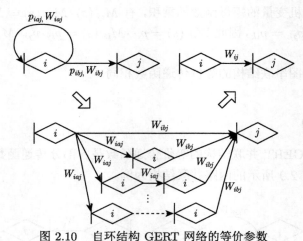

图 2.10 自环结构 GERT 网络的等价参数

证明 自环结构可以转化为等价的并联结构, 由定理 2.2、定理 2.3 可知

$$W_{ij}(s) = W_{ibj}(s) + W_{iaj}(s)W_{ibj}(s) + W_{iaj}^2(s)W_{ibj}(s) + \cdots$$

$$= W_{ibj}(s)\left(1 + \sum_{n=1}^{\infty} W_{iaj}^n(s)\right)$$

根据幂级数展开式 $1 + W + W^2 + \cdots = (1 - W)^{-1}$, 故有 $W_{ij}(s) = \dfrac{W_{ibj}(s)}{1 - W_{iaj}(s)}$,

又因 $p_{iaj} + p_{ibj} = 1$，故 $W_{ij}(s) = \dfrac{p_{ibj}M_{ibj}(s)}{1 - p_{iaj}M_{iaj}(s)}$。

证毕。

定理 2.2~ 定理 2.4 证明了三种 GERT 网络结构的等价传递参数与信号流图所描述的线性系统完全一致，因此所有 GERT 网络的 W 参数运算均可采用信号流图中等价传递函数的运算方法。

此外，通过等价传递函数可以计算 GERT 网络源节点与终节点之间的传递函数，记为 $W_E(s)$，基于 $W_E(s)$ 就可以计算网络最终活动实现的概率、网络活动完成时间的期望、方差等重要参数。根据 $W_E(s) = p_E M_E(s)$ 和矩母函数的性质，等价概率 p_E 就是等价传递函数 $W_E(s)$ 在 $s=0$ 时的数值，即

$$p_E = W_E(s)|_{s=0} \tag{2.5}$$

等价矩母函数 $M_E(s)$ 为

$$M_E(s) = \frac{W_E(s)}{p_E} = \frac{W_E(s)}{W_E(0)} \tag{2.6}$$

随机变量的一阶原点矩，即完成时间的期望 $E(t)$ 为

$$E(t) = \frac{\partial}{\partial s}(M_E(s))|_{s=0} = \frac{\partial}{\partial s}\left(\frac{W_E(s)}{W_E(0)}\right)\Big|_{s=0} \tag{2.7}$$

随机变量的二阶原点矩 $E(t^2)$ 为

$$E(t^2) = \frac{\partial^2}{\partial s^2}(M_E(s))|_{s=0} = \frac{\partial^2}{\partial s^2}\left(\frac{W_E(s)}{W_E(0)}\right)\Big|_{s=0} \tag{2.8}$$

随机变量的方差 $V(t)$ 为

$$V(t) = E(t^2) - (E(t))^2 = \frac{\partial^2}{\partial s^2}\left(\frac{W_E(s)}{W_E(0)}\right)\Big|_{s=0} - \left(\frac{\partial}{\partial s}\left(\frac{W_E(s)}{W_E(0)}\right)\Big|_{s=0}\right)^2 \tag{2.9}$$

综上所述，GERT 网络解析法求解过程可以归纳为以下几个步骤：

（1）根据实际情况和实际问题的基本特征，构造 GERT 网络模型；

（2）收集网络中各活动的基本参数，如活动被实现的概率、活动持续时间的概率密度函数等，求解各活动的传递函数；

（3）分析节点与节点的逻辑关系，根据串联、并联、环结构的不同传递函数计算方法，计算源节点与终节点的等价传递函数；

（4）利用等价传递函数，计算等价矩母函数；

（5）利用等价矩母函数，反演出网络的各项基本参数。

图 2.11 所示为具有多重反馈环的 GERT 网络。

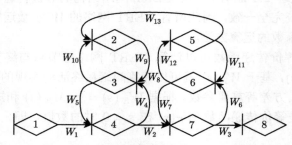

图 2.11　具有多重反馈环的 GERT 网络

根据梅森公式 $W_E(s) = \dfrac{1}{H} \sum\limits_{k=1}^{n} W_k(s) H(s)$，其中 H 为网络的特征式，网络中共有一阶环 6 个，二阶环 4 个，如表 2.3 所示。

表 2.3　多重反馈 GERT 网络的各阶环

一阶环	传递函数	二阶环	传递函数
L_1	$W_4 W_5$	L_7	$W_4 W_5 W_6 W_7$
L_2	$W_6 W_7$	L_8	$W_4 W_5 W_{11} W_{12}$
L_3	$W_2 W_6 W_8 W_5$	L_9	$W_6 W_7 W_9 W_{10}$
L_4	$W_9 W_{10}$	L_{10}	$W_9 W_{10} W_{11} W_{12}$
L_5	$W_{11} W_{12}$		
L_6	$W_2 W_6 W_{12} W_{13} W_9 W_5$		

为了求出从节点 1 到节点 8 的等价传递函数，只有一条直达路径，即 $1 \to 4 \to 7 \to 8$，与该路径不接触的一阶环为 L_4 和 L_5，二阶环为 L_{10}。因此

$$W_E(s) = \frac{W_1 W_2 W_3 \left(1 - (W_9 W_{10} + W_{11} W_{12}) + W_9 W_{10} W_{11} W_{12}\right)}{H}$$

$$H = 1 - (W_4 W_5 + W_6 W_7 + W_2 W_6 W_8 W_5 + W_9 W_{10} + W_{11} W_{12}$$
$$+ W_2 W_6 W_{12} W_{13} W_9 W_5) + (W_4 W_5 W_6 W_7 + W_4 W_5 W_{11} W_{12}$$
$$+ W_6 W_7 W_9 W_{10} + W_9 W_{10} W_{11} W_{12})$$

实际问题中，可能存在多个源节点或多个终节点的情况。图 2.12 所示为两个源节点和两个终节点的 GERT 网络。

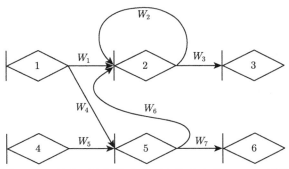

图 2.12   具有两个源节点和两个终节点的 GERT 网络

求解这类网络时,往往希望得到节点 1 分别到达节点 3 和节点 6 以及节点 4 分别到达节点 3 和节点 6 的等价传递函数,因此可以利用闭合网络特征式为 0 的方法,分别从终节点向源节点引入闭合活动来求解等价参数。以节点 1 到节点 3 为例,由节点 3 向节点 1 引入闭合活动,其 W 函数为 $\dfrac{1}{W_{E13}}$,故有 $H_{13}^* = 1 - W_2 - W_1 W_3 \dfrac{1}{W_{E13}} - W_4 W_6 W_3 \dfrac{1}{W_{E13}} = 0$,于是 $W_{E13} = \dfrac{W_1 W_3 + W_4 W_6 W_3}{1 - W_2}$。

类似地,可以得到 $W_{E16} = W_4 W_7$,$W_{E43} = \dfrac{W_3 W_5 W_6}{1 - W_2}$,$W_{E46} = W_5 W_7$。如果规定每项活动的概率、时间参数及概率密度函数,即可求得从两个源节点分别到达不同终节点的概率、等价矩母函数及由此导出的其他网络参数。

2.3   随机网络的矩阵式表达及求解模型

GERT 模型的求解,除了蒙特卡罗等仿真解法,一般采用以梅森公式和矩母函数为基础的解析算法。该算法的基本思想是 GERT 网络本质是一类线性系统,因此可以利用具有线性特征的信号流图模型来计算 GERT 各节点之间的传递关系以及整个网络的等价传递函数。求解过程是首先将矩母函数和发生概率结合组成 GERT 的传递函数,进而利用信号流图的梅森公式求解 GERT 网络的等价传递函数,最后利用矩母函数的性质反推出等价概率、各阶矩。但是解析法求解比较复杂,存在以下几个需要改进的地方。

利用解析法求解的过程中,需要特别分析 GERT 网络结构的拓扑特征,识别各阶环。当 GERT 网络节点少,结构简单时,可以较容易地分析其拓扑结构,但当 GERT 节点增多,网络结构复杂时,在分析其拓扑结构时容易发生遗漏、错判等情况。以梅森公式为基础的解析法需要人工分析网络拓扑结构,计算量大,难以实现计算机自动操作。

考虑到信号流图可以利用矩阵进行分析，本节将 GERT 网络用矩阵形式进行表征，分析以梅森公式为基础的解析法与矩阵变换的关系，设计两类基于矩阵的 GERT 求解算法——矩阵分析的行列式法、矩阵变换法。首先给出 GERT 网络与信号流图增益矩阵、流图增益矩阵一一对应关系，分析增益矩阵行列式变换与信号流图求解公式的对应关系，设计 GERT 网络的增益矩阵行列式变换求解算法。另外，研究 GERT 网络化简操作（消除自环、消除节点）在信号流图增益矩阵上的变换形式，提出 GERT 网络解析的矩阵变换方法。最后举例说明矩阵表征及求解模型的简便性和正确性，为 GERT 解析的计算机操作奠定基础。

2.3.1　GERT 网络的矩阵行列式解析法

首先将 GERT 网络的拓扑结构转化为矩阵形式，考虑到 GERT 网络具有信号流图特征，根据 GERT 网络与信号流图的对应关系，借助信号流图矩阵化分析技术，设计 GERT 矩阵行列式的求解算法，求解 GERT 的等价传递函数。

1. GERT 网络的增益矩阵

GERT 是一类 AOA（activity on arrow）型网络，可用 $G = (N, A)$ 表示，其中 N 代表状态的网络节点集合，且仅仅包括异或型节点，A 代表活动的网络箭线集合，网络传递参数是传递函数 W。

定义 2.3　GERT 基本结构的信号流图增益矩阵 A_s。已知 GERT 的基本结构如图 2.13 左边所示，其中 W_{ij} 是传递函数，则如图 2.13 右边所示矩阵 A_s 被定义为 GERT 基本结构的信号流图增益矩阵，其中元素 a_{ji} 是指第 i 个节点到第 j 个节点的传递函数 W_{ij}；若第 i 个与第 j 个节点间不存在箭线，则 $a_{ji} = 0$。

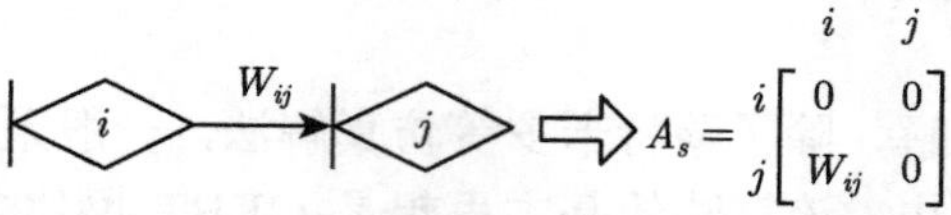

$$i \xrightarrow{\quad W_{ij} \quad} j \implies A_s = \begin{array}{c} i \\ j \end{array} \begin{matrix} i \quad\quad j \\ \begin{bmatrix} 0 & 0 \\ W_{ij} & 0 \end{bmatrix} \end{matrix}$$

图 2.13　GERT 基本结构矩阵转化示意图

在 GERT 网络图（信号流图）的每个节点各加上一个增益为 −1 的环，可得到同一系统的流图，因此 GERT 基本结构流图增益矩阵就是将信号流图增益矩阵的对角线元素减 1 获得的矩阵，定义如下。

定义 2.4　GERT 基本结构的流图增益矩阵 A。已知 GERT 基本结构的信号流图增益矩阵 A_s，则其流图增益矩阵定义为 $A = A_s - I = \begin{bmatrix} -1 & 0 \\ W_{ij} & -1 \end{bmatrix}$。

通过定义 2.3 和定义 2.4，可以给出 GERT 网络结构的信号流图增益矩阵和流图增益矩阵。以 2.2.2 节中图 2.12 所示的多输入多输出型 GERT 为例，说明 GERT 网络矩阵结构与其信号流图增益矩阵以及流图增益矩阵的对应关系。

如图 2.12 所示的 GERT 网络共有 6 个节点，则其信号流图增益矩阵为 6 阶矩阵，按照定义 2.3 的方法，给出其信号流图增益矩阵 A_s，然后依据定义 2.4 将 A_s 减去单位矩阵，获得流图增益矩阵 A，具体结果如下：

$$A_s = \begin{array}{c} \\ 1 \\ 2 \\ 3 \\ 4 \\ 5 \\ 6 \end{array} \begin{array}{cccccc} 1 & 2 & 3 & 4 & 5 & 6 \\ \begin{bmatrix} 0 & 0 & 0 & 0 & 0 & 0 \\ W_1 & W_2 & 0 & 0 & W_6 & 0 \\ 0 & W_3 & 0 & 0 & 0 & 0 \\ 0 & 0 & 0 & 0 & 0 & 0 \\ W_4 & 0 & 0 & W_5 & 0 & 0 \\ 0 & 0 & 0 & 0 & W_7 & 0 \end{bmatrix} \end{array} \Rightarrow$$

$$A = \begin{array}{c} \\ 1 \\ 2 \\ 3 \\ 4 \\ 5 \\ 6 \end{array} \begin{array}{cccccc} 1 & 2 & 3 & 4 & 5 & 6 \\ \begin{bmatrix} -1 & 0 & 0 & 0 & 0 & 0 \\ W_1 & W_2-1 & 0 & 0 & W_6 & 0 \\ 0 & W_3 & -1 & 0 & 0 & 0 \\ 0 & 0 & 0 & -1 & 0 & 0 \\ W_4 & 0 & 0 & W_5 & -1 & 0 \\ 0 & 0 & 0 & 0 & W_7 & -1 \end{bmatrix} \end{array} \quad (2.10)$$

2. GERT 网络的矩阵行列式求解算法

在将 GERT 网络图转化为相对应的流图增益矩阵 A 后，下一步的工作是以矩阵 A 为研究对象，设计 GERT 网络的解析算法。由于 GERT 网络是一种类似于信号流图的线性系统，因此可以在流图矩阵分析技术的基础上设计 GERT 网络的矩阵行列式求解算法。

假设已知描述某信号流图的方程组：

$$\begin{cases} a_{11}x_1 + a_{12}x_2 + \cdots + a_{1n}x_n - b_1 u = 0 \\ a_{21}x_1 + a_{22}x_2 + \cdots + a_{2n}x_n - b_2 u = 0 \\ \vdots \\ a_{n1}x_1 + a_{n2}x_2 + \cdots + a_{nn}x_n - b_n u = 0 \end{cases}$$

利用克拉默法对上式进行求解，结果为

$$\begin{bmatrix} x_1 \\ x_2 \\ \vdots \\ x_n \end{bmatrix} = \begin{bmatrix} a_{11} & a_{12} & \cdots & a_{1n} \\ a_{21} & a_{22} & \cdots & a_{2n} \\ \vdots & \vdots & & \vdots \\ a_{n1} & a_{n2} & \cdots & a_{nn} \end{bmatrix}^{-1} \begin{bmatrix} b_1 \\ b_2 \\ \vdots \\ b_n \end{bmatrix} u$$

$$= \frac{1}{|A|} \begin{bmatrix} A_{11} & A_{21} & \ldots & A_{n1} \\ A_{12} & A_{22} & \ldots & A_{n2} \\ \vdots & \vdots & & \vdots \\ A_{1n} & A_{2n} & \ldots & A_{nn} \end{bmatrix} \begin{bmatrix} b_1 \\ b_2 \\ \vdots \\ b_n \end{bmatrix} u$$

则源节点 u 到 x_i 的增益为

$$\frac{x_i}{u} = \frac{\sum\limits_{j=1}^{n} A_{ji} b_j}{|A|} \tag{2.11}$$

其中，$|A|$ 是行列式值；A_{ji} 是元素 a_{ji} 的代数余子式。

$\dfrac{x_i}{u} = \dfrac{\sum\limits_{j=1}^{n} A_{ji} b_j}{|A|}$ 与求解流图中源节点 u 到任意一点 x_i 增益的柯特斯 (Cotes) 公式的结果完全一致，j 是源节点 u 作用节点，即接触节点。因此可以利用式 (2.11) 求解 GERT 网络，具体操作步骤如下。

步骤 1：写出 GERT 网络的增益矩阵。根据定义 2.3 和定义 2.4 分别给出 GERT 网络的信号流图增益矩阵和流图增益矩阵。

步骤 2：找出 GERT 网络的所有源节点和终节点。可以在 GERT 网络图或信号流图增益矩阵中分别识别源节点和终节点。在信号流图增益矩阵中，所有元素为 0 的行对应源节点，所有元素为 0 的列对应终节点。由式 (2.10) 可知，节点 1 和节点 4 是源节点，节点 3 和节点 6 是终节点。这与图 2.12 所显示的结果是相同的。

步骤 3：确定需要分析的源节点和终节点。根据分析问题的需求，确定需要分析的源节点和终节点。然后将所有的源节点和不需要分析的终节点所对应的行和列删除。假设需要分析源节点 1 到终节点 3 的等价传递函数，则删除源节点 4、源节点 1 和终节点 6 所在行与列，所得到的新的信号流图增益矩阵和流图增益矩阵如式 (2.12) 所示：

$$A_s = \begin{array}{c} \\ 2 \\ 3 \\ 5 \end{array} \begin{array}{ccc} 2 & 3 & 5 \\ \begin{bmatrix} W_2 & 0 & W_6 \\ W_3 & 0 & 0 \\ 0 & 0 & 0 \end{bmatrix} \end{array} \Rightarrow A = \begin{array}{c} \\ 2 \\ 3 \\ 5 \end{array} \begin{array}{ccc} 2 & 3 & 5 \\ \begin{bmatrix} W_2 - 1 & 0 & W_6 \\ W_3 & -1 & 0 \\ 0 & 0 & -1 \end{bmatrix} \end{array} \tag{2.12}$$

步骤 4：确定源节点作用节点 j 及传递函数 b_j。式 (2.10) 的信号流图增益矩阵的第一列显示，从源节点 1 共作用两个节点：节点 2 和节点 5，这与图 2.12 显示结果是相同的。两节点在式 (2.12) 流图增益矩阵中所在行分别为第 1 行和第 3 行，其增益值分别为 $b_1 = -W_1, b_3 = -W_4$。

步骤 5：计算代数余子式值 A_{ji}。通过步骤 3 可知，源节点作用节点是节点 2 和节点 5，节点 2 和节点 5 在式 (2.12) 流图增益矩阵中所在的行分别为第 1 行和第 3 行，即 $j = 1$ 或 3。需要分析的终节点是 3，在式 (2.12) 流图增益矩阵中所在的列为第 2 列，即 $i = 2$。具体 A_{ji} 计算步骤是在式 (2.12) 右半部分的流图增益矩阵 A 划去第 i 列和第 j 行，最终代数余子式如下所示：

$$\begin{cases} A_{12} = (-1)^{1+2} \begin{bmatrix} W_3 & 0 \\ 0 & -1 \end{bmatrix} = W_3 \\ A_{32} = (-1)^{3+2} \begin{bmatrix} W_2 - 1 & W_6 \\ W_3 & 0 \end{bmatrix} = W_3 W_6 \end{cases} \tag{2.13}$$

步骤 6：计算等价传递函数 $\dfrac{x_i}{u} = \dfrac{\sum\limits_{j=1}^{n} A_{ji} b_j}{|A|}$。首先计算式 (2.12) 矩阵 A 的行列式

$$|A| = \begin{vmatrix} W_2 - 1 & 0 & W_6 \\ W_3 & -1 & 0 \\ 0 & 0 & -1 \end{vmatrix} = W_2 - 1$$

综合步骤 4 和步骤 5，可知节点 1 到节点 3 的等价传递函数为

$$W_E = \frac{x_i}{u} = \frac{\sum\limits_{j=1}^{n} A_{ji} b_j}{|A|} = \frac{A_{23} b_2 + A_{53} b_3}{W_2 - 1} = \frac{W_1 W_3 + W_3 W_4 W_6}{1 - W_2}$$

结果与 2.2 节利用梅森公式求解完全相同。

2.3.2 GERT 网络的矩阵变换解析法

GERT 网络求解的另一方向是进行化简，消除所有和输入、输出无关的自环、中间节点等。本节基本思想是从信号流图与信号流图增益矩阵 A_s（见式 (2.12)）的一一对应关系出发，分析 GERT 网络化简操作（主要包括消自环与消节点操作）与矩阵变换的对应关系，设计 GERT 网络的矩阵变换解析法。这里直接利用定义 2.3 的信号流图增益矩阵 A_s。

1. GERT 网络消自环操作与增益矩阵变换关系

首先定义 GERT 网络增益矩阵的消自环操作，进而分析矩阵消自环操作与 GERT 网络消自环操作对应关系。

定义 2.5 GERT 网络增益矩阵 A_s 消自环操作。假设增益矩阵 $A_{n\times n}$ 的第 i 个对角线元素 a_{ii} 非零，则通过下列变换得到新信号流通增益矩阵 A' 的过程定义为增益矩阵 A_s 消自环操作：

$$\begin{cases} a'_{ik} = \dfrac{a_{ik}}{1-a_{ii}}, & k = 1, 2, \cdots, n; k \neq i \\ a'_{kj} = a_{kj}, & k, j = 1, 2, \cdots, n; k \neq i, j \neq i \\ a'_{ii} = 0 \end{cases} \tag{2.14}$$

其中, $a'_{ik}, a'_{kj}, a'_{ii}$ 是新信号流图增益矩阵 A'_s 的元素。

GERT 网络增益矩阵 A_s 消自环操作实质是将所有流向该节点的增益除以 $1 - a_{ii}$，将对角线元素 a_{ii} 设置为 0，其余所有增益值不变。

定理 2.5 GERT 网络（信号流图）增益矩阵消自环操作与 GERT 消自环操作等价。

证明 GERT 网络（信号流图）消自环操作是将所有流向所选择自环节点 i 的增益除以 $1 - a_{ii}$，这与定义 2.5 所描述的增益矩阵 A_s 消自环操作是相同的，因此二者是等价的。

证毕。

2. GERT 网络消节点操作与增益矩阵变换关系

除了消自环操作，在 GERT 网络（信号流图）化简过程中另外一项重要工作是消除与输入和输出无关的节点。

定义 2.6 GERT 网络增益矩阵消节点操作。假设选定消除 GERT 网络增益矩阵 $A_{n\times n}$ 中的第 k 个节点（不含自环），则通过下列矩阵变换得到新 GERT 网络增益矩阵 A' 的过程定义为增益矩阵 A 消节点操作。

$$a'_{ij} = a_{ik} * a_{kj} + a_{ij}, \quad k = 1, 2, \cdots, n, i \neq k, j \neq k \tag{2.15}$$

且删除第 k 行和第 k 列。

定理 2.6 GERT 网络增益矩阵消节点操作与 GERT 网络（信号流图）消节点操作等价。

3. 矩阵变换解析法

在给出增益矩阵消自环、消节点操作以及它们与 GERT 网络（信号流图）相应化简操作的对应关系后，GERT 网络（信号流图）化简工作就可以转化为对应信号流图增益矩阵的操作。由于 GERT 网络（仅含异或节点）本质是信号流图系统，因此信号流图增益矩阵消自环和消节点可以适用于 GERT 网络的增益矩阵。下面给出 GERT 网络解析求解过程的矩阵变换分析法的主要步骤。

步骤 1：确定信号流图增益矩阵。按照定义 2.3 和定义 2.4 给出待分析的 GERT 网络（信号流图）增益矩阵，分析所需的源节点和终节点，将不需要的源节点和终节点删去，得到信号流图增益矩阵。

步骤 2：消自环。首先分析源节点和需要分析的终节点，按照定义 2.5 的方法消除增益矩阵的自环。

步骤 3：消节点。给定需要消除的中间节点，观测相应的对角线元素是否为 0（即判断是否有自环），如果对角线元素非 0（有自环），则转回步骤 2; 若没有环，则按照定义 2.6 进行消节点操作。

步骤 4：重复步骤 2 和步骤 3。选定需要继续删去的节点，重复步骤 2 和步骤 3，直到只剩下需要分析的源节点和终节点。最终获得一个 2×2 的矩阵，其中第 2 行第 1 列元素即为从源节点到终节点的等价传递函数。

2.3.3　算例研究

1. 单输入单输出型 GERT 网络的行列式解法

这里以图 2.11 所示的 GERT 网络为例说明所提模型的使用方法和简便性。对于此问题，常用方法是通过分析网络的拓扑结构，根据梅森公式求解。若利用构造闭环回路的方法，该 GERT 网络共包括 7 个一阶环、5 个二阶环、3 个三阶环。寻找各阶环的过程十分复杂，很容易漏判和错判。如果 GERT 网络结构的复杂程度进一步提高，对于其拓扑结构的分析会变得更加困难。本部分将利用本节提出的矩阵表示法对该图中的网络结构进行表征，进而利用提出的矩阵运算方法进行求解。

步骤 1：写出 GERT 网络的流图增益矩阵。首先给出如图 2.11 所示网络结构的流图增益矩阵。由于节点 1 是作用于节点 4 的源节点，不需要出现在流图增益矩阵。先写出信号流图的增益矩阵 A_s，然后将此增益矩阵的对角线元素减 1 获得流图增益矩阵 A，具体结果如下：

$$
A_s = \begin{array}{c} \\ 2 \\ 3 \\ 4 \\ 5 \\ 6 \\ 7 \\ 8 \end{array} \begin{array}{c} \begin{matrix} 2 & \quad 3 & \quad 4 & \quad 5 & \quad 6 & \quad 7 & \quad 8 \end{matrix} \\ \left[\begin{matrix} 0 & W_{10} & 0 & W_{13} & 0 & 0 & 0 \\ W_9 & 0 & W_4 & 0 & W_8 & 0 & 0 \\ 0 & W_5 & 0 & 0 & 0 & 0 & 0 \\ 0 & 0 & 0 & 0 & W_{12} & 0 & 0 \\ 0 & 0 & 0 & W_{11} & 0 & W_6 & 0 \\ 0 & 0 & W_2 & 0 & W_7 & 0 & 0 \\ 0 & 0 & 0 & 0 & 0 & W_3 & 0 \end{matrix} \right] \end{array} \Rightarrow
$$

$$
A =
\begin{array}{c}
 \\
2 \\
3 \\
4 \\
5 \\
6 \\
7 \\
8
\end{array}
\begin{array}{cccccc}
2 & 3 & 4 & 5 & 6 & 7 & 8 \\
\end{array}
\begin{bmatrix}
-1 & W_{10} & 0 & W_{13} & 0 & 0 & 0 \\
W_9 & -1 & W_4 & 0 & W_8 & 0 & 0 \\
0 & W_5 & -1 & 0 & 0 & 0 & 0 \\
0 & 0 & 0 & -1 & W_{12} & 0 & 0 \\
0 & 0 & 0 & W_{11} & -1 & W_6 & 0 \\
0 & 0 & W_2 & 0 & W_7 & -1 & 0 \\
0 & 0 & 0 & 0 & 0 & W_3 & -1
\end{bmatrix}
$$

步骤 2：计算流图增益矩阵 A 的行列式 $|A|$ 以及元素 a_{37} 元素的代数余子式 A_{37}。根据前面论述步骤，源节点直接作用于节点 4，另外节点 8 是输出节点，节点 4 和节点 8 分别在第 3 行和第 7 列，因此划去增益矩阵 A 的第 3 行和第 7 列，计算元素 a_{37} 代数余子式 A_{37}。通过 MATLAB 软件计算结果如下：

$$
|A| = -1 + (W_4W_5 + W_6W_7 + W_2W_5W_6W_8 + W_9W_{10} + W_{11}W_{12})
$$

$$
+ W_2W_5W_6W_9W_{12}W_{13} - W_4W_5(W_6W_7 + W_{11}W_{12}) - W_6W_7W_9W_{10}
$$

$$
- W_9W_{10}W_{11}W_{12}
$$

$$
A_{37} = (-1)^{3+7}
\begin{bmatrix}
-1 & W_{10} & 0 & W_{13} & 0 & 0 \\
W_9 & -1 & W_4 & 0 & W_8 & 0 \\
0 & 0 & 0 & -1 & W_{12} & 0 \\
0 & 0 & 0 & W_{11} & -1 & W_6 \\
0 & 0 & W_2 & 0 & W_7 & -1 \\
0 & 0 & 0 & 0 & 0 & W_3
\end{bmatrix}
$$

$$
= W_2W_3(1 - W_9W_{10} - W_{11}W_{12} + W_9W_{10}W_{11}W_{12})
$$

步骤 3：利用式 $\dfrac{x_i}{u} = \dfrac{\sum\limits_{j=1}^{n} A_{ji}b_j}{|A|}$ 计算等价传递函数 W_E。由于节点 4 是接触节点且在增益矩阵中处于第 3 行，那么 $b_3 = -W_1$，代入式 (2.11) 得

$$
W_E = W_{18} = \frac{A_{37} \cdot b}{|A|} = \frac{-W_1 \cdot A_{37}}{|A|}
$$

$$
= \frac{-W_1 \cdot W_2W_3(1 - W_9W_{10} - W_{11}W_{12} + W_9W_{10}W_{11}W_{12})}{|A|}
$$

与 2.2 节相比，本节所提方法的结果与梅森公式计算结果完全相同。与梅森

公式相比,矩阵式运算方法不需要分析识别 GERT 网络的环及相互关系,计算过程显著简化,避免了拓扑结构分析过程中的遗漏和差错。另外矩阵运算可以借助 MATLAB 等分析工具,计算复杂度进一步降低。GERT 网络结构越复杂,矩阵式运算技术的简便性、优越性越凸显。

2. 多输入多输出型 GERT 网络的矩阵变换求法

以图 2.12 所示的 GERT 网络为例,运用 2.3.2 节提出的方法分析节点 1 到节点 3 的等价传递函数。根据式 (2.12),由于节点 4 和节点 6 不需要分析,因此这两个节点所在行与列可以删去,最后获得的信号流图增益矩阵与矩阵变换过程如下:

$$A_s = \begin{matrix} & \begin{matrix} 1 & 2 & 3 & 5 \end{matrix} \\ \begin{matrix} 1 \\ 2 \\ 3 \\ 5 \end{matrix} & \begin{bmatrix} 0 & 0 & 0 & 0 \\ W_1 & W_2 & 0 & W_6 \\ 0 & W_3 & 0 & 0 \\ W_4 & 0 & 0 & 0 \end{bmatrix} \end{matrix} \xrightarrow{\text{消节点 2 自环}} \begin{matrix} & \begin{matrix} 1 & 2 & 3 & 5 \end{matrix} \\ \begin{matrix} 1 \\ 2 \\ 3 \\ 5 \end{matrix} & \begin{bmatrix} 0 & 0 & 0 & 0 \\ \dfrac{W_1}{1-W_2} & 0 & 0 & \dfrac{W_6}{1-W_2} \\ 0 & W_3 & 0 & 0 \\ W_4 & 0 & 0 & 0 \end{bmatrix} \end{matrix}$$

$$\xrightarrow{\text{消节点 2}} \begin{matrix} & \begin{matrix} 1 & 3 & 5 \end{matrix} \\ \begin{matrix} 1 \\ 3 \\ 5 \end{matrix} & \begin{bmatrix} 0 & 0 & 0 \\ \dfrac{W_1W_3}{1-W_2} & 0 & \dfrac{W_3W_6}{1-W_2} \\ W_4 & 0 & 0 \end{bmatrix} \end{matrix} \xrightarrow{\text{消节点 5}} \begin{matrix} & \begin{matrix} 1 & 3 \end{matrix} \\ \begin{matrix} 1 \\ 3 \end{matrix} & \begin{bmatrix} 0 & 0 \\ \dfrac{W_1W_3+W_3W_4W_6}{1-W_2} & 0 \end{bmatrix} \end{matrix}$$

由信号流图增益矩阵的化简最终结果可知,节点 1 到节点 3 的增益为 $\dfrac{W_1W_3+W_3W_4W_6}{1-W_2}$,即源节点 1 到终节点 3 的等价传递函数是 $\dfrac{W_1W_3+W_3W_4W_6}{1-W_2}$。此结果与 2.3.2 节获得的结果是相同的。因此,此方法也是求解 GERT 网络解析解的一个有效方法。但是当 GERT 网络节点增多时,矩阵变换的计算量显著提高。如用矩阵变换法处理前面部分的例子,计算过程十分复杂,这时可利用 MATLAB 编程求解。

2.3.4 结论

GERT 网络在可靠性设计、进度规划、新产品开发等领域具有广泛应用。经典 GERT 的解析法是从网络的拓扑结构出发,利用梅森公式进行求解的。但是求解过程中需要分析网络结构,辨识各阶环。当网络结构复杂时,极易出现遗漏、错判等情况。针对此问题,本节提出了 GERT 网络的两种基于矩阵运算的解析算法,简化了 GERT 解析解的计算量,一定程度上减少了对 GERT 网络拓扑结构的分析。首先利用 GERT 网络与流图增益矩阵、信号流图增益矩阵的对应关系，将 GERT 网络转化为矩阵形式；考虑通过克拉默法计算线性系统方程的结果与柯特斯公式完全等价，设计了 GERT 网络求解的矩阵行列式解析法并给出了具体步骤。将信号流图矩阵中与输入、输出无关的节点以及自环节点消去的方法是求解 GERT 网络的另一个方法，本节从分析 GERT 网络（信号流图）化简操作（主要指消自环与消节点操作）与信号流图增益矩阵变换的对应关系，设计了 GERT 网络的矩阵变换求法。最后算例的计算表明本节所提方法降低了 GERT 网络拓扑结构的分析难度，减少了计算量。

本节设计的两类以矩阵为基础的 GERT 解析算法为编制 GERT 解析的相关软件提供了基础。借助 GERT 的矩阵运算解析法，编制 GERT 解析法的计算软件是个重要的研究方向，下一步是利用 MATLAB 图形用户界面（graphical user interface，GUI）将相关程序编成一套 GERT 矩阵法求解工具。

2.4　以特征函数为传递参数的随机网络及其矩阵法求解

2.4.1　引言

GERT 模型均是以矩母函数为基础的经典 GERT 模型（仅包含异或型节点），该模型本质上是线性系统，因而可以用信号流图理论进行求解。具体来说，经典 GERT 模型的解析法以矩母函数和传递概率之积为传递函数，从分析 GERT 网络的拓扑结构出发，以信号流图的梅森公式为工具，求解 GERT 模型的等价传递函数，进而分析完成概率、等价矩母函数等。最后运用矩母函数特征，推导 GERT 网络的各种概率分布数字特征，如均值和方差等 [1]。此模型存在如下有待改进的地方。

（1）矩母函数的存在性。矩母函数是 e^{sX} 的期望值，其中 X 是随机变量，s 是任意实数。对于某些概率分布，e^{sX} 期望求解过程可能存在积分运算发散情况，即某些分布不存在矩母函数，如柯西分布、对数正态分布等 [2]。如果 GERT 网络中的某些随机变量服从这些分布，则经典 GERT 模型不能适用。

（2）经典 GERT 解析法的结果。GERT 网络解析算法可以求解等价矩母函数，继而利用矩母函数的性质，获得传递变量的期望值、方差等各阶矩。这些结果可以满足一般评价需求，但是如果研究需要获得传递变量的概率密度函数、累积分布函数等，则难以利用等价矩母函数推导获得。事实上，在进度计划领域，随机变量的概率密度函数、累积分布函数对于分析进度风险具有重要作用。例如，若仅仅依靠 $\sqrt{V}/T$（其中分子是标准差，分母是期望完成时间）表征风险，会遗漏项目随机完成时间的偏度、峰度等特征，因此有必要研究概率密度函数、累积分布函数的求解方法。

（3）以梅森公式为基础的解析法。以梅森公式为基础的解析法首先需要分析

GERT 网络结构的拓扑结构，辨识网络中的一阶环、二阶环等各阶环的个数以及源节点到终节点的路径数。当 GERT 网络中的节点数目、环的数目增加时，拓扑结构的分析十分复杂，极易出现遗漏、错判的情况。而且，GERT 网络只能依赖人工进行拓扑结构分析，难以直接依赖计算机等工具，计算难度大，效率低。

针对问题（1）和问题（2），特征函数（characteristic function）的定义可确保任何概率分布均存在特征函数[3]；特征函数的性质与矩母函数基本相同，利用特征函数构造 GERT 的传递函数也可以使 GERT 系统成为典型的线性系统，因此可以利用信号流图理论求解 GERT 问题；此外更重要的是特征函数可以利用傅里叶逆变换反向推导随机变量的概率密度函数和累积分布函数，从而获得更多信息。因此，基于特征函数构造传递函数，可以改进问题（1）和问题（2）。针对问题（3），可以基于信号流图的矩阵表征与运算[4,5]，构造 CF-GERT（characteristic function based GERT）网络的矩阵法。

本节首先将经典 GERT 模型传递函数中的矩母函数替换为特征函数，证明以特征函数为传递函数的 CF-GERT 模型可以利用信号流图梅森公式进行求解，在此基础上利用信号流图的矩阵表达与运算，设计 CF-GERT 模型的矩阵式解析算法。最后基于特征函数的性质、傅里叶逆变换以及特征函数的数值化逆向推导方法，给出 CF-GERT 传递随机变量的相关概率分布的数字特征，如均值、方差以及累积分布函数、概率密度函数。

2.4.2 模型构建

本节构造以特征函数为传递函数的 GERT 模型（CF-GERT），分析其线性特征，证明可利用信号流图理论来计算这种 GERT 模型。GERT 网络属于活动在箭线（AOA）类型，节点代表系统状态，节点之间的箭线代表活动或传递关系，可记为 $G = (N, A)$，其中 N 代表状态的网络节点集合，且仅仅包括异或型节点，A 代表活动的网络箭线集合。

1. 传递函数定义

令随机变量 x_{ij} 为节点 i 到节点 j 的活动 (i, j) 的周期，p_{ij} 是给定节点实现时，活动 (i, j) 被执行的概率[1]，则随机变量 x_{ij} 的特征函数以及 CF-GERT 传递函数的定义分别如定义 2.7 和定义 2.8 所示。

定义 2.7[2] 随机变量 x_{ij} 的特征函数。给定随机变量 x_{ij} 的概率密度函数为 $f(x_{ij})$ 或分布率 $p(x_{ij} = x_k)$，则其特征函数 $\varphi_{x_{ij}}(t)$ 为

$$\varphi_{x_{ij}}(t) = E(\mathrm{e}^{\mathrm{i}tx_{ij}}) = \begin{cases} \displaystyle\int_{-\infty}^{\infty} \mathrm{e}^{\mathrm{i}tx_{ij}} f(x_{ij})\mathrm{d}x_{ij}, & x \text{ 是连续分布} \\ \displaystyle\sum \mathrm{e}^{\mathrm{i}tx_{ij}} p(x_{ij} = x_k), & x \text{ 是离散分布} \end{cases} \tag{2.16}$$

其中，t 是一个实数，即 $t \in \mathbb{R}$。

定义 2.8　传递函数 W_{ij}。给定随机变量 x_{ij} 的特征函数 $\varphi_{x_{ij}}(t)$ 和活动 (i,j) 的概率 p_{ij}，则传递函数 W_{ij} 定义为

$$W_{ij}(t) = p_{ij} \cdot \varphi_{x_{ij}}(t)$$

根据定义 2.7，特征函数 $\varphi_{x_{ij}}(t)$ 具有以下性质。

性质 2.1　特征函数 $\varphi_{x_{ij}}(t)$ 对于 t 的各阶导数在 $t = 0$ 的值与随机变量 x_{ij} 的各阶原点矩 μ_k 满足关系：

$$\frac{\partial^k \varphi_{x_{ij}}(t)}{\partial t^k}\Big|_{t=0} = (\sqrt{-1})^k E(X^k) = (\sqrt{-1})^k \mu_k$$

根据性质 2.1 可以在 CF-GERT 等价传递函数的基础上推导出相关随机变量的各阶原点矩。

性质 2.2　若 $X_1, X_2, \cdots, X_n$ 是 n 个独立随机变量，对应的特征函数均存在，记为 $\varphi_{X_i}(t)(i = 1, 2, \cdots, n)$，$n$ 个独立随机变量总和 Y 的特征函数是各随机变量特征函数之积，即 $\varphi_Y(t) = \prod\limits_{i=1}^{n} \varphi_{X_i}(t)$。

传递函数 W_{ij} 结合了活动发生概率 p_{ij} 与特征函数 $\varphi_{x_{ij}}(t)$，因此任意包含网络参数 p_{ij} 和 $\varphi_{x_{ij}}(t)$ 的网络 G 均可以转化为仅仅包含传递参数 W_{ij} 的网络 G'，如图 2.14 所示。

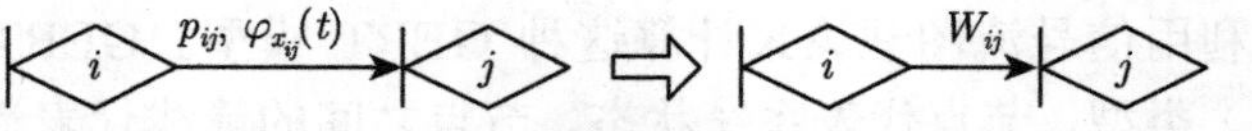

图 2.14　CF-GERT 基本结构示意图

下面给出以特征函数为传递函数的 CF-GERT 网络定义。

定义 2.9　CF-GERT 模型。若 GERT 网络模型的传递函数替换为定义 2.8 中的传递函数，则新的 GERT 模型为特征函数型 GERT 模型，简称 CF-GERT 模型。

2. CF-GERT 模型特征与信号流图

本部分研究 CF-GERT 串联结构、并联结构、自环结构的运算特征，分析 CF-GERT 网络传递特征与信号流图关系，证明信号流图理论也可以用来求解 CF-GERT 模型。

1）串联结构

串联结构是 CF-GERT 的一种常见结构，在表征现实逻辑关系上具有重要作用，例如，在项目管理中许多活动需要遵循一定的顺序关系，表现在 CF-GERT

就是串联结构。令 CF-GERT 的串联结构如图 2.15 所示，其中包括三个节点，则其传递函数的运算满足定理 2.7。

图 2.15 CF-GERT 串联结构转化示意图

定理 2.7 CF-GERT 串联结构的等价传递函数是各部分传递函数之积。

证明 以三节点 CF-GERT 的串联结构为例（图 2.15），证明定理 2.7。

由于是串联结构，活动 (i,k) 的时间 x_{ik} 是活动 (i,j) 时间 x_{ij} 与活动 (j,k) 时间 x_{jk} 之和，即 $x_{ik} = x_{ij} + x_{jk}$，分别记三者的特征函数为 $\varphi_{x_{ik}}(t), \varphi_{x_{ij}}(t), \varphi_{x_{jk}}(t)$。由性质 2.2 可知：$\varphi_{x_{ik}}(t) = \varphi_{x_{ij}}(t) \cdot \varphi_{x_{jk}}(t)$。

由于是串联网络，则活动 (i,k) 的发生概率是活动 (i,j) 与 (j,k) 发生概率之积，即 $p_{ik} = p_{ij} \cdot p_{jk}$。则 $W_{ik}(t) = p_{ik} \cdot \varphi_{x_{ik}}(t) = p_{ij} \cdot \varphi_{x_{ij}}(t) \cdot p_{jk} \cdot \varphi_{x_{jk}}(t) = W_{ij}(t) \cdot W_{jk}(t)$。

证毕。

同理可以证明，3 个以上节点串联的 CF-GERT 网络可以得到相同结果。这与信号流图串联结构的等价传递函数结果相同。

2）并联结构

CF-GERT 网络的并联结构见图 2.16，并联结构的化简满足以下定理。

图 2.16 CF-GERT 并联结构转化示意图

定理 2.8 CF-GERT 并联结构的等价传递函数等于各并联结构传递函数之和。

证明 首先以图 2.16 所示的两条线路并联为例，证明以上结论。

一方面，活动 a,b 被执行的概率分别为 p_{iaj}, p_{ibj}。当活动 a 被执行时，节点 i 到节点 j 活动时间的特征函数为 $\varphi_{x_{iaj}}(t)$；当活动 b 被执行时，节点 i 到节点 j 活动时间的特征函数为 $\varphi_{x_{ibj}}(t)$。由于 CF-GERT 异或型节点的特性，网络执行一次，活动 a,b 有且仅有一个发生，而且节点 i 到节点 j 活动必须被实现，因此有

$$\varphi_{x_{ij}}(t) = \frac{p_{iaj}\varphi_{x_{iaj}}(t) + p_{ibj}\varphi_{x_{ibj}}(t)}{p_{iaj} + p_{ibj}}$$

另一方面，图 2.16 中节点 i 到节点 j 活动概率 p_{ij} 是活动 a,b 被执行的概率，故有 $p_{ij} = p_{iaj} \cup p_{ibj} = p_{iaj} + p_{ibj} - p_{iaj} \cap p_{ibj}$。又由于这里仅仅考虑异或

型节点的 CF-GERT，活动 a, b 有且仅有一个发生，因此 $p_{iaj} \cap p_{ibj} = 0$，所以 $p_{ij} = p_{iaj} + p_{ibj}$。因此

$$W_{ij}(t) = p_{ij}\varphi_{x_{ij}}(t) = (p_{iaj} + p_{ibj})\frac{p_{iaj}\varphi_{x_{iaj}}(t) + p_{ibj}\varphi_{x_{ibj}}(t)}{p_{iaj} + p_{ibj}} = W_{iaj}(t) + W_{ibj}(t)$$

证毕。

对于 2 个以上活动并联的 CF-GERT 网络，同理可以证明。

定理 2.8 表明活动并联的 CF-GERT 网络与信号流图并联结构的等价传递函数结果相同。

3）自环结构

自环结构是 CF-GERT 表征流程的一个优势所在，在火箭发射、新产品开发项目管理等具有广泛应用。自环结构有一个正向概率引回节点 i，同样可以将自环结构简化为等价的单箭头网络，如图 2.17 所示。自环回路结构可以被执行 n 次（$n = 0, 1, 2, \cdots$），因此自环结构可以转化为图 2.17 下方所示的并联结构。图 2.17 所示的自环结构转换满足以下定理。

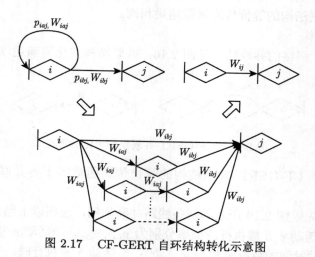

图 2.17　CF-GERT 自环结构转化示意图

定理 2.9　给定图 2.17 所示的自环结构，其等价传递函数 W_{ij} 满足以下等式：$W_{ij} = \dfrac{W_{ibj}}{1 - W_{iaj}}$。

证明　自环结构可以转化为等价的并联结构，根据定理 2.8，可知

$$W_{ij} = W_{ibj} + W_{iaj}W_{ibj} + W_{iaj}^2 W_{ibj} + \cdots = W_{ibj} \cdot \sum_{k=0}^{\infty} W_{iaj}^k$$

$$\varphi_X(t) = \int_{-\infty}^{+\infty} e^{itx} dF(x) \leqslant \int_{-\infty}^{+\infty} |e^{itx}| dF(x) = 1$$

则

$$|W_{iaj}| = |p_{iaj} \cdot \varphi_{X_{iaj}}| < 1$$

根据泰勒级数展开，如果 $|W_{iaj}| \leqslant 1$，那么 $\sum_{k=0}^{\infty} W_{iaj}^k = \dfrac{1}{1 - W_{iaj}}$。

因此，$W_{ij} = \dfrac{W_{ibj}}{1 - W_{iaj}}$。

证毕。

定理 2.7~定理 2.9 证明了以特征函数为传递函数的 CF-GERT 网络的传递特征与信号流图等价传递函数求法完全相同，因此可以利用经典 GERT 解析法（信号流图梅森公式）求解 CF-GERT 网络，但以梅森公式为基础的解析算法在处理多节点、多回路的 GERT 网络时，十分不便，后面内容将介绍 CF-GERT 模型的矩阵法。

2.4.3　CF-GERT 模型的矩阵式求解

本节在证明 CF-GERT 网络与信号流图等价关系的基础上，说明此方法也可求解 CF-GERT。首先将 CF-GERT 网络表示成矩阵形式，利用信号流图线性系统特性，给出求解 CF-GERT 网络的矩阵解析法。为叙述方便，以图 2.18 所示的多输入多输出 CF-GERT 网络为例，说明矩阵法求解过程。

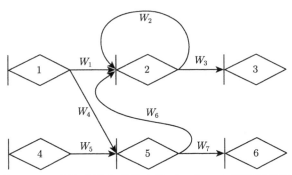

图 2.18　复杂多输入多输出型 CF-GERT 网络示意图

定义 2.10　CF-GERT 基本结构的矩阵形式。已知 CF-GERT 的基本结构如图 2.19 左边所示，其中 W_{ij} 是传递函数，则图 2.19 右边所示矩阵 A 被定义为 CF-GERT 基本结构的矩阵形式，其中元素 a_{ji} 是指第 i 个节点到第 j 个节点的传递函数 W_{ij}；若第 i 个与第 j 个节点间不存在箭线，则 $a_{ji} = 0$。

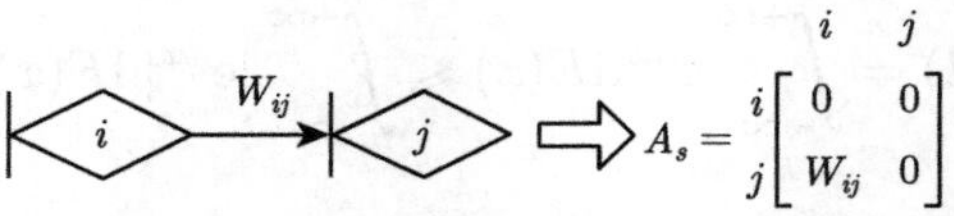

$$\mbox{图} \quad A_s = \begin{matrix} & i & j \\ i & 0 & 0 \\ j & W_{ij} & 0 \end{matrix}$$

图 2.19　CF-GERT 基本结构矩阵转化示意图

根据定义 2.10，图 2.18 的多输入多输出 CF-GERT 可以转化为如下矩阵形式：

$$A = \begin{matrix} & 1 & 2 & 3 & 4 & 5 & 6 \\ 1 & 0 & 0 & 0 & 0 & 0 & 0 \\ 2 & W_1 & W_2 & 0 & 0 & W_6 & 0 \\ 3 & 0 & W_3 & 0 & 0 & 0 & 0 \\ 4 & 0 & 0 & 0 & 0 & 0 & 0 \\ 5 & W_4 & 0 & 0 & W_5 & 0 & 0 \\ 6 & 0 & 0 & 0 & 0 & W_7 & 0 \end{matrix} \tag{2.17}$$

需要从式 (2.17) 的矩阵写出两个传递矩阵 $Q_{n\times n}$，$P_{n\times m}$，以及两个节点向量 $X_{n\times 1}$，$U_{m\times 1}$，其中传递矩阵 $Q_{n\times n}$ 表征 CF-GERT 中除源节点以外节点间的传递关系，其中 n 是除源节点外的其他节点个数，$P_{n\times m}$ 是 m 个源节点到其他剩余 n 个节点的传递函数矩阵，$X_{n\times 1}$ 是 CF-GERT 除源节点的其余节点向量，$U_{m\times 1}$ 是源节点向量。矩阵法求解的理论基础是信号流图中任一节点的输出是所有输入之和，即 $X = QX + PU$，则 $X = (I-Q)^{-1}PU$，其中 I 是单位矩阵。CF-GERT 中任意源节点到终节点之间的增益矩阵为

$$G = X/U = (I-Q)^{-1}P \tag{2.18}$$

假设需要分析第 i 个源节点到终节点 j(其中节点 j 在矩阵 $Q_{n\times n}$ 位于第 k 行) 的等价传递函数，则只需要在增益矩阵 G 中找到第 k 行第 i 列。下面以式 (2.17) 为例说明矩阵法求解的具体步骤。

步骤 1：找出式 (2.17) 中的源节点。行向量为 0 所对应的节点为源节点，因此节点 1 和节点 4 为源节点，因此 $m = 2$，$U = [x_1 \quad x_4]^T$。剩余节点组成的向量为 $X_{n\times 1} = [x_2 \quad x_3 \quad x_5 \quad x_6]^T$。

步骤 2：删除源节点所在行与列，获得矩阵 $Q_{n\times n}$。将式 (2.17) 中源节点所对应的行元素和列元素删除，剩余矩阵则为 $Q_{n\times n}$，故有

$$Q_{4\times 4} = \begin{matrix} & 2 & 3 & 5 & 6 \\ 2 & W_2 & 0 & W_6 & 0 \\ 3 & W_3 & 0 & 0 & 0 \\ 5 & 0 & 0 & 0 & 0 \\ 6 & 0 & 0 & W_7 & 0 \end{matrix}$$

步骤 3：写出矩阵 $P_{n \times m}$。CF-GERT 矩阵形式中源节点到剩余节点的传递函数所组成的向量即为 $P_{n \times m}$。在式 (2.17) 中，相应矩阵为

$$Q_{4 \times 2} = \begin{array}{c} 2 \\ 3 \\ 5 \\ 6 \end{array} \begin{bmatrix} W_1 & 0 \\ 0 & 0 \\ W_4 & W_5 \\ 0 & 0 \end{bmatrix} \begin{array}{c} 1 \quad\quad 4 \end{array}$$

步骤 4：计算增益矩阵 G。针对矩阵 (2.17)，利用 MATLAB 按照式 $G = X/U = (I - Q)^{-1} P$ 计算增益矩阵，结果为

$$G = \begin{array}{c} 2 \\ 3 \\ 5 \\ 6 \end{array} \begin{bmatrix} \dfrac{W_1 + W_4 W_6}{1 - W_2} & \dfrac{W_5 W_6}{1 - W_2} \\[2mm] \dfrac{W_1 W_3 + W_3 W_4 W_6}{1 - W_2} & \dfrac{W_3 W_5 W_6}{1 - W_2} \\[2mm] W_4 & W_5 \\ W_4 W_7 & W_5 W_7 \end{bmatrix} \quad \begin{array}{c} 1 \quad\quad\quad\quad 4 \end{array} \tag{2.19}$$

步骤 5：获得相应等价传递函数。从增益矩阵 G 中读取等价传递函数，具体来说，如果需要计算源节点 i 到第 j 终节点的传递系数，则只需要知道 j 节点在 G 中的行数 k 和源节点 i 在 G 中的列数 s，$G(k, s)$ 即为所求结果。如图 2.18 所示，假设需要知道源节点 1 到终节点 3 的等价传递函数，首先终节点 3 在式 (2.19) 中位于第 2 行，源节点 1 在第 1 列，因此，等价传递函数是 $W_{13} = \dfrac{x_3}{x_1} = G(2, 1) = \dfrac{W_1 W_3 + W_3 W_4 W_6}{1 - W_2}$。

2.4.4 CF-GERT 网络基本参数及概率密度函数推导

利用 2.4.3 节的求解算法，我们可以得到相应的等价传递函数。根据传递函数定义和特征函数的特殊性质，一方面，可以获得源节点到终节点的等价传递概率，活动时间的期望值和分布方差等参数；另一方面，特征函数是概率密度函数的傅里叶变换，因此可以通过傅里叶逆变换推导出活动时间的概率密度函数，为交货期制定、进度风险分析等进一步的研究提供基础。

1. CF-GERT 网络基本参数

假设利用矩阵式解析算法已经获得等价传递函数 $W_E(t)$，利用以下定理可以获得相关网络传递参数。

定理 2.10　若给定 CF-GERT 网络的等价传递函数为 $W_E(t)$，则等价传递概率 p_E 为

$$p_E = W_E(0)$$

由定义 2.7 和定义 2.8 可以容易推导出定理 2.10，证明略。

由定理 2.10 和定义 2.8 可知，CF-GERT 的等价特征函数是 $\varphi_E(t) = \dfrac{W_E(t)}{W_E(0)}$。进而根据特征函数的性质 2.1，可以反演出 CF-GERT 的相关参数，如期望值、方差等。

定理 2.11　假设 CF-GERT 网络的等价传递函数为 $W_E(t)$，则随机变量的期望值和方差分别为

（1）$E(X) = \dfrac{1}{\sqrt{-1}} \dfrac{\partial \varphi_E(t)}{\partial t}\Big|_{t=0} = \dfrac{1}{\sqrt{-1}} \dfrac{\partial}{\partial t}\left(\dfrac{W_E(t)}{W_E(0)}\right)\Big|_{t=0}$；

（2）$V(X) = -\dfrac{\partial^2}{\partial t^2}\left(\dfrac{W_E(t)}{W_E(0)}\right)\Big|_{t=0} - \left(\dfrac{1}{\sqrt{-1}} \dfrac{\partial}{\partial t}\left(\dfrac{W_E(t)}{W_E(0)}\right)\Big|_{t=0}\right)^2$。

利用特征函数性质 2.2 可以容易地推出定理 2.11，证明略。

2. 等价特征函数的傅里叶逆变换

前面部分获得的网络参数与以矩母函数为传递函数的经典 GERT 完全相同，但是考虑特征函数的唯一性定理，即随机变量的分布函数和特征函数是一一对应的关系，通过等价特征函数可以逆推出随机变量的概率密度函数，从而可进行相关深入研究。例如，进度风险分析、CF-GERT 网络参数的优化与设计等工作。

根据傅里叶逆变换，在获得等价传递函数的前提下，可以逆向推导出相应概率密度函数。假定特征函数 $\varphi_E(t) = \dfrac{W_E(t)}{W_E(0)}$ 绝对可积，则可以逆向推导概率密度函数 $f_E(x)$：

$$f_E(x) = \frac{1}{2\pi} \int_{-\infty}^{\infty} \mathrm{e}^{-\mathrm{i}tx} \frac{W_E(t)}{W_E(0)} \mathrm{d}t \tag{2.20}$$

式 (2.20) 需要特征函数绝对可积，CF-GERT 的等价特征函数一般是分数形式，很难证明其绝对可积；另外积分过程也十分复杂，难以直接利用式 (2.20) 进行求解。考虑特征函数定义是概率密度函数的傅里叶变换，因此可以利用傅里叶逆变换的数值解法，逆推分析 CF-GERT 网络的概率密度函数。这里利用 Fang 等 [6] 提出的傅里叶逆变换方法（COS 方法），求解 CF-GERT 网络的概率密度函数。

傅里叶逆变换的 COS 方法主要利用函数的傅里叶 COS 序列展开（COS 方

法），具体来说，概率密度函数 $f_E(x)$ 在定义区间 $[a, b]$ 的模拟如式 (2.21) 所示：

$$f_E(x) = \sum_{k=0}^{N-1}{}' F_k \cos\left(k\pi \frac{x-a}{b-a}\right) \tag{2.21}$$

其中，$\sum'$ 运算是指累加第一项的权重是 0.5；N 是正整数，取足够大的数可以保证精确率；$F_k = \dfrac{2}{b-a}\mathrm{Re}\left\{\varphi_E\left(\dfrac{k\pi}{b-a}\right)\exp\left(-\mathrm{i}\dfrac{ka\pi}{b-a}\right)\right\}$，$\mathrm{Re}\{\cdot\}$ 是取复数的实部操作。通过 MATLAB 编程可以很容易地利用式 (2.21) 求出 CF-GERT 的概率密度函数。在概率密度函数的基础上，可以进行进度风险分析、CF-GERT 网络参数制定等一系列后续研究。

2.4.5 案例研究

1. 案例 1——某自动化立体仓库检修进度计划

本部分以某自动化立体仓库检修进度计划为例说明所提方法 [7]，假设某物流企业根据实际情况对其即将进行的自动化立体仓库检修作了一个 GERT 随机网络图，见图 2.20，各检修程序的概率及时间分布见表 2.4，其中假设各检修程序完成的时间均服从正态分布。需要分析该物流企业自动化检修工作时间分布。

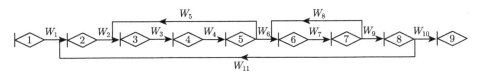

图 2.20 自动化立体仓库检修 CF-GERT 示意图

表 2.4 CF-GERT 网络参数图

弧	活动说明	概率	特征函数	W 函数
1-2	制订检修计划	1	$\exp(it)$	$W_1 = \exp(it)$
2-3	设备拆卸	1	$\exp(2it - 0.5t^2)$	$W_2 = \exp(2it - 0.5t^2)$
3-4	测量与检查	1	$\exp(2it - t^2)$	$W_3 = \exp(2it - t^2)$
4-5	维修更换	1	$\exp(2it - 0.5t^2)$	$W_4 = \exp(2it - 0.5t^2)$
5-3	不合格处理	0.3	$\exp(4it - t^2)$	$W_5 = 0.3\exp(4it - t^2)$
5-6	回装设备	0.7	$\exp(it - 0.5t^2)$	$W_6 = 0.7\exp(it - 0.5t^2)$
6-7	测量与调试	1	$\exp(2it - t^2)$	$W_7 = \exp(2it - t^2)$
7-6	不合格处理	0.2	$\exp(it - 0.25t^2)$	$W_8 = 0.2\exp(it - 0.25t^2)$
7-8	试运行	0.8	$\exp(3it - t^2)$	$W_9 = 0.8\exp(3it - t^2)$
8-2	不合格处理	0.02	$\exp(0.5it)$	$W_{11} = 0.02\exp(0.5it)$
8-9	清理现场	0.98	$\exp(2it)$	$W_{10} = 0.98\exp(2it)$

1）CF-GERT 矩阵式求解

首先按照 CF-GERT 网络与矩阵转化定义，给出图 2.20 检修 CF-GERT 网络的矩阵形式 A 以及矩阵 $Q_{n\times n}$ 和矩阵 $P_{n\times m}$：

$$A = \begin{array}{c}\begin{array}{ccccccccc} 1 & 2 & 3 & 4 & 5 & 6 & 7 & 8 & 9 \end{array}\\ \begin{array}{c} 1\\2\\3\\4\\5\\6\\7\\8\\9 \end{array} \left[\begin{array}{ccccccccc} 0 & 0 & 0 & 0 & 0 & 0 & 0 & 0 & 0\\ W_1 & 0 & 0 & 0 & 0 & 0 & 0 & W_{11} & 0\\ 0 & W_2 & 0 & 0 & W_5 & 0 & 0 & 0 & 0\\ 0 & 0 & W_3 & 0 & 0 & 0 & 0 & 0 & 0\\ 0 & 0 & 0 & W_4 & 0 & 0 & 0 & 0 & 0\\ 0 & 0 & 0 & 0 & W_6 & 0 & W_8 & 0 & 0\\ 0 & 0 & 0 & 0 & 0 & W_7 & 0 & 0 & 0\\ 0 & 0 & 0 & 0 & 0 & 0 & W_9 & 0 & 0\\ 0 & 0 & 0 & 0 & 0 & 0 & 0 & W_{10} & 0 \end{array}\right]\end{array}$$

$$Q_{8\times 8} = \begin{array}{c}\begin{array}{cccccccc} 2 & 3 & 4 & 5 & 6 & 7 & 8 & 9 \end{array}\\ \begin{array}{c} 2\\3\\4\\5\\6\\7\\8\\9 \end{array} \left[\begin{array}{cccccccc} 0 & 0 & 0 & 0 & 0 & 0 & W_{11} & 0\\ W_2 & 0 & 0 & W_5 & 0 & 0 & 0 & 0\\ 0 & W_3 & 0 & 0 & 0 & 0 & 0 & 0\\ 0 & 0 & W_4 & 0 & 0 & 0 & 0 & 0\\ 0 & 0 & 0 & W_6 & 0 & W_8 & 0 & 0\\ 0 & 0 & 0 & 0 & W_7 & 0 & 0 & 0\\ 0 & 0 & 0 & 0 & 0 & W_9 & 0 & 0\\ 0 & 0 & 0 & 0 & 0 & 0 & W_{10} & 0 \end{array}\right]\end{array}, \quad P_{8\times 1} = \begin{array}{c}\begin{array}{c} 1 \end{array}\\ \begin{array}{c} 2\\3\\4\\5\\6\\7\\8\\9 \end{array} \left[\begin{array}{c} W_1\\0\\0\\0\\0\\0\\0\\0 \end{array}\right]\end{array}$$

然后利用 MATLAB 按照式 $G = X/U = (I-Q)^{-1}P$ 计算增益矩阵，结果为

$$G = \begin{array}{c} 2 \\ 3 \\ 4 \\ 5 \\ 6 \\ 7 \\ 8 \\ 9 \end{array} \left[\begin{array}{c} \dfrac{(1 - W_3W_4W_5 - W_7W_8 + W_3W_4W_5W_7W_8)W_1}{1 - W_3W_4W_5 - W_7W_8 - W_2W_3W_4W_6W_7W_9W_{11} + W_3W_4W_5W_7W_8} \\[2mm] \dfrac{W_1W_2 - W_1W_2W_7W_8}{1 - W_3W_4W_5 - W_7W_8 - W_2W_3W_4W_6W_7W_9W_{11} + W_3W_4W_5W_7W_8} \\[2mm] \dfrac{W_1W_2W_3 - W_1W_2W_3W_7W_8}{1 - W_3W_4W_5 - W_7W_8 - W_2W_3W_4W_6W_7W_9W_{11} + W_3W_4W_5W_7W_8} \\[2mm] \dfrac{W_1W_2W_3W_4 - W_1W_2W_3W_4W_7W_8}{1 - W_3W_4W_5 - W_7W_8 - W_2W_3W_4W_6W_7W_9W_{11} + W_3W_4W_5W_7W_8} \\[2mm] \dfrac{W_1W_2W_3W_4W_6}{1 - W_3W_4W_5 - W_7W_8 - W_2W_3W_4W_6W_7W_9W_{11} + W_3W_4W_5W_7W_8} \\[2mm] \dfrac{W_1W_2W_3W_4W_6W_7}{1 - W_3W_4W_5 - W_7W_8 - W_2W_3W_4W_6W_7W_9W_{11} + W_3W_4W_5W_7W_8} \\[2mm] \dfrac{W_1W_2W_3W_4W_6W_7W_9}{1 - W_3W_4W_5 - W_7W_8 - W_2W_3W_4W_6W_7W_9W_{11} + W_3W_4W_5W_7W_8} \\[2mm] \dfrac{W_1W_2W_3W_4W_6W_7W_9W_{10}}{1 - W_3W_4W_5 - W_7W_8 - W_2W_3W_4W_6W_7W_9W_{11} + W_3W_4W_5W_7W_8} \end{array} \right]$$

再计算网络参数,上一步的增益矩阵显示:源节点 1 到终节点 9 的增益即等价传递函数为

$$W_E = \frac{W_1W_2W_3W_4W_6W_7W_9W_{10}}{1 - W_3W_4W_5 - W_7W_8 - W_2W_3W_4W_6W_7W_9W_{11} + W_3W_4W_5W_7W_8}$$

$$= \frac{0.5488 \mathrm{e}^{15it - 4.5t^2}}{1 - 0.3\mathrm{e}^{7it - 2.5t^2} - 0.2\mathrm{e}^{3it - 1.25t^2} - 0.0112\mathrm{e}^{15it - 2t^2} + 0.06\mathrm{e}^{10it - 3.75t^2}}$$

其中,i 为虚数单位。

根据定理 2.10 和定理 2.11,计算等价传递概率、期望和方差等指标:

$$P_E = W_E|_{t=0} = 1$$

$$\varphi_X(t) = \frac{W_E}{W_E|_{t=0}} = W_E$$

$$\mu_{1E} = E(X) = \frac{1}{\mathrm{i}} \frac{\partial \varphi_E}{\partial t}\Big|_{t=0} = 22.1327$$

$$\mu_{2E} = E(X^2) = \frac{1}{\mathrm{i}^2} \frac{\partial^2 \varphi_E}{\partial t^2}\Big|_{t=0} = 543.6861$$

$$\mathrm{VAR}(X) = E(X^2) - E^2(X) = 53.8297$$

因此，检修的平均时间是 22.1327 个时间单位，标准差为 7.34 个时间单位。

2）检修时间概率密度函数

在已知检修时间分布的特征函数 $\varphi_X(t) = \dfrac{W_E}{W_E|_{t=0}} = W_E$ 的基础上，检修时间的概率密度函数是 $f_E(x) = \sum_{k=0}^{N-1}{}' F_k \cos\left(k\pi\dfrac{x-a}{b-a}\right)$，其中 $a = 0, b = 90$。

其累积分布函数是 $F_E(x) = \displaystyle\int_a^b f_E(x) = \int_a^b \sum_{k=0}^{N-1}{}' F_k \cos\left(k\pi\dfrac{x-a}{b-a}\right)$。最后利用 MATLAB7.0 生成的概率密度函数如图 2.21 所示。

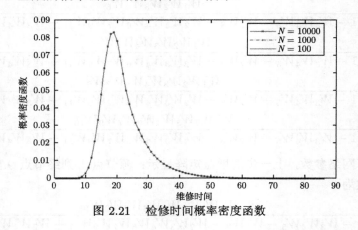

图 2.21　检修时间概率密度函数

图 2.21 显示当 N 分别取 100、1000、10000 时所得到的概率密度曲线几乎没有差别，因此傅里叶逆变换的 COS 方法具有较大的精确性。

MATLAB 中自带基于 Newton-Cotes 方法的求积分函数 quad8，本部分在求得检修时间概率密度函数的基础上，利用求积分函数 quad8 可以获得累积分布函数，如图 2.22 所示。

从图 2.22 可以看出，如果在制订检修进度计划时将预计完成时间规定为 35.1 个时间单位，则按时完成的概率为 90%；如果将检修预计完成时间定为 36.4 个时间单位，则按时完成概率为 95%。因此图 2.21 和图 2.22 对于制订时间计划具有重要作用。如果 CF-GERT 网络中某些参数未知，同样可以通过优化累积分布函数和概率密度函数等目标进行参数设计。

3）对比实验——蒙特卡罗仿真法

蒙特卡罗仿真法是处理 GERT 问题的另一个重要方法，大批学者 [8,9] 采用 Oracle 公司的水晶球软件解决 GERT 仿真问题。本部分首先对 CF-GERT 的回路进行处理，消去自环结构，然后利用水晶球软件进行仿真实验，仿真次数取 10000

次，获得的频率图如图 2.23 所示。仿真法与解析法的结果对比如表 2.5 所示。

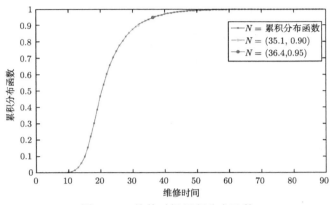

图 2.22 检修时间累积分布函数

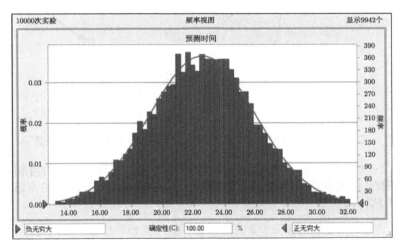

图 2.23 水晶球仿真实验检修时间频率示意图

表 2.5 仿真法与解析法结果对比表

方法	均值	标准差	概率密度函数	拓扑结构分析
CF-GERT 解析法	22.1327	7.34	有，且有函数表达式	不需要
GERT 解析法	22.13	7.34	无	需要
蒙特卡罗仿真法	22.59	3.37	仅有频率分布图	需要

表 2.5 表明，与 GERT 解析法相比，本节方法省去了对拓扑结构的分析，减少了工作量，且可以获得与经典 GERT 解析法相同的均值与标准差，另外本节方法可以通过傅里叶逆变换推导出相关变量的概率密度函数和累积分布函数。与蒙特卡罗仿真法相比，仿真法仅仅可以获得频率分布图，而本节方法可以获得概率

密度函数表达式，因此可以在此基础上进行进一步分析与计算，如计算风险度量的 CVaR 等值。此外，蒙特卡罗仿真法还需分析网络拓扑结构，分解各阶环。

2. 案例 2——某典型废旧零部件的再制造工艺路线 GERT 模型

本部分以某典型废旧零部件的再制造工艺路线 GERT 模型为例说明本节所提方法，具体网络示意图见图 2.24。网络参数详见文献 [10]，需要将矩母函数转化为特征函数。该模型的分析步骤具体如下。

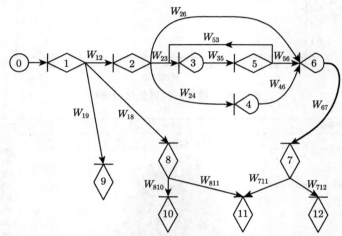

图 2.24　某典型废旧零部件再制造工艺路线 CF-GERT 图模型

步骤 1：CF-GERT 网络模型的矩阵形式转化。将图 2.24 的再制造工艺路线 CF-GERT 图转化为矩阵形式，即矩阵 A。根据 2.4.3 节介绍的方法给出矩阵 $Q_{11\times11}$ 和 $P_{11\times1}$。

$$A = \begin{array}{c|cccccccccccc}
 & 1 & 2 & 3 & 4 & 5 & 6 & 7 & 8 & 9 & 10 & 11 & 12 \\
\hline
1 & 0 & 0 & 0 & 0 & 0 & 0 & 0 & 0 & 0 & 0 & 0 & 0 \\
2 & W_{12} & 0 & 0 & 0 & 0 & 0 & 0 & 0 & 0 & 0 & 0 & 0 \\
3 & 0 & W_{23} & 0 & 0 & W_{53} & 0 & 0 & 0 & 0 & 0 & 0 & 0 \\
4 & 0 & W_{24} & 0 & 0 & 0 & 0 & 0 & 0 & 0 & 0 & 0 & 0 \\
5 & 0 & 0 & W_{35} & 0 & 0 & 0 & 0 & 0 & 0 & 0 & 0 & 0 \\
6 & 0 & W_{26} & 0 & W_{46} & W_{56} & 0 & 0 & 0 & 0 & 0 & 0 & 0 \\
7 & 0 & 0 & 0 & 0 & 0 & W_{67} & 0 & 0 & 0 & 0 & 0 & 0 \\
8 & W_{18} & 0 & 0 & 0 & 0 & 0 & 0 & 0 & 0 & 0 & 0 & 0 \\
9 & W_{19} & 0 & 0 & 0 & 0 & 0 & 0 & 0 & 0 & 0 & 0 & 0 \\
10 & 0 & 0 & 0 & 0 & 0 & 0 & 0 & W_{810} & 0 & 0 & 0 & 0 \\
11 & 0 & 0 & 0 & 0 & 0 & 0 & W_{711} & W_{811} & 0 & 0 & 0 & 0 \\
12 & 0 & 0 & 0 & 0 & 0 & 0 & W_{712} & 0 & 0 & 0 & 0 & 0
\end{array}$$

$$Q_{11\times 11}=\begin{array}{c}\\2\\3\\4\\5\\6\\7\\8\\9\\10\\11\\12\end{array}\begin{array}{cccccccccccc}2&3&4&5&6&7&8&9&10&11&12\\\left[\begin{array}{ccccccccccc}0&0&0&0&0&0&0&0&0&0&0\\W_{23}&0&0&W_{53}&0&0&0&0&0&0&0\\W_{24}&0&0&0&0&0&0&0&0&0&0\\0&W_{35}&0&0&0&0&0&0&0&0&0\\W_{26}&0&W_{46}&W_{56}&0&0&0&0&0&0&0\\0&0&0&0&W_{67}&0&0&0&0&0&0\\0&0&0&0&0&0&0&0&0&0&0\\0&0&0&0&0&0&0&0&0&0&0\\0&0&0&0&0&0&W_{810}&0&0&0&0\\0&0&0&0&0&W_{711}&W_{811}&0&0&0&0\\0&0&0&0&0&W_{712}&0&0&0&0&0\end{array}\right]\end{array},\quad P_{11\times 1}=\begin{array}{c}2\\3\\4\\5\\6\\7\\8\\9\\10\\11\\12\end{array}\begin{array}{c}1\\\left[\begin{array}{c}W_{12}\\0\\0\\0\\0\\0\\W_{18}\\W_{19}\\0\\0\\0\end{array}\right]\end{array}$$

步骤 2:计算等价传递函数。利用 MATLAB 并按照式 $G = X/U = (I-Q)^{-1}P$ 计算增益矩阵。结果显示直接重用、直接废弃、材料回收、再制造件的等价传递函数与文献 [10] 完全相同。为叙述方便,以下仅以再制造件(节点 1 到节点 12)为例说明本节所提方法。

$$G=\begin{array}{c}\\2\\\\3\\\\4\\\\5\\\\6\\\\7\\\\8\\9\\10\\\\11\\\\12\end{array}\begin{array}{c}1\\W_{12}\\\dfrac{W_{12}W_{23}}{1-W_{35}W_{53}}\\W_{12}W_{24}\\\dfrac{W_{12}W_{23}W_{35}}{1-W_{35}W_{53}}\\W_{12}\left(W_{26}+W_{24}W_{46}+\dfrac{W_{23}W_{35}W_{56}}{1-W_{35}W_{53}}\right)\\W_{12}W_{67}\left(W_{26}+W_{24}W_{46}+\dfrac{W_{23}W_{35}W_{56}}{1-W_{35}W_{53}}\right)\\W_{18}\\W_{19}\\W_{18}W_{810}\\W_{18}W_{811}+W_{12}W_{67}W_{711}\left(W_{26}+W_{24}W_{46}+\dfrac{W_{23}W_{35}W_{56}}{1-W_{35}W_{53}}\right)\\W_{12}W_{67}W_{712}\left(W_{26}+W_{24}W_{46}+\dfrac{W_{23}W_{35}W_{56}}{1-W_{35}W_{53}}\right)\end{array}$$

源节点 1 到终节点 12 的等价传递函数为

$$W_{E1\text{-}12} = W_{12}W_{67}W_{712}\left(W_{26} + W_{24}W_{46} + \frac{W_{23}W_{35}W_{56}}{1 - W_{35}W_{53}}\right)$$

$$= \frac{0.54e^{18it - 2.75t^2}}{1 - 10it} \cdot \left(\frac{0.1e^{5it - t^2}}{1 - 15it} + \frac{0.2}{1 - 15it} + \frac{0.12e^{6it - t^2}}{(1 - 15it)(1 - 8it - 0.8e^{6it - t^2})}\right)$$

根据定理 2.10 和定理 2.11，计算等价传递概率、期望和方差等指标：

$$p_E = W_E|_{t=0} = 0.486$$

$$\varphi_X(t) = W_E/0.486$$

$$\mu_{1E} = E(X) = \frac{1}{i}\frac{\partial \varphi_E}{\partial t}\Big|_{t=0} = 90.22$$

$$\text{VAR}(X) = \mu_{2E} - \mu_{1E}^2 = 5999 - 43.848^2 = 4076.4$$

因此，再制造的概率为 0.486，再制造的平均时间是 90.22min，标准差为 63.85min。文献 [10] 的结果有误，是因为其推导的再制造期望时间公式错误，而且焊接工艺（节点 4 到节点 6）的概率也不正确。

步骤 3：推导概率密度函数与累积分布函数。在已知再制造时间分布的特征函数 $\varphi_X(t) = W_E/0.486$ 的基础上，检修时间的概率密度函数是 $f_E(x) = \sum_{k=0}^{N-1}{}'F_k\cos\left(k\pi\frac{x-a}{b-a}\right)$，其中 $a = 0, b = 1000$。其累积概率密度函数是 $F_E(x) = \int_a^b f_E(x) = \int_a^b \sum_{k=0}^{N-1}{}'F_k\cos\left(k\pi\frac{x-a}{b-a}\right)$。进而利用 MATLAB7.0 生成的概率密度函数如图 2.25(a) 所示。最后利用 MATLAB 中自带的基于 Newton-Cotes 方法的求积分函数 quad8，获得累积分布函数，如图 2.25(b) 所示。

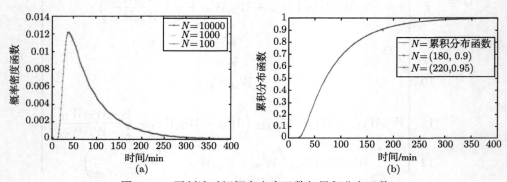

图 2.25 再制造时间概率密度函数与累积分布函数

图 2.25(b) 显示再制造时间以 90% 概率落在 180min 以内，以 95% 概率落在 220min 以内。

2.4.6　结论

本节构建了以特征函数为传递参数的 CF-GERT 模型，分析了 CF-GERT 模型与信号流图的关系，设计了 CF-GERT 模型的矩阵式求解算法。该模型不仅可以获得与经典 GERT 模型相同的等价概率、网络参数随机变量的数字特征，如方差、期望等，更为重要的是可以利用傅里叶逆变换的逆推定理或 COS 方法推导出 CF-GERT 传递变量的概率密度函数和累积分布函数。此外，相比于以梅森公式为基础的经典 GERT 解析算法，提出的矩阵式求解算法减少了对网络拓扑结构的分析，更加适合求解结构复杂、回路繁多的网络。

首先考虑到某些随机分布可能不存在矩母函数，而特征函数是概率密度函数的傅里叶逆变换，且对于任何分布均存在特征函数，本节结合特征函数和传递概率构建了新的传递参数，构造了 CF-GERT 模型。进而利用特征函数性质，证明了 CF-GERT 串联结构、并联结构、自环结构的等价传递函数计算与信号流图等价传递函数计算完全一致，因此可以利用梅森公式求解 CF-GERT 模型。进一步考虑多节点、多回路网络的拓扑特征分析十分复杂，利用梅森公式求解时易发生环数遗漏、错判等现象，本节给出了 CF-GERT 网络的矩阵形式，并基于 León 等 [4] 提出的 M-GERT 给出了 CF-GERT 网络的矩阵式解析算法，显著降低了网络拓扑特征分析的难度，并可以使用 MATLAB 进行计算，减少了工作量。最后利用傅里叶逆变换或 COS 方法逆推 CF-GERT 的概率密度函数。

参 考 文 献

[1] 冯允成. 随机网络及其应用 [M]. 北京：北京航空学院出版社, 1987.

[2] Beran J, Ghosh S. International Encyclopedia of Statistical Science [M]. Heidelberg: Springer, 2011: 852-854.

[3] Ushakov N G. Selected Topics in Characteristic Functions[M]. Germany: Walter de Gruyter, 1999.

[4] León H C M, Farris J A, Letens G, et al. An analytical management framework for new product development processes featuring uncertain iterations [J]. Journal of Engineering and Technology Management, 2013, 30(1): 45-71.

[5] 赵国枝, 刘志决. 流图矩阵分析 [J]. 中北大学学报 (自然科学版), 1989, (1): 96-103.

[6] Fang F, Oosterlee C W. A novel pricing method for European options based on Fourier-cosine series expansions [J]. SIAM Journal on Scientific Computing, 2008, 31(2): 826-848.

[7] 百度文库 PPT. 图示评审技术 GERT[EB/OL]. http://wenku.baidu.com/view/0cf7e11ff-ad6195f312ba600.html?from=search [2016-10-28].

[8]　Wu D D, Kefan X, Gang C, et al. A risk analysis model in concurrent engineering product development[J]. Risk Analysis, 2010, 30(9): 1440-1453.

[9]　任立丽. 图示评审技术 GERT 在主机板研发项目中的应用 [D]. 上海: 上海交通大学, 2007.

[10]　李成川, 李聪波, 曹华军, 等. 基于 GERT 图的废旧零部件不确定性再制造工艺路线模型 [J]. 计算机集成制造系统, 2012, 18(2): 298-305.

第 3 章　基于不确定性参数分布的 U-GERT 网络模型

3.1　复杂体系过程不确定性来源与特征分析

在现实世界社会现象、经济现象及日常生活现象中，更多的是客观存在与主观认知不确定性的交织，由于主观认知中信息获取与分析推理情况复杂且差异巨大，我们更多地从一种普遍的视角来关注现实世界存在的不确定性。当观测者影响有限时，现实世界更多地处在一种近似于混沌的状态，我们可以通过分析混沌系统的一般特征来认识现实世界的不确定性。

复杂性越高，不确定性就越高。复杂性一方面表现在构成因素数量上，另一方面表现在因素种类特征与相互逻辑关系的多样性上，然而因素数量增加，复杂性就越高吗？并非如此。如果构成因素相对单一，且具有较高的同质性，反而会表现出可预测的特征，最常见的如经济的长期整体增长。人类群体所表现出的规律性行为，在数量较少时，不确定性反而是增加的。而在多数时候，因素种类与逻辑关系的多样，必然会导致复杂性的增加。

通过这两个维度的分析，我们可以得出近似的结论：少量的同质因素视其复杂性、可预测性可强可弱；大量的同质因素，若不考虑其单个因素特征的复杂性，大量的同质因素通常会表现出一些共性的特征，可预测性增强，而大量的非同质因素几乎是不可预测的。

开放性现实世界不存在绝对的封闭系统，开放性更多的是一个相对概念，例如，朝鲜的经济发展更多的是一个封闭系统；韩国的经济发展会受到更多国际经济的影响；而 A 股市场是一个极其开放的系统，几乎任何投资者都可以参与，你无法预测下一个参与进来的投资者的行为与影响。绝大多数时候开放性会直接增加系统的复杂性 (少数时候如开放性导致统计显著性增强的情形)。

单因素效应对系统的影响较大，且重要的单因素的直接影响具有一定的规律及可预测性，这里更多地讨论非直接的微弱或随机单因素的影响。

单因素效应典型的如蝴蝶效应。然而蝴蝶效应的发生并非常态，多数时候，单因素本身较弱时影响是极其有限的，以下一些情形例外：当系统处于临界点或者弱平衡时，微小的因素可能会成为决定变量，如"压倒骆驼的最后一根稻草"，又

如 "当你对职业选择犹豫不决时一位朋友的建议", 而蝴蝶效应属于一系列临界点或弱平衡的叠加。

另外一种常见的情形是某个必要或重要因素本身是不确定或随机的, 例如, 抽中彩票以及打新股的时间。复杂系统的演化在不小的概率上都会受到这种微弱或随机单因素的影响甚至是决定性的影响。回想我们过去的人生经历, 每个人都不难举出几个影响你人生发展的偶然事件, 有本身就重要的, 也有看起来十分微弱的。事实上稳定性与秩序性足够强的系统可以在很大程度上抵御这些偶然因素的影响。

一个系统的因素所构建的逻辑结构特征也影响着系统变化的不确定性。整体来看逻辑链越多, 关系越复杂, 单个逻辑链的强度越弱 (与具体的推理过程有关), 系统的不确定性就越高。我们可以归纳出的一个典型特征是并联逻辑链的稳定性通常要高于串联, 串联所导致的多次逻辑演绎或波动的结果是概率分布的发散, 而并联会导致概率分布的集中。

此外基于冗余的因素 (资源的逻辑链结构设计), 可以较大程度地减少系统的不确定性。不确定理论是最近几年发展起来的一门新兴学科, 而模糊数学、灰色系统理论和粗糙集理论是目前最为活跃的不确定性系统理论。不确定性系统理论的研究领域主要包括三个方面: 不确定性系统理论的数学基础研究 [1,2]; 不确定性系统模型与算法研究, 包括各种不确定性系统模型以及不确定性系统模型与其他方法和模型的杂合模型与算法 [3,4]; 不确定性系统理论在自然科学及社会科学各领域中的广泛应用 [5-7]。

近年来, 随着对不确定性问题研究的深入, 研究者也开展了不确定参数的GERT 网络的相关研究, 如文献 [8] 研究了存在灰色不确定信息条件下 GERT网络的建模问题。事实上, 除了随机不确定性、灰色不确定性, 还存在模糊不确定性、随机模糊不确定性等。但对处理具有多种不确定性参数的 GERT 网络模型研究还鲜有涉及。本书针对这一研究的不足, 设计了一种新的考虑多种不确定信息的随机网络 U-GERT (uncertain of graphical evaluation review technique) 模型, 并利用信号流图原理研究了不确定信息的 U-GERT 网络仿真算法; 在此基础上, 研究了不确定随机变量 U-GERT 网络的矩母函数的构造, 并对其重要的性质做了详细的探讨; 最后通过算例验证了不确定信息的 U-GERT 网络模型及其解析算法的正确可行。

3.2　U-GERT 网络的模型构建问题

3.2.1　基本定义

定义 3.1　在 GERT 网络中, 活动的参数如果是不确定的, 则称为不确定GERT (U-GERT)。由于参数的不同类型, U-GERT 可以进一步细分。

定义 3.2 在 GERT 网络中,仅概率参数是不确定的,称为不确定概率 GERT (uncertain probability GERT)。需要注意的是, 对一个节点出发的活动概率进行估计时, 必须满足独立事件概率和为 1 的条件, 即 $\sum\limits_{j} p_{ij}^U = 1$。因此, 从某一活动出发, 如果有 n 个概率分支, 仅对 $n-1$ 个概率进行估计。

定义 3.3 在 GERT 网络中,仅时间参数是不确定的,称为不确定时间 GERT (uncertain time GERT)。

定义 3.4 在 GERT 网络中,仅费用参数是不确定的,称为不确定费用 GERT (uncertain cost GERT)。

定义 3.5 不确定概率、不确定时间以及不确定费用 GERT 模型的复合,称为多种不确定的 GERT 网络。

以上定义的不确定概率、不确定时间以及不确定费用 GERT 统称为不确定 GERT (U-GERT)。

U-GERT 网络模型一般由箭线、节点和流三个要素组成。箭线是从一个节点出发到另一个节点结束的有向线段,通常用来表示活动;节点是箭线的连接点,用来表示各箭线之间的逻辑关系;流反映网络中各不确定参数和节点(或箭线)间的相互定量的制约关系。U-GERT 的基本构成单元如图 3.1 所示。

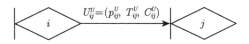

图 3.1 U-GERT 的基本构成单元示意图

图中, U_{ij} 表示从节点 i 到节点 j 的流; p_{ij} 表示节点 i 实现时箭线实现的概率; T_{ij}, C_{ij} 分别表示箭线实现所需要的时间和费用,它们是不确定变量。

在 U-GERT 模型中,可以包含具有不同逻辑特征的节点,节点的引出端允许多个概率分支的存在;同时, U-GERT 中也允许存在回路和自环;每项活动的时间均可选取任何种类的分布,始点和终点也可以不是唯一的。

U-GERT 网络模型的构建步骤如下:

(1) 工作结构分解,即将整体项目的工作内容分解为若干独立的活动;

(2) 确定节点逻辑关系分析,即分析项目各活动之间先后顺序、并行或串行等逻辑关系;

(3) U-GERT 网络图绘制,根据节点逻辑关系绘制项目网络图;

(4) 收集网络中各项活动的基本参数。

3.2.2　U-GERT 网络的矩母函数构造与性质

近年来学者在对不确定性研究的过程中，形成了可信性测度、机会测度等一整套完备公理化体系，即不确定性理论。下面就不确定变量的矩母函数及其性质做相应的研究。

定义 3.6　设有不确定变量 ξ 具有密度函数 $\varphi(\xi)$，$-\infty < \xi < +\infty$，又设函数 $g(\xi)$ 可导且恒有 $g'(\xi) > 0$（或恒有 $g'(\xi) < 0$），$Y = g(\xi)$ 是不确定变量，其密度函数为

$$\varphi(y) = \begin{cases} \varphi(h(y))|h'(y)|, & \alpha < y < \beta \\ 0, & \text{其他} \end{cases}$$

其中，$\alpha = \min(g(-\infty), g(\infty))$；$\beta = \max(g(-\infty), g(\infty))$；$h(y)$ 是 $g(\xi)$ 的逆函数。

定义 3.7　设 y 是一个连续的不确定变量，它的密度函数 $\varphi(y)$ 存在，$h(y)$ 为 y 的任意函数，那么 $h(y)$ 的密度函数可表示为

$$M\{h(y) \leqslant x\} = \int_{-\infty}^{x} h(y)\varphi(y)\mathrm{d}y$$

$$M\{h(y) > x\} = \int_{x}^{+\infty} h(y)\varphi(y)\mathrm{d}y$$

定理 3.1　如果不确定变量 X 的任意函数 $h(X)$ 存在，并令 $Y = h(X)$，则 Y 可以认为是一个新的不确定变量，其分布取决于 X 分布的一定函数关系。可以确定 $Y = h(X)$ 的数学期望如下：

$$E(h(X)) = \int_{-\infty}^{\infty} h(x)\varphi(x)\mathrm{d}x$$

证明　由

$$E(\xi) = \int_{0}^{+\infty} M\{\xi \geqslant r\}\mathrm{d}r - \int_{-\infty}^{0} M\{\xi < r\}\mathrm{d}r$$

得

$$E(h(X)) = \int_{0}^{+\infty} M\{\xi \geqslant r\}\mathrm{d}r - \int_{-\infty}^{0} M\{\xi < r\}\mathrm{d}r$$

$$= \int_{0}^{+\infty} \left(\int_{r}^{+\infty} h(x)\varphi(x)\mathrm{d}x \right) \mathrm{d}r - \int_{-\infty}^{0} \left(\int_{-\infty}^{r} h(x)\varphi(x)\mathrm{d}x \right) \mathrm{d}r$$

$$= \int_{0}^{+\infty} \left(\int_{r}^{+\infty} h(x)\varphi(x)\mathrm{d}r \right) \mathrm{d}x - \int_{-\infty}^{0} \left(\int_{-\infty}^{r} h(x)\varphi(x)\mathrm{d}r \right) \mathrm{d}x$$

$$= \int_0^{+\infty} h(x)\varphi(x)\mathrm{d}x + \int_{-\infty}^0 h(x)\varphi(x)\mathrm{d}x$$

$$= \int_{-\infty}^{+\infty} h(x)\varphi(x)\mathrm{d}x$$

证毕。

根据定理 3.1，对于非负的不确定变量 X 和任意实数 s，令 $M_X^F(s)$ 为不确定变量 X 的矩母函数，并定义：

$$M_X^F(s) = E(\mathrm{e}^{sX}) = \int_{-\infty}^{+\infty} \mathrm{e}^{sx}\varphi(x)\mathrm{d}x$$

当非负不确定变量 X 为有界时，上面公式中的数学期望 $E(\mathrm{e}^{sX})$ 对所有的 s 均存在。若 X 无界，则对某些 s，$E(\mathrm{e}^{sX})$ 存在，而当 s 取其他数值时数学期望可能不存在。但是 $s = 0$，$M_X(s) = E(\mathrm{e}^0) = 1$ 必定存在。

不确定变量的矩母函数具有以下重要的性质，这些性质将在不确定随机网络中得到应用。

性质 3.1 不确定变量的矩母函数对于 s 的各阶导数在 $s = 0$ 处的值，就是非负不确定变量 X 的各阶原点矩。

证明

$$\left(\frac{\partial}{\partial s} M_X^U(s)\right)_{s=0} = \left(\frac{\partial}{\partial s} \int_{-\infty}^{+\infty} \mathrm{e}^{sX}\varphi(x)\mathrm{d}x\right)_{s=0}$$

$$= \left(\int_{-\infty}^{+\infty} s\mathrm{e}^{sX}\varphi(x)\mathrm{d}x\right)_{s=0}$$

$$= \int_{-\infty}^{+\infty} \varphi(x)\mathrm{d}x = E(X)$$

证毕。

同理可以证明：如果非负不确定变量 X 的矩母函数的各阶导数在 $s = 0$ 处均存在，则

$$M_X^{Un}(0) = \left(\frac{\partial^n}{\partial s^n} M_X^U(s)\right)_{s=0} = E(X^n)$$

即不确定变量的矩母函数的 n 阶导数在 $s = 0$ 处的值，就是非负不确定变量 X 的 n 阶原点矩。由此可知，由 $M_X^U(s)$ 可以生成非负不确定变量 X 的各阶原点矩。所以，我们又可以把不确定变量的矩母函数称为不确定变量矩生成函数。

性质 3.2　如果某一个不确定变量的矩母函数存在，则它必定是唯一的。即每种不确定概率分布的 $M_X^U(s)$ 各不相同，而两个不确定变量的矩母函数相同时，它们必有相同的不确定概率密度函数，或者不同的不确定矩母函数对应于不同的不确定概率分布。

性质 3.3　设不确定变量 X 的矩母函数存在，若有 $Y = aX + b$，a，b 均为常数，则不确定变量 Y 的矩母函数也必定存在，且有

$$M_Y^U(s) = e^{bs} M_X^U(as)$$

证明

$$
\begin{aligned}
M_Y^U(s) &= E(e^{s(aX+b)}) \\
&= E(e^s \cdot e^{s \cdot aX}) \\
&= e^{bs} M_X^U(as)
\end{aligned}
$$

证毕。

性质 3.4　若 $X_1, X_2, \cdots, X_n$ 为 n 个相互独立的不确定变量，对应的矩母函数 $M_{X_i}^U(s)(i = 1, 2, \cdots, n)$ 均存在，则各不确定变量总和的矩母函数，将为各不确定变量的矩母函数之乘积。

设

$$Y = X_1 + X_2 + \cdots + X_n$$

按照不确定变量矩母函数的定义，不确定变量 Y 的矩母函数为

$$M_Y^U(s) = E(e^{s(X_1 + X_2 + \cdots + X_n)})$$

$$= E\left(\prod_{i=1}^{n} e^{sX_i}\right)$$

由于 $X_1, X_2, \cdots, X_n$ 为相互独立的不确定变量，所以

$$E\left(\prod_{i=1}^{n} e^{sX_i}\right) = \prod_{i=1}^{n} E(e^{sX_i})$$

即

$$M_Y^U(s) = \prod_{i=1}^{n} E(e^{sX_i})$$

3.3　U-GERT 网络的仿真算法

U-GERT 是只包含"异或"型节点的随机网络，把信号流图原理和矩母函数的特征结合起来就形成 U-GERT 网络算法的基础。

定义 3.8　在第 (ij) 个活动中，定义 $W_{ij}^U(s)$ 为活动 (ij) 的不确定传递函数，使 $W_{ij}^U(s) = p_{ij}^U \cdot M_{ij}^U(s)$。

对于一个每项活动都有两项参数 p_{ij}^U 和 $M_{ij}^U(s)$ 的网络 G，总可以用一个与原网络结构相同，但每项活动上只有一个不确定参数 $W_{ij}^U(s)$ 的网络 G' 来代替。运用信号流图原理，对不确定 $W_{ij}^U(s)$ 函数的网络求解其等效的不确定 $W_E^U(s)$ 函数，再按不确定变量的矩母函数的特征，通过一定的换算过程，得到网络等价不确定参数 p_E^U 和 $M_E^U(s)$，提供了求解 U-GERT 的工具。当网络中各项活动的周期均为独立的不确定变量时，具有不确定 W^U 函数的 G' 网络运算有以下的特点。

（1）串联结构：

$$W_{iz}^U(s) = W_{ij}^U(s) \cdot W_{jk}^U(s) \cdot W_{kl}^U(s) \cdots W_{yz}^U(s)$$

（2）并联结构：

$$W_{ij}^U(s) = \sum_{n=1}^{k} W_{n_{ij}}^U(s)$$

（3）自环结构：

$$W_{ij}^U(s) = M_{ij}^U(s)$$

由于闭信号流图的特征式必等于 0，令 H^U 表示具有不确定 W^U 参数的闭合网络的特征值，则 $H^U = 1 - W_E^U(s) \cdot W_A^U(s) = 0$（其中，$W_A^U(s)$ 为不确定传递函数，$W_E^U(s)$ 为等价不确定传递函数），所以 $W_E^U(s) = \dfrac{1}{W_A^U(s)}$，又有 $W_E^U(s) = p_E^U M_E^U(s)$。根据不确定信息的矩母函数的特征，当 $s = 0$ 时，$W_E^U(0) = p_E^U M_E^U(0) = p_E^U \displaystyle\int_{-\infty}^{+\infty} \mathrm{e}^{st} f(t) \mathrm{d}t \big|_{s=0} = p_E^U$，根据梅森公式，等价不确定的矩母函数 $M_E^U(s) = \dfrac{W_E^U(s)}{p_E^U} = \dfrac{W_E^U(s)}{W_E^U(0)}$。再利用不确定变量的矩母函数的基本性质，即可反演到网络的所有参数。由于 U-GERT 模型研究的是不确定信息的网络模型，不可能与 GERT 模型一样最终能得到解析解，所以要通过计算机仿真最终得到网络参数的仿真解，具体表述如下。

（1）设 $\frac{\partial}{\partial s} M_E^U(s)|_{s=0} = f(\xi_1, \xi_2, \cdots, \xi_n)$，其中 $\xi_1, \xi_2, \cdots, \xi_n$ 为服从一定分布的不确定变量，通过随机模拟仿真（可以根据实际情况设定仿真次数）可以得到 $E(f(\xi_1, \xi_2, \cdots, \xi_n)) = N$，$E$ 指不确定事件的期望。

（2）通过随机模拟仿真可以得到 $\mathrm{Ch}(f(\xi_1, \xi_2, \cdots, \xi_n) \geqslant c) = p_1$。其中 c 为设定的期望数值上限，Ch 指不确定事件成立的机会（在随机环境下指概率测度 Pr，在模糊环境下指可信性测度 Cr）。

3.4　U-GERT 网络应用

在某消防区中，有两台消防车，另有一台备用车辆，以备其他车辆出现故障时投入使用。每台车出现故障的时间间隔和工人维修时间都服从负指数分布，那么该系统的到达和服务均为马氏过程。由于车辆出现的故障类型很难确定，所以维修速率 μ 是一个不确定量，或者说车辆出现故障的到达速率 λ 和维修速率 μ 之比 λ/μ 是一个不确定的量。事实上，根据经验可以确定 λ/μ 之比服从均匀分布，但均匀分布的参数是不确定的，即 $\lambda/\mu < 1 = \alpha \sim U(\rho, \rho+2)$，$\rho = (2, 3, 4)$。人们希望了解首次全部出现故障的时间，以及在该状态上停留的时间。

对于该状态有限的系统而言，系统到达速率与维修速率有如表 3.1 所示的关系。

表 3.1　系统中车辆出现故障的到达速率和维修速率

系统状态 i	到达速率 λ_i	维修速率 μ_i
0	2	0
1	2	a
2	1	a
3	0	a

所以，系统由状态 i 转变到 $i+1$ 的概率为 $p_{i(i+1)} = \lambda_i/(\lambda_i + \mu_i)(i = 0, 1, 2)$；系统由状态 i 转变到 $i-1$ 的概率为 $p_{i(i-1)} = \mu_i/(\lambda_i + \mu_i)(i = 1, 2, 3)$。

由此可以构造系统的 GERT 模型，如图 3.2 所示。

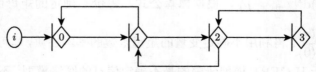

图 3.2　状态转移 GERT 模型

根据 3.2 节中不确定变量的矩母函数的性质，可以得到状态转移过程的矩母

函数分别为

$$W_{01}(s) = \left(1 - \frac{s}{2}\right)^{-1}$$

$$W_{10}(s) = \frac{a}{2+a}\left(1 - \frac{s}{2+a}\right)^{-1}$$

$$W_{12}(s) = \frac{2}{2+a}\left(1 - \frac{s}{2+a}\right)^{-1}$$

$$W_{21}(s) = \frac{a}{1+a}\left(1 - \frac{s}{1+a}\right)^{-1}$$

$$W_{23}(s) = \frac{1}{1+a}\left(1 - \frac{s}{1+a}\right)^{-1}$$

$$W_{32}(s) = \left(1 - \frac{s}{a}\right)^{-1}$$

在初始时刻，所有车辆均处于正常状态。为求得首次出现全部车辆发生故障并处于维修或等待维修状态的参数，可将图 3.2 中节点 3 引出的箭线删除，运用 GERT 网络求解方法，可得 0—3 的等价传递函数：

$$\begin{aligned}
W_{E03} &= \frac{W_{01}W_{12}W_{23}}{1 - W_{01}W_{10} - W_{21}W_{12}} \\
&= \frac{2}{2+a}\frac{1}{1+a}\left(1 - \frac{s}{2}\right)^{-1}\left(1 - \frac{s}{2+a}\right)^{-1}\left(1 - \frac{s}{1+a}\right)^{-1} \\
&\quad \Big/ \left(1 - \frac{a}{2+a}\left(1 - \frac{s}{2+a}\right)^{-1}\left(1 - \frac{s}{2}\right)^{-1}\right. \\
&\quad \left. - \frac{2}{2+a}\frac{a}{1+a}\left(1 - \frac{s}{2+a}\right)^{-1}\left(1 - \frac{s}{1+a}\right)^{-1}\right)
\end{aligned}$$

因为 $W_{E03}(0) = 1$，所以 $M_{E03}(s) = W_{E03}(s)$。

由 $\frac{\partial}{\partial s}M_{E03}(s)|_{s=0}$ 即可得到正常运转到停止工作的期望时间：

$$\begin{aligned}
E(t) &= \frac{\partial}{\partial s}M_{E03}(s)|_{s=0} \\
&= (a^4 + 6a^3 + 19a^2 + 30a + 16)/(4a^2 + 12a + 8)
\end{aligned}$$

由于 a 是一个不确定的量，因此运用 MATLAB7.0 编程进行求解。

首达状态 3 的时间大于等于 9 的机会 $\mathrm{Ch}(E_{03}(t) \geqslant 9)$ 仿真结果如图 3.3 所示，最大值 0.5033，最小值 0.5，均值 0.5005，方差 4.74×10^{-4}；周期的期望值 $E(E_{03}(t))$ 仿真结果如图 3.4 所示，最大值 9.11，最小值 8.88，均值 8.9992，方差 3.56×10^{-2}。

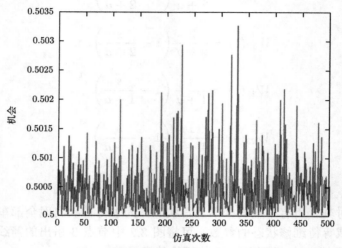

图 3.3　期望时间大于等于 9 的机会

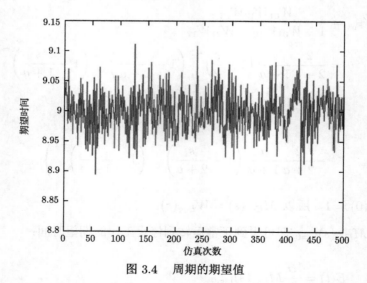

图 3.4　周期的期望值

事实上，人们也关心在状态 3 上停留时间的期望。这时将节点 0 分裂为 0 和 0′，同时保持状态 3 上引出活动的矩母函数不变，而将其余活动的矩母函数都置为 1（见图 3.5）。

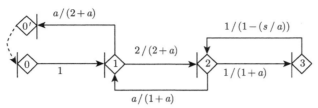

图 3.5　为求状态 3 上停留时间的 GERT 模型

运用 GERT 网络求解方法, 可得等价传递函数:

$$
W_{00'} = \frac{W_{01}W_{10'}(1 - W_{32}W_{23})}{1 - W_{21}W_{12} - W_{32}W_{23}}
$$

$$
= \left(\frac{a}{2+a} \left(1 - \frac{1}{1+a} \left(1 - \frac{s}{a} \right)^{-1} \right) \right) \Big/ \left(1 - \frac{2}{2+a} \frac{a}{1+a} - \frac{1}{1+a} \left(1 - \frac{s}{a} \right)^{-1} \right)
$$

$$
E(t) = \frac{\partial}{\partial s} M_{00'}(s)|_{s=0} = \frac{\partial}{\partial s} W_{00'}(s)|_{s=0} = \frac{2}{a^3}
$$

时间大于等于 0.138 的机会 $\mathrm{Ch}(E_{00'}(t) \geqslant 0.138)$ 仿真结果如图 3.6 所示, 最大值 0.5031, 最小值 0.5, 均值 0.5005, 方差 4.98×10^{-4}。

周期的期望值 $E(E_{00'}(t))$ 仿真结果如图 3.7 所示, 最大值 0.1404, 最小值 0.1359, 均值 0.1384, 方差 7.1183×10^{-4}。

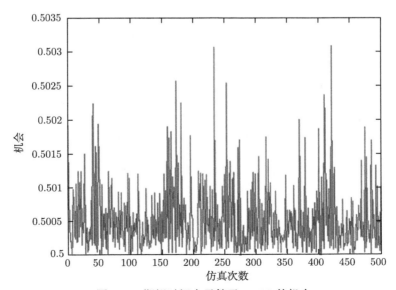

图 3.6　期望时间大于等于 0.138 的机会

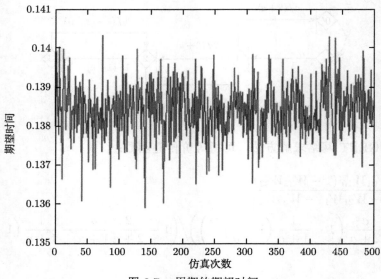

图 3.7　周期的期望时间

参 考 文 献

[1] Liu B. Uncertainty Theory[M]. 2nd ed. Berlin: Springer-Verlag, 2007.

[2] Ke H, Liu B O. Project scheduling problem with mixed ,uncertainty of randomness and fuzziness [J]. European Journal of Operational Research, 2007, 183: 135-147.

[3] Vallee R. Book reviews: Grey information: Theory and practical applications [J]. Kybernetes, 2008,37(1): 189.

[4] Liu S F, Lin Y. Grey Information: Theory and Practical Applications [M]. London: Springer-Verlag, 2006.

[5] 梁昌勇, 顾东晓, 范昕, 等. 面向不确定多属性决策问题的范例检索算法研究 [J]. 中国管理科学, 2009, 17(1): 131-137.

[6] 葛世龙, 周德群, 陈洪涛. 储量不确定对可耗竭资源优化开采的影响研究 [J]. 中国管理科学, 2008, 16(6): 137-141.

[7] 王坚强, 孙超. 不完全确定信息的群体语言指派问题的求解方法 [J]. 中国管理科学, 2007, 15(1): 74-79.

[8] 阮爱清, 刘思峰. 灰色 GERT 网络及基于顾客需求的灰数估计精度 [J]. 系统工程, 2007, 12: 100-104.

第 4 章　基于 Agent 的复杂体系过程 A-GERT 网络自学习模型

目前，关于复杂体系的研究集中于体系的概念与特征解释、体系建模与仿真、体系评估、体系的技术实现与实际应用等领域。GERT 已广泛应用于可靠性工程、项目管理、价值工程、供应链管理等领域。GERT 网络能很好地描述复杂体系，精确地研究体系内多个有关参数的传递关系，为复杂体系网络化描述奠定了良好的理论基础，但其不具备学习能动性，难以刻画自学习过程。与此同时，Agent 研究成为当今计算机科学研究的一个热点。由于 Agent 被认为可以决策出智能行为，即这些 Agent 能够在多方面再现人类可以做出的智能行为，因此 Agent 技术被广泛用来研究自学习问题。基于 Agent 的体系具有很好的学习能动性和环境自适应性，将 Agent 应用于 GERT 网络中可以更真实有效地描述复杂体系，智能随机网络 A-GERT 必然应具有高度的自学习能力。智能随机网络能充分利用先验知识，使智能体能直接利用过往事件中收集到的信息来指导行为，提高成功概率，减少试错次数，加快训练的收敛速度，使复杂体系完成自学习过程。本章针对体系过程，建立基于 A-GERT 网络的相关自学习模型，为智能 GERT 网络的体系学习过程研究提供可行的解决方案。

4.1　复杂体系过程 A-GERT 网络框架设计

系统是由相互关联的要素构成的整体。而体系则是由系统所构成的一个协同（联盟）整体，因为体系中的系统可能具有较强的独立性，甚至有时，某（几个）系统可以部分（完全）地代表它的总体。因此，体系与系统的一个重要区别在于，体系一般都具有一定的可靠性结构和量值韧性，而系统一般却很难具有这样的性质。

人们习惯上又将体系分为简单的和复杂的。若体系中的系统数量规模不大，大多数系统间的因果关系明确，一般呈线性，也就是说，决定体系可靠性韧性结构和量值关系的逻辑与参数是一种确定性的线性关系，那么这种体系就是一种简单体系；否则，是一种复杂体系，见定义 4.1。

定义 4.1（复杂体系 Ψ）　若组成体系的系统数量较多，决定体系可靠性韧性结构和量值关系的系统关联逻辑与参数是一种非线性、非确定性的随机关系，则称该体系 Ψ 为复杂体系。

复杂体系 Ψ 中的系统 $S_i(i = 1, 2, \cdots, n)$ 数量多，且各系统大都是一个独立的实体，系统间通过复杂的协同机制构成一个有机的生态群体。该群体中通过多个系统的有机协同机制来组织完成多项任务（具备多项功能），基于任务逻辑的系统间控制、协调与组织信息传递关系复杂，且大多数表现为非线性和随机性。

定义 4.2（复杂体系过程 $\Psi(t)$）　若某体系是一种由若干系统 $S_i(i = 1, 2, \cdots, n)$ 组成，且协同完成某种（些）任务的随机（网络）过程，则称其为复杂体系任务网络随机过程，简称随机过程，用 $\Psi(t)$ 表示。

定义 4.3（自学习体系过程 $\Psi_{\text{Agent}}(t)$）　在 $\Psi(t)$ 过程中，若把某个（些）系统（组织）看作智能体，具有向过程或历史学习的机制和能力，则称该体系为具有智能体自学习机制的过程，其本质是一种由若干智能代理人 Agent 的协作过程，用 $\Psi_{\text{Agent}}(t)$ 表示。

根据随机网络原理，对于任一客观体系过程，可以看成基于任务目标的各系统之间的相互协作过程，一般情况下，这种协作大都属于工作任务的上、下游的纵向或者横向的合作。这种任务的协作过程可以运用广义活动网络（generalized active network，GAN）进行表征，该网络由"异或型"、"或型"和"与型"这 3 种输入逻辑和"肯定型"、"概率型"这 2 种输出逻辑组成的 6 种逻辑节点和"箭线"构成，见表 4.1。

表 4.1　智能 GAN 网络节点类型

输出端	输入端		
	异或型逻辑 ◁	或型逻辑 ◁	与型逻辑 ◖
肯定型逻辑 ◗			
概率型逻辑 ▷			

注：表中逻辑节点上加注的"黑点"表示该节点是一个智能体，或称为智能代理人。

定义 4.4（体系自学习网络 $\Psi_{\text{Agent}}(N(t), S(t))$）　若将 $\Psi_{\text{Agent}}(t)$ 过程用广义活动网络 [1] 的逻辑机制进行表征，则称所得到的网络为具有智能体自学习机制的体系过程网络，用 $\Psi_{\text{Agent}}(N(t), S(t))$ 表示，其中，$N(t)$ 和 $S(t)$ 分别表示某系统具有自学习机制的网络节点和边。

这里值得注意的是，$N(t)$ 和 $S(t)$ 分别表示各系统（组织）经过学习，其状态和过程可能都会逐步改善或得到完善，其中 (t) 表示一个时间的映射。为了便于区别，在其逻辑节点和箭线上加注点（见图 4.1）表示。

定义 4.5（$\Psi_{\text{A.GERT}}(N(t), S(t))$ 网络）　在 $\Psi_{\text{Agent}}(N(t), S(t))$ 网络中，若依据逻辑转换规则，将其所有节点都转换成异或型，则称该网络为具有自学习机制的图形评审技术网络（graphical evaluation and review technique with agent, A-GERT），为简便，该网络用 $\Psi_{\text{A.GERT}}(N(t), S(t))$ 表示。

图 4.1　$\Psi_{\text{Agent}}(N(t), S(t))$ 网络的一般要素

由定义 4.4 和定义 4.5 可知，网络 $\Psi_{\text{Agent}}(N(t), S(t))$ 与 $\Psi_{\text{A.GERT}}(N(t), S(t))$ 的区别主要在于：前者是 GAN 网络；后者是将前者网络中的所有节点转换成异或型节点的网络。这样便于利用数学工具进行计算。

例 4.1　某体系中，节点 i 保持其在原状态的概率为 p_{ii}，到后续节点 $j_k(k = 1, 2, \cdots, K)$ 的概率分别为 $p_{ij_1}, p_{ij_2}, \cdots, p_{ij_K}$，试画出该节点与其后续节点的 $\Psi_{\text{A.GERT}}(N(t), S(t))$ 图。

利用上述各定义与表 4.1 中的 A-GERT 网络逻辑画出其 $\Psi_{\text{A.GERT}}(N(t), S(t))$ 网络图，如图 4.2 所示。

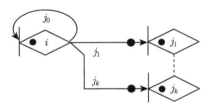

图 4.2　某体系节点 i 到 $j_k(k = 1, 2, \cdots, K)$ 的 $\Psi_{\text{A.GERT}}(N(t), S(t))$ 网络示意图

4.2　基于 Agent 的体系过程 A-GERT 网络刺激-反应学习模型

随着系统网络结构的复杂化，模型过强的非线性也导致学习分析十分困难。针对迭代学习存在的自适应性以及非线性问题，霍兰教授提出的复杂适应系统（complex adaptive system，CAS）[2] 理论中最为核心的概念就是适应性主体，简称主体（Agent）。主体与外部环境之间能动的不断学习的交互作用所体现的就是适应性。刺激-反应模型 [3-5] 作为 CAS 理论中的基本模型在自适应学习以及决策领域得到了广泛应用，模型具有输入、输出和反馈三种基本结构，主体通过外界刺激反馈驱动系统做出反应，仅利用输入、输出实现对复杂系统的迭代学习，对于研究非线性系统有较强的适应性。本节将 Agent 技术与 GERT 网络节点结合起来，形成智能决策节点；然后在 A-GERT 网络的基础上结合刺激-反应模型，通过网络节点的传递效用值进一步拓展刺激-反应模型，建立迭代学习反馈机制，给出了

基于 Agent 的 A-GERT 网络刺激-反应模型的设计步骤,并以创新技术开发活动资源配置决策问题为例,验证本模型的有效性和合理性。

4.2.1　体系过程的刺激-反应学习反馈结构及其机制分析

如今随着系统网络结构的日益复杂化,体系过程学习模型的建立和分析也更加困难,系统的自适应学习以及非线性模型分析问题已成为研究的重点之一。而 CAS 理论中最为核心的概念就是主体(Agent)。主体与外部环境之间能动的交互作用反映了适应性。刺激-反应模型是 CAS 理论中的基本模型,模型主体收到外界刺激信号后,反馈信息驱动系统做出相应的行为,仅利用输入、输出实现对复杂系统的迭代学习,对于研究非线性系统有较强的适应性。因此本节通过对刺激-反应模型的分析研究网络决策节点的路径概率学习,并结合 A-GERT 网络进一步拓展刺激-反应模型。

定义 4.6(刺激-反应模型 [3])　刺激-反应模型主要由一个主体(探测器)、If/Then 规则集合和一个主体行为(效应器)组成,系统所处环境刺激主体,主体从刺激信号中抽取信息,信息通过规则集反复处理,寻找最优匹配,根据 If/Then 规则集合判断,传达到效应器,由效应器做出反应,即主体行为,见图 4.3。

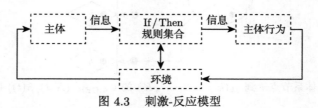

图 4.3　刺激-反应模型

定义 4.7(网络节点 i 的传递效用函数)　在 $\Psi_{\mathrm{A.GERT}}(N(t), S(t))$ 网络中,决策节点集合 $N(t)$ 中某节点 i 在决策行动后,均能根据其从节点 i 到 $j_k(k = 1, 2, \cdots, K)$ 行动的后果,即某条道路 (i, j_k) 选择所导致成功或者失败的节点 j_k 效用值 V_{j_k}、路径 (i, j_k) 实现期望概率 $p_{E_{ij_k}}$、路径 (i, j_k) 所消耗的期望时间 $T_{E_{ij_k}}$,该节点 i 行动的传递效用值函数 F_i 可以定义为

$$
F_i = \begin{cases} \sum\limits_{k=1}^{k=K} p_{E_{ij_k}} \cdot V_{j_k}, & \text{不考虑时间} \\ \sum\limits_{k=1}^{k=K} \dfrac{1}{T_{E_{ij_k}}} \cdot p_{E_{ij_k}} \cdot V_{j_k}, & \text{考虑时间} \end{cases} \tag{4.1}
$$

其中,终节点效用值指标 V_{j_k} 可由系统直接给出,其他节点效用值 V_{j_k} 即等于节点迭代完成时的传递效用值。由式 (4.1) 可知,节点 i 行动的传递效用值函数 F_i

与 $T_{E_{ij_k}}$ 成反比，与 $p_{E_{ij_k}}$ 和 V_{j_k} 成正比。此外，需要注意的是，在计算 F_i 时，节点 j_k 不包含回路节点，因为回路节点 j_k 的效用值 V_{j_k} 可认为是 0。

定义 4.8（$\Psi_{\text{AF.GERT}}(N(t), S(t))$ 智能反馈网络） 在 $\Psi_{\text{A.GERT}}(N(t), S(t))$ 网络中，各决策节点 i 均能对其决策后果的效用值函数 F_i 值进行观察、评价，并能利用这一结果效用值 F_i 来改善其下一步的决策，则称该网络为具有反馈 (feedback) 机制的智能网络，记为 $\Psi_{\text{AF.GERT}}(N(t), S(t))$。

例 4.2 试画出某体系节点 i 到 j_k 的 $\Psi_{\text{A.GERT}}(N(t), S(t))$ 智能反馈网络 $\Psi_{\text{AF.GERT}}(N(t), S(t))$ 图。

依据定义 4.7 和定义 4.8，设计节点的反馈节点与反馈回路（图中虚线），如图 4.4 所示。节点 i 到达节点 $j_k(k = 1, 2, \cdots, K)$ 时，均会获得不同程度的效用值 V_{j_k}，效果指标可根据体系主体的要求进行选取。通过效用值 V_{j_k} 以及节点传递概率、传递时间可以得到节点 i 的效用值 F_i，通过智能体反馈的 F_i 值来判断下一步路径 (i, j_k) 的概率值。此外，需要注意的是，效用值指标是促进体系网络改善的正向指标，具有望大性，即体系网络节点效用值越大，到达该节点的路径越优。

定理 4.1（智能体最优路径学习刺激-反应学习方程） $\Psi_{\text{AF.GERT}}(N(t), S(t))$ 网络体系中，智能决策节点 i 在一定的刺激后，假设选择在第 $n + 1$ 步到达节点 $j_l(l = 1, 2, \cdots, K)$ 的最优路径概率为 $p_{ij_l}^{(n+1)}$，通过 $n + 1$ 次迭代决策后，能够做出正确决策反应的概率 $p_{ij_l}^{(n+1)}$（简称反应概率）与上一步的反应概率 $p_{ij_l}^{(n)}$ 可近似看成线性关系（简称刺激-反应学习方程 [6]）：

$$p_{ij_l}^{(n+1)} = a_i + m_i \cdot p_{ij_l}^{(n)} \tag{4.2}$$

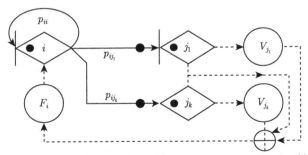

图 4.4 某体系节点 i 到 $j_k(k = 1, 2, \cdots, K)$ 的 $\Psi_{\text{AF.GERT}}(N(t), S(t))$ 反馈节点、回路网络结构示意图

由统计知识可知，经 n 次迭代决策正确的概率 $p_{ij_l}^{(n)}$ 越高，则 $n + 1$ 次迭代决策正确的概率 $p_{ij_l}^{(n+1)}$ 往往也会越高，这种关系可近似地用线性回归方程进行描

述，见式 (4.2)。需要说明：在式 (4.2) 中，$0 \leqslant p_{ij_l}^{(n)} \leqslant 1$，$0 \leqslant p_{ij_l}^{(n+1)} \leqslant 1$；因为学习决策的不断进步，所以 $m_i \geqslant 0$。

定理 4.2（智能体学习方向函数 $D_{f.ij_k}^{(n+1)}$）　在 $\Psi_{\text{AF.GERT}}(N(t), S(t))$ 网络中，决策节点 i 到下一节点 $j_k(k = 1, 2, \cdots, K)$ 时，通过该节点 i 第 $n - 1$ 步和第 n 步效用值的变化进行自学习，其第 $n + 1$ 步选择到 j_k 的概率增、减的方向（符号）函数 $D_{f.ij_k}^{(n+1)}$ 为

$$D_{f.ij_k}^{(n+1)} = \frac{F_i^{(n)} - F_i^{(n-1)}}{\left| F_i^{(n)} - F_i^{(n-1)} \right|} \times \frac{p_{ij_k}^{(n)} - p_{ij_k}^{(n-1)}}{\left| p_{ij_k}^{(n)} - p_{ij_k}^{(n-1)} \right|} \tag{4.3}$$

其中，$F_i^{(n-1)}$ 和 $F_i^{(n)}$ 分别表示节点智能体 i 的第 $n - 1$ 步和第 n 步效用值；$p_{ij_k}^{(n-1)}$ 和 $p_{ij_k}^{(n)}$ 分别表示智能体节点 i 转移到节点 $j_k(k = 1, 2, \cdots, K)$ 的第 $n - 1$ 和第 n 步概率。

证明　根据理性经济人理论 [6]，决策者为了追求其效用值的改善，而选择对其第 $n + 1$ 步概率 $p_{ij_k}^{(n+1)}$ 进行增加 $(\Delta p_{ij_k}^{(n+1)} = p_{ij_k}^{(n+1)} - p_{ij_k}^{(n)} \geqslant 0)$，或者减少 $(\Delta p_{ij_k}^{(n+1)} = p_{ij_k}^{(n+1)} - p_{ij_k}^{(n)} < 0)$，该 $\Delta p_{ij_k}^{(n+1)}$"正"或"负"方向的选择应由下面 4 种逻辑映射关系决定（"↑"表示增加，"↓"表示减少）。

(1) If $\Delta p_{ij_k}^{(n)} \uparrow \longrightarrow F_i = \sum_{k=1}^{k=K} \frac{1}{T_{E_{ij_k}}} \cdot p_{E_{ij_k}} \cdot V_{j_k} \downarrow$; Then: $\longrightarrow \Delta p_{ij_k}^{(n+1)} \downarrow$。

(2) If: $\Delta p_{ij_k}^{(n)} \downarrow \longrightarrow F_i = \sum_{k=1}^{k=K} \frac{1}{T_{E_{ij_k}}} \cdot p_{E_{ij_k}} \cdot V_{j_k} \uparrow$; Then: $\longrightarrow \Delta p_{ij_k}^{(n+1)} \downarrow$。

(3) If: $\Delta p_{ij_k}^{(n)} \uparrow \longrightarrow F_i = \sum_{k=1}^{k=K} \frac{1}{T_{E_{ij_k}}} \cdot p_{E_{ij_k}} \cdot V_{j_k} \uparrow$; Then: $\longrightarrow \Delta p_{ij_k}^{(n+1)} \uparrow$。

(4) If: $\Delta p_{ij_k}^{(n)} \downarrow \longrightarrow F_i = \sum_{k=1}^{k=K} \frac{1}{T_{E_{ij_k}}} \cdot p_{E_{ij_k}} \cdot V_{j_k} \downarrow$; Then: $\longrightarrow \Delta p_{ij_k}^{(n+1)} \uparrow$。

由以上分析可知，$\Delta p_{ij_k}^{(n+1)}$"正"或"负"符号的选择取决于概率迭代的前两步概率增减方向和效用值增减方向，例如，逻辑关系 (1)，迭代 $n + 1$ 步时，前两步概率的增加导致效用值的减少，说明此时该路径为非最优路径，故第 $n + 1$ 步的路径概率应减少。容易验证，式 (4.3) 能够满足这 4 条逻辑规则，原式得证。

证毕。

推论 4.1（智能体学习刺激-反应方程概率增量）　对于 $\Psi_{\text{AF.GERT}}(N(t), S(t))$ 网络，在智能体节点 i 选择第 $n + 1$ 步到达节点 $j_k(k = 1, 2, \cdots, K)$ 的学习方程 $p_{ij_k}^{(n+1)} = a_i + m \cdot p_{ij_k}^{(n)}$ 中，若设 $m_i = 1 - a_i - b_i$，其中，$a_i \geqslant 0$，$b_i \geqslant 0$；则该学

习方程到达节点 j_k 的第 $n+1$ 步概率增量 $\Delta p_{ij_k}^{(n+1)}$ 为

$$\Delta p_{ij_k}^{(n+1)} = D_{f.ij_k}^{(n+1)} \cdot \begin{cases} a_i(1 - p_{ij_k}^{(n)}) - b_i p_{ij_k}^{(n)}, & ij_k \text{为最优路径} \\ a_i p_{ij_k}^{(n)} - b_i(1 - p_{ij_k}^{(n)}), & ij_k \text{为非最优路径} \end{cases} \tag{4.4}$$

证明 当 ij_k 为最优路径时，$D_{f.ij_k}^{(n+1)} = 1$，将 $m_i = 1 - a_i - b_i$ 代入式 (4.2) 可得 $p_{ij_k}^{(n+1)} = a_i + (1 - a_i - b_i) \cdot p_{ij_k}^{(n)} = p_{ij_k}^{(n)} + a_i(1 - p_{ij_k}^{(n)}) - b_i p_{ij_k}^{(n)}$，$\Delta p_{ij_k}^{(n+1)}$ 即为 $\Delta p_{ij_k}^{(n+1)} = p_{ij_k}^{(n+1)} - p_{ij_k}^{(n)} = a_i(1 - p_{ij_k}^{(n)}) - b_i p_{ij_k}^{(n)}$。可以说明：在该式中，由于学习改进最理想的结果是 $p_{ij_k}^{(n+1)} = 1$，最坏的结果是 $p_{ij_k}^{(n+1)} = 0$；$1 - p_{ij_k}^{(n)}$ 表示改进的可能性，$-p_{ij_k}^{(n)} = 0 - p_{ij_k}^{(n)}$ 表示退化的可能性。所以 $\Delta p_{ij_k}^{(n+1)} = p_{ij_k}^{(n+1)} - p_{ij_k}^{(n)}$，即每次改进的进步是改进的最大可能性 $1 - p_{ij_k}^{(n)}$ 与退化（遗忘）的最大可能性 $0 - p_{ij_k}^{(n)}$ 的加权结果。其中参数 a_i 依赖于改进的一系列情况，而参数 b_i 依赖于退化（遗忘）的一系列情况。这样，我们可以把参数 a_i 看作体系政策"正刺激"作用的量度，把 b_i 看作"负刺激"作用的量度。

当 ij_k 为非最优路径时，$D_{f.ij_k}^{(n+1)} = -1$，此时学习改进最理想的结果是 $p_{ij_k}^{(n+1)} = 0$，最坏的结果是 $p_{ij_k}^{(n+1)} = 1$；因此 $1 - p_{ij_k}^{(n)}$ 表示退化的可能性，$-p_{ij_k}^{(n)} = 0 - p_{ij_k}^{(n)}$ 表示改进的可能性。由此可推断出非最优路径的概率增量应为 $\Delta p_{ij_k}^{(n+1)} = a_i(0 - p_{ij_k}^{(n)}) + b_i(1 - p_{ij_k}^{(n)}) = -(a_i p_{ij_k}^{(n)} - b_i(1 - p_{ij_k}^{(n)})) = D_{f.ij_k}^{(n+1)} \cdot (a_i p_{ij_k}^{(n)} - b_i(1 - p_{ij_k}^{(n)}))$。故式 (4.4) 得证。

证毕。

定义 4.9（节点 i 刺激-反应激励系数 a_i 和 b_i） 在 $\Psi_{\text{AF.GERT}}(N(t), S(t))$ 网络中，决策节点 i 到下一节点 $j_k(k = 1, 2, \cdots, K)$，第 $n+1$ 步转移概率 $p_{ij_k}^{(n+1)}$ 的"正""负"激励强度系数 $a_i^{(n+1)}$ 和 $b_i^{(n+1)}$ 分别为

$$a_i^{(n+1)} = \xi_{a_i} \cdot \frac{\sqrt{(F_i^{(n)})^2 + (p_{ij_k}^{(n)})^2}}{\sqrt{(F_i^{(n-1)})^2 + (p_{ij_k}^{(n-1)})^2}} \tag{4.5}$$

$$b_i^{(n+1)} = \xi_{b_i} \cdot \frac{\sqrt{(F_i^{(n-1)})^2 + (p_{ij_k}^{(n-1)})^2}}{\sqrt{(F_i^{(n)})^2 + (p_{ij_k}^{(n)})^2}} \tag{4.6}$$

其中，ξ_{a_i} 和 ξ_{b_i} 分别为"正""负"激励强度系数调节参数。

需要说明的是，由于方向函数的设定，$a_i^{(n+1)}$ 和 $b_i^{(n+1)}$ 的设计从某种程度上来说表示在刺激-反应下概率学习的步长。该定义中分别对 $a_i^{(n+1)}$ 和 $b_i^{(n+1)}$ 构造

了比值函数 $\dfrac{\sqrt{(F_i^{(n)})^2 + (p_{ij_k}^{(n)})^2}}{\sqrt{(F_i^{(n-1)})^2 + (p_{ij_k}^{(n-1)})^2}}$ 和 $\dfrac{\sqrt{(F_i^{(n-1)})^2 + (p_{ij_k}^{(n-1)})^2}}{\sqrt{(F_i^{(n)})^2 + (p_{ij_k}^{(n)})^2}}$。该函数将前后两

次迭代输出的概率值和传递效用值看作两个坐标值 $(p_{ij_k}^{(n-1)}, F_i^{(n-1)})$、$(p_{ij_k}^{(n)}, F_i^{(n)})$。以

$(p_{ij_k}^{(n)}, F_i^{(n)})$ 到点（0,0）的距离与 $(p_{ij_k}^{(n-1)}, F_i^{(n-1)})$ 到点（0,0）的距离之比度量效用值

驱动的改进量；$\dfrac{\sqrt{(F_i^{(n)})^2 + (p_{ij_k}^{(n)})^2}}{\sqrt{(F_i^{(n-1)})^2 + (p_{ij_k}^{(n-1)})^2}}$ 可以在一定程度上反映第 n 步相对于第

$n-1$ 步的效用值越大，第 $n+1$ 步概率改进的可能性也就越大，反之，则越小；因

此，以 $\dfrac{\sqrt{(F_i^{(n-1)})^2 + (p_{ij_k}^{(n-1)})^2}}{\sqrt{(F_i^{(n)})^2 + (p_{ij_k}^{(n)})^2}}$ 度量效用值驱动的退化量，该函数反映了第 $n+1$

步概率改进的可能性越大，其退化的可能性就相对越小，反之，亦然。ξ_{a_i} 和 ξ_{b_i} 一般根据体系活动中外界正、负刺激（如奖惩措施、监管措施等）的影响取某一常数，反映了一定的比例映射关系；并使得相关规定性条件 $m_i = 1 - a_i - b_i \geqslant 0$，其中，$a_i \geqslant 0$，$b_i \geqslant 0$ 能够得到满足。

定理 4.3（$p_{ij_k}^{(n+1)}$ 的迭代均衡解）　在 $\Psi_{\text{AF.GERT}}(N(t), S(t))$ 网络中，决策节点 i 到下一节点 $j_k(k=1,2,\cdots,K)$ 的最终迭代概率值 $p_{ij_k}^{(n+1)}$ 存在均衡解 $\dfrac{\xi_{a_i}}{\xi_{a_i} + \xi_{b_i}}$。

证明　所谓的迭代均衡解主要是指，通过学习改进使得其学习改进的概率达到不能再继续改进，即 $\Delta p_{ij_k}^{(n+1)} = 0$，$p_{ij_k}^{(n+1)} = p_{ij_k}^{(n)} = \hat{p}_{ij_k}$，由式 (4.4) 可得 $\hat{p}_{ij_k} = \dfrac{a_i}{a_i + b_i}$（假定 $a_i + b_i \neq 0$）。而由定义 4.9 可知，激励系数 a_i 和 b_i 是由传递效用值 F_i 以及政策影响因子 ξ_{a_i}、ξ_{b_i} 共同决定的，随着体系网络的不断改进，最优路径的概率不断增大，效用值 F_i 也不断增大。当 $p_{ij_k}^{(n)}$ 逐渐趋向于 $p_{ij_k}^{(n+1)}$，$F_i^{(n)}$ 逐渐趋向于 $F_i^{(n+1)}$ 时，a_i 趋向于 ξ_{a_i}，b_i 趋向于 ξ_{b_i}，此时说明效用值 F_i 对于概率学习的影响已经可以忽略不计，概率学习只受政策激励因子的影响，学习方程的均衡解为 $\dfrac{\xi_{a_i}}{\xi_{a_i} + \xi_{b_i}}$。

证毕。

4.2.2　基于 AF-GERT 网络的刺激-反应概率学习迭代模型构建

通过对刺激-反应模型反馈机制的分析，进一步在 A-GERT 网络的基础上建立网络传递概率的学习迭代模型。本节应用动态规划 Bellman 原理的思想，将 AF-GERT 网络逐个分解，建立动态的迭代秩序，实现决策节点路径概率学习的最优化。

定理 4.4（刺激-反应智能学习决策动态迭代秩序）　在 $\Psi_{\text{AF.GERT}}(N(t), S(t))$

网络中，进行刺激-反应智能学习决策动态迭代时，保证全网络最优的秩序，与网络概率传递方向相反，由终节点 N 向源节点 1 进行迭代，其秩序为

$$N \to (N-1) \to \cdots \to i \to (i-1) \to \cdots \to 2 \to 1 \tag{4.7}$$

由于 $\Psi_{\mathrm{AF.GERT}}(N(t), S(t))$ 网络是一种有向动态网络（见图 4.4），在该网络中通过刺激-反应的智能学习方式进行最优路径发现决策的本质是一个多阶段动态规划问题。运用动态规划的 Bellman 原理，可构造出该问题的动态迭代秩序，见式 (4.7)；该问题的证明过程简单，证明省略。

定理 4.5（刺激-反应智能学习决策迭代模型） 在 $\Psi_{\mathrm{AF.GERT}}(N(t), S(t))$ 网络中，若节点 $i(i \in N(t))$ 第 $n+1$ 步转移到节点 $j_k(k = 1, 2, \cdots, K, j_k \in N(t))$ 的转移概率，依据推论 4.1 的概率增量函数 $\Delta p_{ij_k}^{(n+1)}$ 进行学习优化决策；那么，该网络 $\Psi_{\mathrm{AF.GERT}}(N(t), S(t))$ 通过其节点 $i(i \in N(t))$ 的 $n(n = 1, 2, \cdots, N)$ 步迭代，最终能够找到一条从始点通向终点的效用值最满意的解决方案。

证明 由于本定理主要是提供一种 $\Psi_{\mathrm{AF.GERT}}(N(t), S(t))$ 网络的自学习优化方法，因此本定理采用构造性证明，说明其学习优化过程和技术，为其学习优化提供解决方案。综述以上讨论，基于 A-GERT 网络的刺激-反应模型构建与求解步骤如下所述。

步骤 1：建立智能反馈网络体系 $\Psi_{\mathrm{AF.GERT}}(N(t), S(t))$。

依据定义 4.8，把 $\Psi_{\mathrm{A.GERT}}(N(t), S(t))$ 转换成具有效用反馈结构的 $\Psi_{\mathrm{AF.GERT}}(N(t), S(t))$ 体系，如图 4.4 所示。由于体系网络往往由很多节点和边构成，按照由终节点 N 向源节点 1 依次进行迭代的规则，需将原始的 A-GERT 网络分解为多个单一 AF-GERT 结构，以便后续概率迭代计算。

步骤 2：建立网络体系 $\Psi_{\mathrm{AF.GERT}}(N(t), S(t))$ 的初始假设与迭代规则。

初始条件与假设：在 $\Psi_{\mathrm{AF.GERT}}(N(t), S(t))$ 智能反馈网络体系中，根据已知条件，对需要迭代的节点和边进行赋值，主要包括节点活动间的传递概率与传递时间。对终节点 N 的成功或失败的效用值进行分析设定（对于一些有特定要求的情景，如体系要求评定的经济效益、效能、利润等指标）或者假设（若无特定要求，可以根据经验对终节点 N 的效用值进行假定，这种假定值不会对最终路径最优化自学习决策产生影响）。

迭代秩序设计：在 $\Psi_{\mathrm{AF.GERT}}(N(t), S(t))$ 智能反馈网络体系中，运用推论 4.1 进行动态迭代秩序设计，考虑这一网络中，其终节点 N 只是表达体系活动成功或者失败的概念，进行成功和失败的效用值赋值；而选择其次级终节点 $N-1$ 作为第一次迭代节点，迭代秩序见图 4.5。

步骤 3：第 $i(i \in N(t))$ 个节点第 $n+1$ 步迭代。

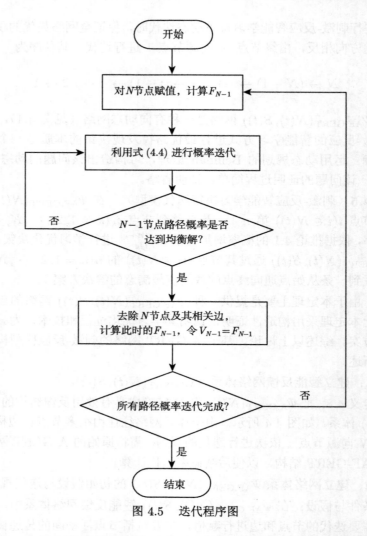

图 4.5　迭代程序图

　　在对第 i 个节点进行路径概率迭代时，首先判断由节点 i 引出的路径有多少条，边的数目代表节点 i 可进行概率迭代路径的数目。当迭代路径只有两条时，可任选一条进行概率迭代；当迭代路径大于两条时，任选两条路径进行概率学习，且此时其他路径概率保持原始值不变，直到达到节点路径均衡解时，即停止迭代。

　　假设第 $i(i \in N(t))$ 个节点转移到终节点 $j_k(k = 1, 2, \cdots, K, j_k \in N(t))$ 的第 $n - 1(n = 1, 2, \cdots, N)$ 步转移概率为 $p_{ij_k}^{(n-1)}$、传递效用值为 $F_i^{(n-1)}$。这里，仅以第 $n + 1(n = 1, 2, \cdots, N)$ 步时 ij_k 箭线（路径）的概率配置优化迭代为例，根据 GERT 网络的运算规则可以得到节点 i 到节点 j_k 第 n 步的期望概率与期望时间分别为 $p_{E_{ij_k}}^{(n)}$，$T_{E_{ij_k}}^{(n)}$。根据体系活动的实际情况，可得终节点 j_k 的效用值 V_{j_k}、政

策正刺激影响因子 ξ_{a_i}（常数）、政策负刺激影响因子 ξ_{b_i}（常数）。

当体系网络概率学习只考虑效用值影响时，节点 i 第 $n-1$ 步和第 n 步的传递效用值为

$$F_i^{(n-1)} = \sum_{k=1}^{K} p_{E_{ij_k}}^{(n-1)} \cdot V_{j_k}$$

$$F_i^{(n)} = \sum_{k=1}^{K} p_{E_{ij_k}}^{(n)} \cdot V_{j_k}$$

当体系网络概率学习同时考虑效用值及网络传递时间时，节点 i 第 $n-1$ 步和第 n 步的传递效用值为

$$F_i^{(n-1)} = \sum_{k=1}^{K} \frac{1}{T_{E_{ij_k}}^{(n-1)}} p_{E_{ij_k}}^{(n-1)} \cdot V_{j_k}$$

$$F_i^{(n)} = \sum_{k=1}^{K} \frac{1}{T_{E_{ij_k}}^{(n)}} p_{E_{ij_k}}^{(n)} \cdot V_{j_k}$$

根据式 (4.4)，当 ij_k 为最优路径时，有

$$\begin{aligned}
\Delta p_{ij_k}^{(n+1)} = & \left(\frac{F_i^{(n)} - F_i^{(n-1)}}{\left| F_i^{(n)} - F_i^{(n-1)} \right|} \times \frac{p_{ij_k}^{(n)} - p_{ij_k}^{(n-1)}}{\left| p_{ij_k}^{(n)} - p_{ij_k}^{(n-1)} \right|} \right) \\
& \times \left(\xi_{a_i} \cdot \frac{\sqrt{(F_i^{(n)})^2 + (p_{ij_k}^{(n)})^2}}{\sqrt{(F_i^{(n-1)})^2 + (p_{ij_k}^{(n-1)})^2}} \cdot (1 - p_{ij_k}^{(n)}) \right. \\
& \left. - \xi_{b_i} \cdot \frac{\sqrt{(F_i^{(n-1)})^2 + (p_{ij_k}^{(n-1)})^2}}{\sqrt{(F_i^{(n)})^2 + (p_{ij_k}^{(n)})^2}} \cdot p_{ij_k}^{(n)} \right)
\end{aligned} \tag{4.8}$$

当 ij_k 为非最优路径时，有

$$\begin{aligned}
\Delta p_{ij_k}^{(n+1)} = & \left(\frac{F_i^{(n)} - F_i^{(n-1)}}{\left| F_i^{(n)} - F_i^{(n-1)} \right|} \times \frac{p_{ij_k}^{(n)} - p_{ij_k}^{(n-1)}}{\left| p_{ij_k}^{(n)} - p_{ij_k}^{(n-1)} \right|} \right) \\
& \times \left(\xi_{a_i} \cdot \frac{\sqrt{(F_i^{(n)})^2 + (p_{ij_k}^{(n)})^2}}{\sqrt{(F_i^{(n-1)})^2 + (p_{ij_k}^{(n-1)})^2}} \cdot p_{ij_k}^{(n)} \right. \\
& \left. - \xi_{b_i} \cdot \frac{\sqrt{(F_i^{(n-1)})^2 + (p_{ij_k}^{(n-1)})^2}}{\sqrt{(F_i^{(n)})^2 + (p_{ij_k}^{(n)})^2}} \cdot (1 - p_{ij_k}^{(n)}) \right)
\end{aligned} \tag{4.9}$$

故第 $n+1$ 步 ij_k 箭线（路径）的概率为 $p_{ij_k}^{(n+1)} = p_{ij_k}^{(n)} + \Delta p_{ij_k}^{(n+1)}$。在概率的第 1 步初始学习过程中，由系统主体设定网络学习的初始概率增值，从而驱动概率迭代。此外，当体系网络概率学习不考虑时间，只考虑效用值影响时，存在 $p_{E_{ij_k}}^{(n)}$ 恒等于 1，即 $F_i^{(n)}$ 恒定不变的特殊情况。在这种情况下，为保证方向函数的可行性，令 $F_i^{(n)} = \sum_{k=1}^{K} p_{ij_k}^{(n)} \cdot V_{j_k}$ 进行后续计算。

步骤 4：第 $i(i \in N(t))$ 个节点的智能自学习概率配置迭代解。

当步骤 3 中第 $i(i \in N(t))$ 个节点通过自学习进行若干次迭代后（迭代 M 步），$F_i^{(n)}$ 逐渐趋近于 $F_i^{(n+1)}$ 时，其均衡（最满意）配置概率为 $\hat{p}_{ij_k} = p_{ij_k}^{(M)} = \dfrac{a_i^{(M)}}{a_i^{(M)} + b_i^{(M)}} = \dfrac{\xi_{a_i}}{\xi_{a_i} + \xi_{b_i}}$。若节点 l 为节点 i 的上一个节点，F_i 为 i 节点达到均衡解时的效用值，此时令 $V_i = F_i$，重复步骤 3，进行节点 l 的概率学习。

步骤 5：$\Psi_{\text{AF-GERT}}(N(t), S(t))$ 的路径智能自学习选择最满意解决方案。

根据图 4.5 的刺激-反应学习动态迭代程序，在 $\Psi_{\text{AF-GERT}}(N(t), S(t))$ 网络体系中，按步骤 3 和步骤 4 进行各智能决策节点的逐个迭代，最终会得到该网络路径学习的最满意解决方案。

证毕。

4.2.3　案例研究

1. 基于创新技术方案决策问题的 A-GERT 网络刺激-反应学习模型构建与求解

在创新开发资源有限的情况下，根据不同目标动态选择最优的技术开发路径、明确资源流动方向是典型的体系活动决策问题。为促进企业提高最优技术开发路径传递概率，在节点实施管控措施刺激以及目标效益的驱动下对 GERT 网络的传递概率进行学习迭代，从而优化活动概率，明确创新资源流向，为创新资源优化分配的决策提供建议。根据某公司创新技术开发项目情况，构成的技术开发 A-GERT 体系网络如图 4.6 所示，各节点之间信息流动的传递函数用 W_{ij} 表示。节点 1 表示创新技术生成与评价，节点 2 表示市场调研与需求预测，节点 3 表示项目方案总体设计，节点 4、5 分别表示两种新技术 A、B 的研究，节点 6、7 分别表示对新技术 A、B 进行实验，节点 8 表示技术开发实验成功，节点 9 表示技术开发实验失败。

步骤 1：根据图 4.6 构建的技术开发体系过程智能反馈 AF-GERT 网络如图 4.7 所示。

步骤 2：网络体系的初始假设。

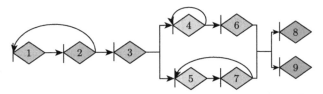

图 4.6　技术开发体系过程 $\Psi_{\mathrm{A.GERT}}\left(N\left(t\right),S\left(t\right)\right)$ 网络

各节点间的初始概率与时间如表 4.2 所示。已知到达节点 8 与到达节点 9 分别可获得的经济效益为 $V_8 = 200, V_9 = -100$。每个决策节点均实施管控措施，各节点管控措施的正、负刺激因子分别为 $\varepsilon_{a_6} = 0.2, \varepsilon_{b_6} = 0.04$；$\varepsilon_{a_4} = 0.3, \varepsilon_{b_4} = 0.01$；$\varepsilon_{a_7} = 0.2, \varepsilon_{b_7} = 0.01$；$\varepsilon_{a_3} = 0.3, \varepsilon_{b_3} = 0.03$；$\varepsilon_{a_2} = 0.3, \varepsilon_{b_2} = 0.05$；此外，设定网络学习的初始概率增值为 0.01。

表 4.2　活动初始概率与时间

节点i-j	初始概率 p_{ij}	时间 T_{ij}	传递函数 W_{ij}
1-2	1	2	$W_{12} = \mathrm{e}^{2s}$
2-1	0.5	3	$W_{21} = 0.5\mathrm{e}^{3s}$
2-3	0.5	2	$W_{23} = 0.5\mathrm{e}^{2s}$
3-4	0.4	4	$W_{34} = 0.4\mathrm{e}^{4s}$
3-5	0.6	6	$W_{35} = 0.6\mathrm{e}^{6s}$
4-4	0.7	8	$W_{44} = 0.7\mathrm{e}^{8s}$
4-6	0.3	6	$W_{46} = 0.3\mathrm{e}^{6s}$
5-7	1	10	$W_{57} = \mathrm{e}^{10s}$
6-8	0.5	8	$W_{68} = 0.5\mathrm{e}^{8s}$
6-9	0.5	8	$W_{69} = 0.5\mathrm{e}^{8s}$
7-5	0.2	10	$W_{75} = 0.2\mathrm{e}^{10s}$
7-8	0.6	10	$W_{78} = 0.6\mathrm{e}^{10s}$
7-9	0.2	10	$W_{79} = 0.2\mathrm{e}^{10s}$

步骤 3：根据如图 4.7 所示的 AF-GERT 网络依次对节点进行迭代学习。

1）针对节点 6 与节点 8、9 间链路概率进行自学习

节点 6 到节点 8、9 之间的等效传递函数 $W_{E_{68}}$ 和 $W_{E_{69}}$ 为 $W_{E_{68}} = W_{68} = p_{68}\mathrm{e}^{8s}$ 和 $W_{E_{69}} = W_{69} = p_{69}\mathrm{e}^{8s}$；相应的等效传递概率与期望时间为 $p_{E_{68}} = p_{68}, T_{E_{68}} = 8$ 和 $p_{E_{69}} = p_{69}, T_{E_{69}} = 8$。

已知节点 8 与节点 9 的经济效益为 $V_8 = 200, V_9 = -100$，当企业只考虑经济效益影响时，网络传递效用值为 $F_6 = p_{E_{68}} \times V_8 + p_{E_{69}} \times V_9 = 200p_{68} - 100p_{69}$；当企业不仅考虑经济效益，还考虑传递时间影响时，可得网络传递效用值为 $F_6 = \dfrac{p_{E_{68}} \times V_8}{T_{E_{68}}} + \dfrac{p_{E_{69}} \times V_9}{T_{E_{69}}} = 25p_{68} - \dfrac{25}{2}p_{69}$。

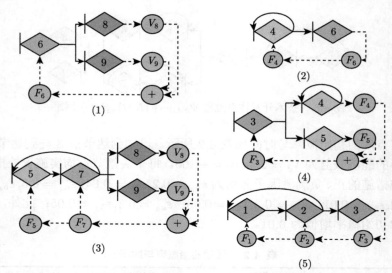

图 4.7　技术开发体系过程 $\Psi_{\text{AF.GERT}}(N(t), S(t))$ 网络

根据式 (4.8) 和式 (4.9) 依次进行迭代学习，对节点 6 而言，可任选路径概率 p_{68} 和 p_{69} 进行迭代，当迭代路径概率 p_{68} 时，$p_{69} = 1 - p_{68}$；当迭代路径概率 p_{69} 时，$p_{68} = 1 - p_{69}$。迭代学习的结果如图 4.8 所示。

节点 6 最终的路径学习概率为 $p_{68} = 0.8333$，$p_{69} = 0.1667$，当企业只追求经济效益时，节点 6 最终的效用值为 $V_6 = 200 \times 0.8333 - 100 \times 0.1667 = 149.99$；当企业不仅考虑经济效益，还考虑传递时间影响时，网络传递效用值为 $V_6 = 25 \times 0.8333 - \dfrac{25}{2} \times 0.1667 = 18.7488$。

2）针对节点 4 与节点 6 间链路概率进行自学习

节点 4 到节点 6 的等效传递函数 $W_{E_{46}}$ 为 $W_{E_{46}} = \dfrac{W_{46}}{1 - W_{44}} = \dfrac{p_{46}\mathrm{e}^{6s}}{1 - p_{44}\mathrm{e}^{8s}}$，相应的等效传递概率与期望时间为 $p_{E_{46}} = \dfrac{p_{46}}{1 - p_{44}}$，$T_{E_{46}} = \dfrac{1}{p_{E_{46}}} \cdot \left.\dfrac{\partial W_{E_{46}}}{\partial s}\right|_{s=0} = \dfrac{6 + 2p_{44}}{p_{46}}$。

当企业只考虑经济效益影响时，节点 4 的传递效用值为 $F_4 = p_{46} \times V_6 = 149.99p_{46}$；当企业不仅考虑经济效益，还考虑传递时间影响时，由式 (4.1) 可得节点 4 的传递效用值为 $F_4 = \dfrac{p_{E_{46}} \times V_6}{T_{E_{46}}} = \dfrac{p_{46}}{6 + 2p_{44}} \times V_6 = \dfrac{18.7488p_{46}}{6 + 2p_{44}}$。

根据式 (4.8) 和式 (4.9) 依次进行迭代学习，迭代学习的结果如图 4.9 所示。

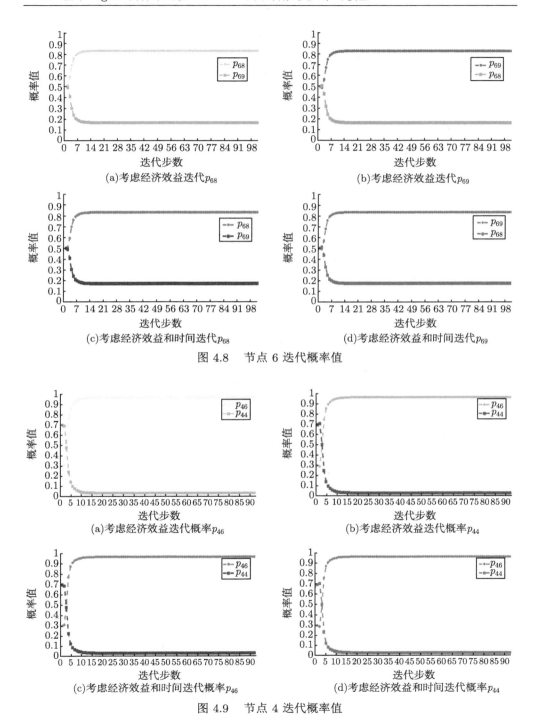

(a)考虑经济效益迭代p_{68}

(b)考虑经济效益迭代p_{69}

(c)考虑经济效益和时间迭代p_{68}

(d)考虑经济效益和时间迭代p_{69}

图 4.8   节点 6 迭代概率值

(a)考虑经济效益迭代概率p_{46}

(b)考虑经济效益迭代概率p_{44}

(c)考虑经济效益和时间迭代概率p_{46}

(d)考虑经济效益和时间迭代概率p_{44}

图 4.9   节点 4 迭代概率值

节点 4 最终的路径学习概率为 $p_{46} = 0.9677, p_{44} = 0.0323$，当企业只追求经济效益时，节点 4 最终的效用值 $V_4 = 149.99 \times 0.9677 = 145.1453$；当企业不仅考虑经济效益，还考虑传递时间影响时，节点 4 最终的效用值为 $V_4 = \dfrac{18.7488 \times 0.9677}{6 + 2 \times 0.0323} = 2.9917$。

3）针对节点 7 与节点 8、9 间链路概率进行自学习

节点 7 到节点 8、9 之间的等效传递函数 W_{E78} 和 W_{E79} 为 $W_{E78} = \dfrac{W_{78}}{1 - W_{57}W_{75}} = \dfrac{p_{78}\mathrm{e}^{10s}}{1 - p_{57}p_{75}\mathrm{e}^{10s}\mathrm{e}^{10s}} = \dfrac{p_{78}\mathrm{e}^{10s}}{1 - p_{75}\mathrm{e}^{20s}}$，$W_{E79} = \dfrac{W_{79}}{1 - W_{57}W_{75}} = \dfrac{p_{79}\mathrm{e}^{10s}}{1 - p_{57}p_{75}\mathrm{e}^{10s}\mathrm{e}^{10s}} = \dfrac{p_{79}\mathrm{e}^{10s}}{1 - p_{75}\mathrm{e}^{20s}}$，相应的等效传递概率与期望时间为 $p_{E78} = \dfrac{p_{78}}{1 - p_{75}}, p_{E79} = \dfrac{p_{79}}{1 - p_{75}}$，$p_{E78} = \dfrac{1}{p_{E78}} \times \left.\dfrac{\partial W_{E78}}{\partial s}\right|_{s=0} = \dfrac{10 + 10p_{75}}{1 - p_{75}}, T_{E79} = \dfrac{1}{p_{E79}} \times \left.\dfrac{\partial W_{E79}}{\partial s}\right|_{s=0} = \dfrac{10 + 10p_{75}}{1 - p_{75}}$。

当企业只追求经济效益时，节点 7 的传递效用值为 $F_7 = 200\dfrac{p_{78}}{1 - p_{75}} - 100\dfrac{p_{79}}{1 - p_{75}}$；当企业不仅考虑经济效益，还考虑传递时间影响时节点 7 的传递效用值为 $F_7 = 200\dfrac{p_{E78}}{T_{E78}} - 100\dfrac{p_{E79}}{T_{E79}} = \dfrac{200p_{78} - 100p_{79}}{10 + 10p_{75}}$。

对节点 7 而言，可任选路径概率 p_{75}、p_{78} 和 p_{79} 进行迭代，例如，首先固定 $p_{78} = 0.6$ 保持不变，当迭代路径概率 p_{75} 时，$p_{79} = 1 - 0.6 - p_{75}$，学习迭代直到概率范围极限即停止；其次固定此时的 p_{79} 概率保持不变，迭代路径概率 p_{78} 时，$p_{75} = 1 - p_{79} - p_{78}$，重复上述操作，直到某路径达到概率均衡。迭代学习的结果如图 4.10 所示。

当企业只考虑经济效益影响时，节点 7 最终的效用值 $V_7 = 200 \times \dfrac{0.9524}{1 - 0.0171} - 100 \times \dfrac{0.0305}{1 - 0.0171} = 190.6908$，此时 $V_5 = V_7p_{57} = 190.6908$；当企业不仅考虑经济效益，还考虑传递时间影响时，节点 7 最终的效用值为 $V_7 = \dfrac{200 \times 0.9524 - 100 \times 0.0338}{10 + 10 \times 0.0138} = 18.4553$，此时 $V_5 = \dfrac{18.4553}{10} = 1.84553$。

4）针对节点 3 与节点 4、5 间链路概率进行自学习

节点 3 到节点 4、5 之间的等效传递函数 W_{E34} 和 W_{E35} 为 $W_{E34} = W_{34} = p_{34}T_{34}$，$W_{E35} = W_{35} = p_{35}T_{35}$，相应的等效传递概率与期望时间为 $p_{E34} = p_{34}$，$p_{E35} = p_{35}$；$T_{E34} = 4, T_{E35} = 6$。

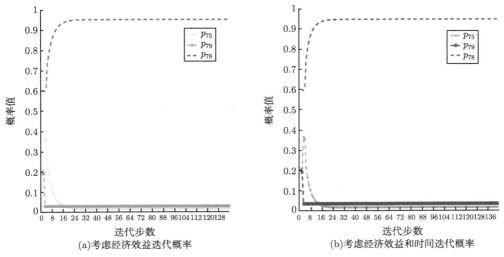

图 4.10　节点 7 迭代概率值

当企业只追求经济效益时,节点 3 的效用值为 $F_3 = p_{34}V_4 + p_{35}V_5 = 95.8023p_{34}$ $-190.6908p_{35}$;当企业不仅考虑经济效益,还考虑传递时间影响时,节点 3 的效用值为 $F_3 = \dfrac{p_{34}}{T_{34}}V_4 + \dfrac{p_{35}}{T_{35}}V_5 = \dfrac{2.9917}{4}p_{34} + \dfrac{1.84553}{6}p_{35}$。迭代学习的结果如图 4.11 所示。

由此可得当企业只追求经济效益时,节点 3 最终的效用值 $V_3 = 95.8023 \times$ $0.0909 + 190.6908 \times 0.9091 = 182.0654$;当企业不仅考虑经济效益,还考虑传递时间影响时,节点 3 最终的效用值为 $V_3 = \dfrac{2.9917}{4} \times 0.9091 + \dfrac{1.84553}{6} \times 0.0909 = 0.7079$。

5)针对节点 2 与节点 3 间链路概率进行自学习

节点 2 到节点 3 之间的等效传递函数 $W_{E_{23}}$ 为 $W_{E_{23}} = \dfrac{W_{23}}{1 - W_{12}W_{21}} =$ $\dfrac{p_{23}\mathrm{e}^{2s}}{1 - p_{21}\mathrm{e}^{5s}}$,相应的等效传递概率与期望时间为 $p_{E_{23}} = \dfrac{p_{23}}{1 - p_{21}} \cdots\cdots T_{E_{23}} = \dfrac{1}{p_{E_{23}}}$ $\times \dfrac{\partial W_{E_{23}}}{\partial s}\Big|_{s=0} = \dfrac{2 + 3p_{21}}{p_{23}}$。

当企业只追求经济效益时,节点 2 的传递效用值为 $F_2 = 182.0654p_{23}$;当企业不仅考虑经济效益,还考虑传递时间影响时,节点 2 的传递效用值为 $F_2 = \dfrac{p_{E_{23}}}{T_{E_{23}}}V_3 = \dfrac{0.7079p_{23}}{2 + 3p_{21}}$。

对节点 2 而言,可任选路径概率 p_{23} 和 p_{21} 进行迭代,迭代学习的结果如图 4.12 所示。

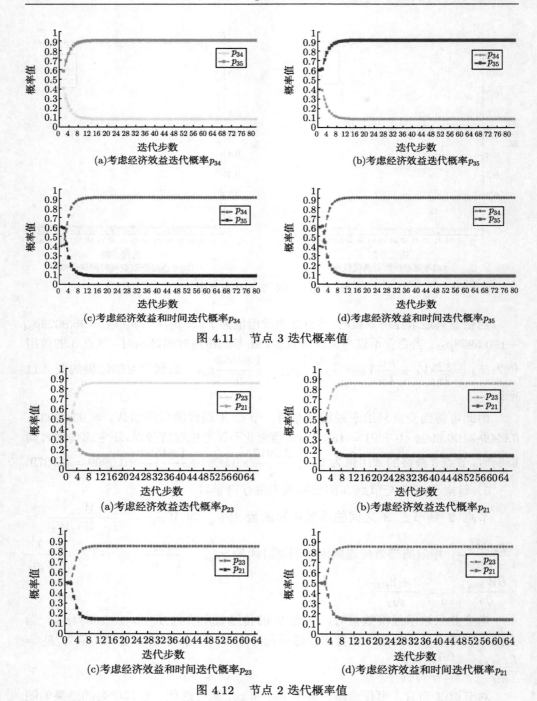

(a)考虑经济效益迭代概率p_{34}

(b)考虑经济效益迭代概率p_{35}

(c)考虑经济效益和时间迭代概率p_{34}

(d)考虑经济效益和时间迭代概率p_{35}

图 4.11   节点 3 迭代概率值

(a)考虑经济效益迭代概率p_{23}

(b)考虑经济效益迭代概率p_{21}

(c)考虑经济效益和时间迭代概率p_{23}

(d)考虑经济效益和时间迭代概率p_{21}

图 4.12   节点 2 迭代概率值

步骤 4：各节点路径概率配置均衡解。

节点 6 最优的路径学习概率为 $p_{68} = 0.8333$；节点 4 最优的路径学习概率为 $p_{46} = 0.9677$；节点 7 最优的路径学习概率为 $p_{78} = 0.9524$；节点 3 最优的路径学习概率有两种情况，当只考虑经济效益时 $p_{35} = 0.9091$，当考虑经济效益和时间时 $p_{34} = 0.9091$；节点 2 最优的路径学习概率为 $p_{23} = 0.8571$。

步骤 5：技术开发体系网络最优路径方案决策。

根据以上迭代学习的结果可知，当传递效用值只考虑经济效益驱动影响时，网络决策的最优路径为 1-2-3-5-7-8；当传递效用值考虑经济效益和完成时间影响时，网络决策的最优路径为 1-2-3-4-6-8；并且智能节点经过学习，回路路径的传递概率显著减少，资源配置效率也相应提高。当系统主体只追求经济效益时，创新开发资源将逐渐流向技术 B 的开发，而当系统主体既考虑经济效益，又考虑完工时间时，创新开发资源将逐渐流向技术 A 的开发。

2. 对比分析

本节通过不学习、固定激励系数学习、变激励系数学习 3 种方式进行对比分析，其中固定激励系数学习指的是学习迭代方程中不考虑效用值的驱动影响，但学习迭代方程中仍保留方向函数的存在，方向函数保证了迭代方向的正确，若不考虑方向函数，则在迭代错误路径概率时，该路径概率也会一直增加。固定激励系数学习方向函数中传递效用值可分为两种情况：只考虑经济效益的传递效用值以及考虑经济效益和时间的传递效用值。迭代过程中涉及迭代步数以及迭代概率两个关键值，因此分别从达到均衡概率值的迭代步数以及迭代步数相同时迭代路径的概率两个角度进行对比分析。

1）迭代步数对比分析

如表 4.3 和图 4.13 所示，传递效用值无论考虑经济效益还是同时考虑经济效益和时间，在节点路径概率达到均衡解时，变激励系数学习都比固定激励学习的迭代步数要少，说明考虑目标效益驱动影响可以加快学习迭代的速度。

表 4.3　达到均衡解时的迭代步数对比

学习方式	节点 6	节点 4	节点 7	节点 3	节点 2
不学习	0	0	0	0	0
固定激励系数学习（考虑经济效益）	127	98	136	89	84
固定激励系数学习（考虑经济效益和时间）	127	100	152	87	84
变激励系数学习（考虑经济效益）	101	92	135	82	67
变激励系数学习（考虑经济效益和时间）	101	92	143	80	65

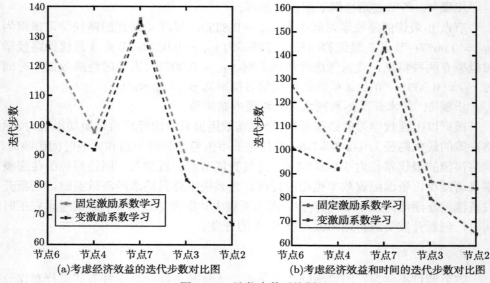

(a)考虑经济效益的迭代步数对比图　　　　(b)考虑经济效益和时间的迭代步数对比图

图 4.13　迭代步数对比图

2）迭代概率对比分析

为便于节点迭代路径概率的比较，不同学习方式取相同的迭代步数。迭代步数取变激励系数学习达到近似均衡解时的步数，例如，在变激励学习中节点 6 到节点 8、9 之间的路径概率迭代到第 23 步时 $p_{68} = 0.8333, p_{69} = 0.1667$，此时路径概率已近似达到均衡解。因此在固定激励系数学习中，取第 23 步时的路径迭代概率进行比较。不同学习方式的最优路径概率以及创新技术开发项目成功的期望概率、期望时间对比如表 4.4 所示。

表 4.4　不同学习方式期望概率与期望时间对比

学习方式	$[p_{23}, p_{34}, p_{35}, p_{46}, p_{68}, p_{78}]$	期望概率 $p_{E_{18}}$	期望时间 $T_{E_{18}}$
不学习	[0.5,0.4,0.6,0.3,0.5,0.6]	0.65	41.7435
固定激励系数学习（考虑经济效益）	[0.8566,0.091,0.909, 0.9675,0.8325,0.9523]	0.9533	30.4776
变激励系数学习（考虑经济效益）	[0.8571,0.0909,0.9091, 0.9677,0.8333,0.9524]	0.9566	30.5429
固定激励系数学习（考虑经济效益和时间）	[0.8566,0.909,0.091, 0.9675,0.8325,0.9523]	0.8446	23.9386
变激励系数学习（考虑经济效益和时间）	[0.8571,0.9091,0.0909, 0.9677,0.8333,0.9524]	0.8453	23.9338

从表 4.4 可以看出，一方面，与不学习相比，经过学习后的最优路径概率均有不同程度的增加，成功的期望概率是不学习的 1.3~1.47 倍，完工时间也缩短

了 26.99%～42.66%。另一方面，当系统目标只考虑经济效益影响时，变激励系数学习比固定激励系数学习效果略有提高，成功的期望概率是固定激励系数学习的 1.0035 倍；当系统目标考虑经济效益与完工时间影响时，变激励系数学习成功的期望概率是固定激励系数学习的 1.001 倍，完工时间缩短了 0.02%。

综上所述，与不学习、固定激励系数学习方式相比，变激励系数学习方式无论在迭代步数还是迭代概率方面均有不同程度的改进，验证了基于 A-GERT 网络刺激-反应学习模型的合理性和有效性。

4.3　复杂体系过程 A-GERT 网络 Shapley 值自学习机制解析与模型设计

目前对于 A-GERT 网络的研究主要关注的是智能体的协同控制问题，未深入探讨体系组成单元的学习特征研究，尤其是体系组成单元对于体系自学习的贡献问题。Shapley 值法由 Shapley 于 1953 年提出用于解决 N 人合作对策问题，能很好地分析复杂网络体系中组成单元的贡献，精确地研究单元在体系内发挥的作用。本节建立基于 Shapley 值的复杂体系过程 A-GERT 网络自学习模型。首先，以 A-GERT 技术进行智能复杂体系网络化描述，基于梅森公式和矩母函数计算体系 A-GERT 网络联盟的形成概率和特征函数；其次，借助 Shapley 值法，提出复杂体系单元贡献评估算法，并借鉴马尔可夫过程理论，提出基于 Shapley 值法的复杂体系过程自学习模型。最后给出了复杂体系 A-GERT 网络自学习步骤，并以联合作战体系作战编配方案优选问题为例，验证本节模型的有效性和合理性。

4.3.1　复杂体系过程 A-GERT 网络 Shapley 值自学习模型构建

1. Shapley 值体系组成单元贡献评估模型构建

为研究体系组成单元的贡献评估问题，本节将借用合作博弈思想将体系中的各个组成单元看作合作博弈中的参与人；联盟则由体系中的组成单元构成，体系中不同的组成单元有可能从属于不同的联盟，而且同一组成单元也有可能从属于多个不同的联盟。对于包含多个组成单元的体系而言，为了追溯体系各个组成单元的贡献，需要确定组成单元在所有可能联盟中所发挥的作用大小，即求解该单元参与到不同的联盟时由于该单元自身的状态值 (其他单元状态值保持不变) 而使整个体系所呈现出的状态值。

定义 4.10（体系组成单元期望贡献）　对于由 n 个单元组成的体系而言，其组成单元 i 对体系的期望贡献为

$$\varphi_i = \sum_{i \in C_i} P\left(C_i\right)\left(v\left(C_i\right) - v\left(C_i \backslash i\right)\right) \tag{4.10}$$

其中，C_i 表示所有包含单元 i 的联盟；$P(C_i)$ 表示联盟 C_i 的形成概率；$(C_i \backslash i)$ 表示从联盟 C_i 剔除单元 i 后所剩余的单元或联盟；$v(C_i)$ 表示联盟 C_i 的特征值；$v(C_i) - v(C_i \backslash i)$ 表示单元 i 对于联盟 C_i 的边际贡献。

由式 (4.10) 可知，对单元 i 参与到不同的联盟 C_i 时的边际贡献进行加权平均即可得到该单元对于体系的期望贡献度。另外，为求解体系某组成单元对体系的期望贡献度，需要首先确定该组成单元与其他单元所形成的联盟种类以及相应的形成概率，其次还需要给定联盟 C 的特征函数 $v(C)$。

2. 联盟形成概率

定理 4.6　在体系 A-GERT 网络中，联盟 C_i 的形成概率为联盟内所有单元组成的 A-GERT 子网络的等价传递函数 $W_{C_i}(s)$ 在 $s = 0$ 时的数值，即

$$P(C_i) = W_{C_i}(s)|_{s=0} \tag{4.11}$$

证明　由矩母函数的特征可知，当 $s = 0$ 时，有

$$W_{C_i}(s)|_{s=0} = W_{C_i}(0) = P_{C_i} \cdot \int_{-\infty}^{+\infty} e^{sE} f(E)\,\mathrm{d}E|_{s=0} = P_{C_i}$$

证毕。

3. 联盟特征函数的确定

定理 4.7　在 A-GERT 网络描述下，任一联盟 C 的特征函数表示由联盟内所有单元组成的 A-GERT 子网络的等价矩母函数 $M_{C_i}(s)$ 的一阶导数在 $s = 0$ 时的数值，即

$$v(C_i) = \frac{\partial}{\partial s}\left(\frac{W_{C_i}(s)}{W_{C_i}(0)}\right)\Bigg|_{s=0} \tag{4.12}$$

证明　若 A-GERT 网络中任一联盟 C 的等价传递函数为 $W_{C_i}(s)$，则相应的等价矩母函数 $M_{C_i}(s)$ 为

$$M_{C_i}(s) = \frac{W_{C_i}(s)}{P_{C_i}} = \frac{W_{C_i}(s)}{W_{C_i}(0)}$$

按照矩母函数的基本性质，即矩母函数的 n 阶导数在 $s = 0$ 处的值，就是随机变量的 n 阶原点矩，因此有

$$E_{C_i} = v(C_i) = \frac{\partial}{\partial S}(M_{C_i}(s))|_{s=0} = \frac{\partial}{\partial s}\left(\frac{W_{C_i}(s)}{W_{C_i}(0)}\right)\Bigg|_{s=0}$$

证毕。

4.3.2 基于 Shapley 值的复杂体系过程 A-GERT 网络自学习模型机制解析

1. 基于体系组成单元贡献的 A-GERT 网络自学习模型

对于该体系 A-GERT 网络，Agent 在与环境、其他智能体、目标的动态交互中，依据环境反馈的奖励，进而不断调整自身策略，以实现最优决策，最终完成自学习。自学习的基本要素有环境模型、奖赏函数、策略以及价值函数等，可以建模为马尔可夫过程。马尔可夫过程是通过离散时间的随机控制过程，一个决策过程需要包括状态空间 (S)、动作空间 (A)、奖励函数 (R) 以及策略 (π)，学习过程如图 4.14 所示。

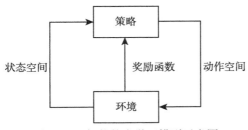

图 4.14 智能体自学习模型示意图

体系中的每个智能体首先观察环境的当前状态，并根据特定策略选择要采取的行动，然后获取对观察到的状态采取行动的奖励。在学习阶段将重复这些步骤，并将更新控制策略，直到收敛为止，达到平衡状态。

定义 4.11（智能体自学习策略） 在 A-GERT 网络体系中，智能体基于从环境感知到的状态，根据策略采取行动。当环境状态一定时，可供智能体选择的行动可能有多个，即决策节点 i 智能体到下一节点 $j_k\,(k=1,2,\cdots,K)$ 的概率由该智能体 t 时刻的策略和采取行动的奖励得到

$$p_{ij_k}(t+1) = p_{ij_k}(t) + R_i(t+1) \tag{4.13}$$

定义 4.12（智能体自学习激励系数） 在多 Agent 体系中，决策节点 i 智能体到下一节点 $j_k\,(k=1,2,\cdots,K)$ 时，通过该智能体 t 时刻和 $t+1$ 时刻对体系贡献的变化进行自学习的正、负激励系数为

$$a_i(t+1) = \xi_{a_i} \cdot \left| \frac{\varphi_i(t)}{\varphi_i(t-1)} \right|^{\frac{\varphi_i(t)}{|\varphi_i(t-1)|}} \tag{4.14}$$

$$b_i(t+1) = \xi_{b_i} \cdot \left| \frac{\varphi_i(t)}{\varphi_i(t-1)} \right|^{\frac{\varphi_i(t)}{|\varphi_i(t-1)|}} \tag{4.15}$$

其中，ξ_{a_i} 与 ξ_{b_i} 分别为正、负激励强度系数调节参数，ξ_{a_i} 与 ξ_{b_i} 一般取某一定的常数，反映了一定的比例映射关系；$a_i(t+1) \geqslant 0$，$b_i(t+1) \geqslant 0$，$1 - a_i(t+1) - b_i(t+1) \geqslant 0$，表示随着学习过程的重复，概率将会增大。

定义 4.13（自学习奖励函数 R）　奖励函数 R 是指智能体在环境状态下执行某一行动时收到的反馈数值。奖励函数 R 的计算如式 (4.16) 所示：

$$R_i(t+1) = a_i(t+1) \cdot (1 - p_{ij_k}(t)) - b_i(t+1) p_{ij_k}(t) \tag{4.16}$$

其中，$(1 - p_{ij_k}(t))$ 表示改进的最大可能性，$-p_{ij_k}(t)$ 表示学习过程中退化的最大可能性，学习过程中实际得到的改进即改进的最大可能性与退化的最大可能性的加权和；$a_i(t+1)$ 依赖于学习过程中趋向于最大改进的情况；$b_i(t+1)$ 依赖于学习过程中趋向最大退化的情况。因此 $a_i(t+1)$ 为正激励强度系数，$b_i(t+1)$ 为负激励强度系数。

定理 4.8　智能体自学习过程若只受到负激励，则 $\lim\limits_{t \to \infty} p_{ij}(t) = 0$。

证明　智能体自学习过程若只受到负激励，即 $a_i(t+1) = 0$，$b_i(t+1) \neq 0$，则

$$\begin{aligned}
p_{ij_k}(t+1) &= p_{ij_k}(t) + R_i(t+1) \\
&= p_{ij_k}(t) + a_i(t+1) \cdot (1 - p_{ij_k}(t)) - b_i(t+1) p_{ij_k}(t) \\
&= p_{ij_k}(t) - b_i(t+1) p_{ij_k}(t)
\end{aligned} \tag{4.17}$$

当 $t \to \infty$ 时，$p_{ij_k}(t) \to 0$，即 $\lim\limits_{t \to \infty} p_{ij}(t) = 0$。

证毕。

定理 4.9　智能体自学习过程若只受到正激励，则 $\lim\limits_{t \to \infty} p_{ij}(t) = 1$。

证明　智能体自学习过程若只受到正激励，即 $a_i(t+1) \neq 0$，$b_i(t+1) = 0$，那么

$$\begin{aligned}
p_{ij_k}(t+1) &= p_{ij_k}(t) + R_i(t+1) \\
&= p_{ij_k}(t) + a_i(t+1) \cdot (1 - p_{ij_k}(t)) - b_i(t+1) p_{ij_k}(t) \\
&= p_{ij_k}(t) + a_i(t+1) \cdot (1 - p_{ij_k}(t))
\end{aligned} \tag{4.18}$$

当 $t \to \infty$ 时，$p_{ij_k}(t) \to 1$，即 $\lim\limits_{t \to \infty} p_{ij}(t) = 1$。

证毕。

定理 4.10　智能体自学习过程若受到的正激励和负激励相同，则 $\lim\limits_{t \to \infty} p_{ij}(t) = \dfrac{1}{2}$。

证明 智能体自学习过程若受到的正激励和负激励相同，即 $a_i(t+1) = b_i(t+1) \neq 0$，那么

$$
\begin{aligned}
p_{ij_k}(t+1) &= p_{ij_k}(t) + R_i(t+1) \\
&= p_{ij_k}(t) + a_i(t+1) \cdot (1 - p_{ij_k}(t)) - b_i(t+1) p_{ij_k}(t) \\
&= p_{ij_k}(t) + a_i(t+1) \cdot (1 - 2p_{ij_k}(t))
\end{aligned}
\tag{4.19}
$$

当 $t \to \infty$ 时，$p_{ij_k}(t) \to \dfrac{1}{2}$，即 $\lim\limits_{t \to \infty} p_{ij}(t) = \dfrac{1}{2}$。

证毕。

定义 4.14（智能体自学习机制截止条件） 设 ρ 为相邻两时刻活动 (i, j) 发生概率的变化比率，定义为

$$
\rho_{ij}(t+1) = \left| \frac{p_{ij}(t+1) - p_{ij}(t)}{p_{ij}(t)} \right| \times 100\%
\tag{4.20}
$$

若给定一个数 $\varepsilon > 0$，满足 $\rho_{ij}(t+1) \leqslant \varepsilon$，则称 $\rho_{ij}(t+1) \leqslant \varepsilon$ 为自学习机制截止条件，ε 为自学习机制截止值，一般取 $\varepsilon = 0.005$，这表明相邻两次学习得到的结果相差不超过 0.5% 时，自学习过程已经稳定。

2. 基于 Shapley 值的复杂体系过程 A-GERT 网络自学习步骤

定理 4.11 根据前面内容的理论分析，基于 Shapley 值的复杂体系过程 A-GERT 网络自学习步骤如下。

步骤 1：根据体系内智能体之间的逻辑关系构建 A-GERT 网络，并给出 A-GERT 网络初始传递概率参数和传递效果参数。

步骤 2：利用梅森公式原理，构建体系 A-GERT 网络各联盟的等价传递函数。

步骤 3：基于 A-GERT 网络中各联盟等价传递函数，求解联盟形成概率、联盟特征函数等参数。

步骤 4：基于 Shapley 值法，求解体系所有 Agent 的期望贡献度，见式 (4.10)。

步骤 5：基于马尔可夫过程，Agent 对其决策后果的效用值函数 E_{ij} 值进行观察、评价，并能利用这一结果改善其下一步的决策，见定义 4.10、定义 4.11 和式 (4.17)。

步骤 6：判断相邻两时刻活动 (i, j) 发生概率的变化是否满足定义 4.14 的截止条件，若满足，则停止自学习；若不满足，转到步骤 2，继续迭代，直到满足截止条件。

4.3.3　案例研究

以某导弹防御体系为例，对本节提出的评估方法进行演示与验证。导弹防御体系包括：4 个侦察类装备实体——JLENS 侦察系统（S_1）、E-2T 预警机（S_2）、X 波段雷达（S_3）、U-2 系列侦察机（S_4）；1 个决策类实体——指挥控制中心（D_1）；3 个攻击类实体——DF-31 弹道导弹（I_1）、HQ-7 地空导弹（I_2）、M-18 导弹（I_3）。该防御体系面临 2 个敌方目标实体：T_1、T_2。

1. 某导弹防御体系 A-GERT 网络模型构建及 Shapley 自学习机制解析

为方便计算，添加虚拟节点 start 与 end，如图 4.15 所示。相关参数如表 4.5 所示。

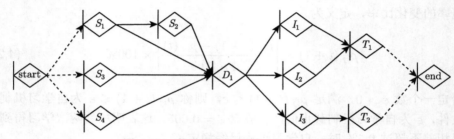

图 4.15　某导弹防御体系 A-GERT 网络

表 4.5　某导弹防御体系效能 A-GERT 网络初始参数

作战活动	活动概率 p_{ij}	执行装备 i	装备 i 活动效能分布	传递函数 W_{ij}
(start, S_1)	0.33	无	0	0.33
(start, S_3)	0.33	无	0	0.33
(start, S_4)	0.33	无	0	0.33
(S_1, S_2)	0.2	S_1	$N(0.8, 0.03)$	$0.2\exp(0.8s + 0.015s^2)$
(S_1, D_1)	0.8	S_1	$N(0.7, 0.02)$	$0.8\exp(0.7s + 0.01s^2)$
(S_2, D_1)	1	S_2	$N(0.65, 0.05)$	$\exp(0.65s + 0.025s^2)$
(S_3, D_1)	1	S_3	$N(0.53, 0.01)$	$\exp(0.53s + 0.005s^2)$
(S_4, D_1)	1	S_4	$N(0.70, 0.08)$	$\exp(0.7s + 0.04s^2)$
(D_1, I_1)	0.1	D_1	$N(0.58, 0.07)$	$0.1\exp(0.58s + 0.035s^2)$
(D_1, I_2)	0.6	D_1	$N(0.82, 0.06)$	$0.6\exp(0.82s + 0.03s^2)$
(D_1, I_3)	0.3	D_1	$N(0.75, 0.1)$	$0.3\exp(0.75s + 0.05s^2)$
(I_1, T_1)	1	I_1	$N(0.50, 0.08)$	$\exp(0.5s + 0.04s^2)$
(I_2, T_1)	1	I_2	$N(0.60, 0.05)$	$\exp(0.6s + 0.025s^2)$
(I_3, T_2)	1	I_3	$N(0.88, 0.04)$	$\exp(0.88s + 0.02s^2)$
(T_1, end)	1	T_1	0	1
(T_2, end)	1	T_2	0	1

将整个作战体系看作一个联盟，则该联盟的等价传递函数为

$$W_C(s) = (W_{\text{start}S_1}(W_{S_1S_2}W_{S_2D_1} + W_{S_1D_1}) + W_{\text{start}S_3}W_{S_3D_1} + W_{\text{start}S_4}W_{S_4D_1})$$
$$\cdot ((W_{D_1I_1}W_{I_1T_1} + W_{D_1I_2}W_{I_2T_1})W_{T_1\text{end}} + W_{D_1I_3}W_{I_3T_2}W_{T_2\text{end}})$$
$$= (0.066\text{e}^{1.45s+0.04s^2} + 0.264\text{e}^{0.7s+0.01s^2} + 0.33\text{e}^{0.53s+0.005s^2} + 0.33\text{e}^{0.7s+0.04s^2})$$
$$\cdot (0.1\text{e}^{1.08s+0.075s^2} + 0.6\text{e}^{1.42s+0.055s^2} + 0.3\text{e}^{1.63s+0.07s^2}$$

联盟形成概率为 $p_C = W_C(0) = 1$。则联盟特征函数为 $v(C) = \dfrac{\partial}{\partial s}\left(\dfrac{W_C(s)}{p_C}\right)\Big|_{s=0}$ $= 2.1354$。本节以装备 S_1、D_1 为例,研究其效能变化及作战活动 (S_1, S_2)、(S_1, D_1)、(D_1, I_1)、(D_1, I_2) 和 (D_1, I_3) 的概率变化。基于 Shapley 值的体系组成单元期望贡献评估模型,可求得装备 S_1、D_1 的初始期望贡献值为

$$\varphi_{S_1}(0) = v_C(0) - v_{C\backslash S_1}(0) = \frac{\partial}{\partial s}\left(\frac{W_C(s)}{W_C(0)}\right)\Big|_{s=0} - \frac{\partial}{\partial s}\left(\frac{W_{C\backslash S_1}(s)}{W_{C\backslash S_1}(0)}\right)\Big|_{s=0} = 0.0714$$

$$\varphi_{D_1}(0) = v_C(0) - v_{C\backslash D_1}(0) = \frac{\partial}{\partial s}\left(\frac{W_C(s)}{W_C(0)}\right)\Big|_{s=0} - \frac{\partial}{\partial s}\left(\frac{W_{C\backslash D_1}(s)}{W_{C\backslash D_1}(0)}\right)\Big|_{s=0} = 2.1354$$

再令 $p_{S_1S_2} = 0.3$,$p_{S_1D_1} = 0.7$,计算得到 $\varphi_{S_1}(1) = v_C(1) - v_{C\backslash S_1}(1) = 0.0962$;同理,令 $p_{D_1I_1} = 0.2$,$p_{D_1I_2} = 0.7$,$p_{D_1I_3} = 0.1$,可求得 $\varphi_{D_1}(1) = v_C(1) - v_{C\backslash D_1}(1) = 2.0842$。

ξ_{a_i} 与 ξ_{b_i} 分别取 0.25 和 0.04,即 $\xi_{a_i} = 0.25$,$\xi_{b_i} = 0.04$。利用 MATLAB 进行仿真,如图 4.16～ 图 4.19 所示,随着自学习过程的进行,装备 D_1 的效能逐渐增大,作战活动 (D_1, I_3)、(D_1, I_2) 的概率也逐渐增加,而作战活动 (D_1, I_1) 的概率逐渐降低,说明体系组成单元对体系效能的贡献程度不仅与组成单元间的逻辑结构有关,还与单元作战活动效能有关。

2. 某航母作战体系编配方案优选及结果讨论

根据该导弹防御体系 A-GERT 网络自学习仿真结果,以及定理 4.6 和定理 4.7 可得到打击目标 T_1 的各作战链的效能,如表 4.6 所示,打击目标 T_2 的各作战链的效能,如表 4.7 所示。

从表 4.6 可以看出,作战链 $S_1 \to S_2 \to D_1 \to I_2 \to T_1$ 的效能最大,可作为打击目标 T_1 的最优编配方案。从网络构成也可解释:从图 4.16 可以看出,作战活动 (D_1, I_3) 的概率大于作战活动 (D_1, I_2),说明作战活动 (D_1, I_3) 对体系作战的贡献高于作战活动 (D_1, I_2) 的贡献。而作战活动 (D_1, I_1) 的概率经过多次自学习后降为 0,说明该作战活动对体系作战的贡献小,装备 D_1 通过向历史经验学

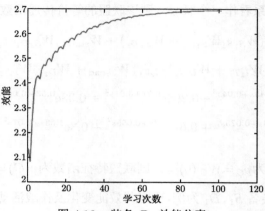

图 4.16　装备 D_1 效能仿真

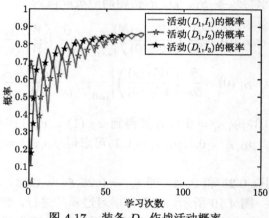

图 4.17　装备 D_1 作战活动概率

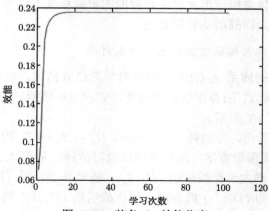

图 4.18　装备 S_1 效能仿真

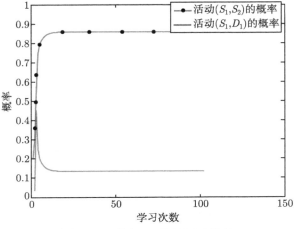

图 4.19 装备 S_1 作战活动概率

习从而改善下一步的行动，将不执行作战活动 (D_1, I_2)。从表 4.7 可以看出，作战链 $S_1 \rightarrow S_2 \rightarrow D_1 \rightarrow I_3 \rightarrow T_2$ 的效能最大，可作为打击目标 T_2 的最优编配方案。

表 4.6 某导弹防御体系各作战链效能 (T_1)

作战链	效能	作战链	效能
$S_1 \rightarrow D_1 \rightarrow I_1 \rightarrow T_1$	0	$S_1 \rightarrow D_1 \rightarrow I_2 \rightarrow T_1$	2.12
$S_1 \rightarrow S_2 \rightarrow D_1 \rightarrow I_1 \rightarrow T_1$	0	$S_1 \rightarrow S_2 \rightarrow D_1 \rightarrow I_2 \rightarrow T_1$	2.87
$S_3 \rightarrow D_1 \rightarrow I_1 \rightarrow T_1$	0	$S_3 \rightarrow D_1 \rightarrow I_2 \rightarrow T_1$	1.95
$S_4 \rightarrow D_1 \rightarrow I_1 \rightarrow T_1$	0	$S_4 \rightarrow D_1 \rightarrow I_2 \rightarrow T_1$	2.12

表 4.7 某导弹防御体系各作战链效能 (T_2)

作战链	效能	作战链	效能
$S_1 \rightarrow D_1 \rightarrow I_3 \rightarrow T_2$	2.33	$S_3 \rightarrow D_1 \rightarrow I_3 \rightarrow T_2$	2.16
$S_1 \rightarrow S_2 \rightarrow D_1 \rightarrow I_3 \rightarrow T_2$	3.08	$S_4 \rightarrow D_1 \rightarrow I_3 \rightarrow T_2$	2.33

3. 模型对比

传统的 GERT 网络建模过程存在求解结果受初始参数影响较大的问题，本节进行改进，引入 A-GERT 网络进行复杂体系自学习过程建模。表 4.8 是传统复杂体系 GERT 建模、基于固定激励系数的自学习与本节改进的基于 Shapley 值的 A-GERT 网络自学习模型的对比结果。根据表 4.8 的结果可以发现，三个模型最大的区别在于目标实体的拦截成功率和体系作战效能。通过本节方法，体系经过自学习改进，对于目标实体的拦截成功率都有所提高，尤其目标实体 T_2 的拦截成功率显著，与不学习相比提高 166.7%，体系作战效能也有提升，证明了本节方法的有效性。

表 4.8　模型对比

模型	目标 T_1 拦截成功率	目标 T_2 拦截成功率	体系效能
不具备学习机制的模型	0.6	0.3	2.1354
固定激励系数学习模型	0.74	0.2	2.1185
基于 Shapley 值学习模型	0.83	0.80	2.3724

4.4　复杂体系过程 A-GERT 网络 Bayes 学习机制解析与模型设计

本节基于复杂网络理论构建了 A-GERT 网络模型，创新性地定量阐述了智能体自学习对复杂网络发展演变及其结果造成的影响。在复杂网络体系中，利用 GERT 网络描述网络节点之间的相互关系和各节点的重要性，通过 Bayes 网络描述智能体群体之间的互相学习和不断改进的自学习动态过程，并对模型中各节点之间的相互关系和效用值进行改进，为进一步研究和建模复杂网络体系提供了一种新的思路和方法。

4.4.1　基于 Bayes 网络的复杂体系互动-模仿学习机制模型

定义 4.15　（网络节点 i 的效用函数）　在 $\Psi_{\mathrm{A.GERT}}(N(t), S(t))$ 网络中，各决策者在节点 i 处做出决策后，均能根据从节点 i 到 j_k 行动的后果，即某条道路 (i, j_k) 选择所导致成功或者失败的节点 j_k 效用值 V_{j_k} 来反映决策的效果。效用值指标反映的是路径选择策略优越效果。即体系网络节点效用值越大，到达该节点的路径越优。该节点 i 行动的后果效用值函数 $F_i^{(n)}$ 可以定义为

$$F_i^{(n)} = \sum_{k=1}^{k=K} \frac{1}{T_{ij_k}^{(n)}} \cdot P_{ij_k}^{(n)} \cdot V_{ij_k}^{(n)}$$

其中，$F_i^{(n)}$ 表示第 $i(i = 1, 2, \cdots, n)$ 个节点，在第 n 步的效用；$T_{ij_k}^{(n)}$ 表示第 n 步节点 i 的时间；$P_{ij_k}^{(n)}$ 表示第 n 步节点 i 到节点 j_k 的概率；$V_{ij_k}^{(n)}$ 表示第 n 步节点 i 到节点 j_k 的效用值。

定义 4.16　（$\Psi_{\mathrm{A.GERT}}(N(t), S(t))$ 网络智能互动交流）　在 $\Psi_{\mathrm{A.GERT}}(N(t), S(t))$ 网络中，各决策者在各节点 i 处决策后可对其效用值函数 F_i 进行成果的交流，互相学习先进的策略选择模式。并能利用这一结果来改善其下一步的决策，则称过程为 $\Psi_{\mathrm{A.GERT}}(N(t), S(t))$ 网络智能互动学习。

定义 4.17（$\Psi_{\mathrm{A.GERT}}(N(t), S(t))$ 网络 Bayes 模仿学习） 在 $\Psi_{\mathrm{A.GERT}}(N(t),$ $S(t))$ 网络中，每次决策者在互动交流后，根据效用函数 $F_i^{(n)}$ 选择出群体中 $x(x = 1, 2, \cdots, n)$ 个优秀者（一般取本次决策者的前 20% 以内），优秀者向自己优秀的历史进行学习，用历史信息作为先验信息，以本次任务完成情况作为样本信息进行 Bayes 后验概率学习；落后者，对自己的选择否定；把优秀者作为榜样，以所获取的平均优秀历史信息作为先验信息，修正自己的后验分布，把此过程称为 $\Psi_{\mathrm{A.GERT}}(N(t), S(t))$ 网络 Bayes 模仿学习。

定理 4.12（节点 i 决策概率 $P_{ij_k}^{(n)}$ 的 Bayes 估计） 某个决策者在节点 i 互动-模仿学习他人优秀策略，在每次做决策时，其选择某条路径 (ij_k) 的概率 p_{ij_k} 是一随机变量，假设其符合某正态分布，$(p_{ij_1}, \cdots, p_{ij_k})$ 是来自正态总体的一个样本 $N(p_{ij_k}^{(n)}, \sigma_{ij_k}^2)$，其中，$p_{ij_k}^{(n)}$ 是第 n 次路径 (ij_k) 的概率，$\sigma_{ij_k}^2$ 主要是由模仿学习者自身的知识、经验和环境等因素所决定的。$p_{ij_k}^{(n)}$ 的先验分布 $N(\mu_{ij_k}^{(n)}, \tau_{ij_k}^2)$ 主要是由群体在上一次决策过程中，优秀者选择策略样本 $(p_{g,ij_1}, \cdots, p_{g,ij_k})$ 所决定的。正态均值 $p_{ij_k}^{(n)}$ 的后验分布 $N(\theta_{ij_k}^{(n)}, \eta_{ij_k}^2)$ 也是正态分布，依据正态分布的对称性，$p_{ij_k}^{(n)}$ 的三种 Bayes 估计重合可知，$p_{ij_k}^{(n)}$ 的 Bayes 估计（即下一次决策者选择路径的概率）为

$$p_{ij_k}^{(n+1)} = \frac{\tau_{ij_k}^{-2}}{\sigma_{0,ij_k}^{-2} + \tau_{ij_k}^{-2}} \cdot \mu_{ij}^{(n)} + \frac{\sigma_{0,ij_k}^{-2}}{\sigma_{0,ij_k}^{-2} + \tau_{ij_k}^{-2}} \cdot \bar{x} = \frac{\sigma_{0,ij_k}^2 \mu_{ij_k}^{(n)} + \tau_{ij_k}^2 \bar{x}}{\sigma_{0,ij_k}^2 + \tau_{ij_k}^2}$$

其中，$\sigma_{0,ij_k}^2 = \dfrac{\sigma_{ij_k}^2}{n}$。

4.4.2 基于 Bayes 网络的复杂体系互动-模仿学习步骤

步骤 1：各决策者在节点 i 处对路径做出随机选择，其概率服从正态分布。

步骤 2：根据定义 4.15 计算出每个决策者的效用值 $F_i^{(n)}$。

步骤 3：根据定义 4.16 选出决策者中的优秀者 $(x_{g_1,ij_k}^{(n)}, x_{g_2,ij_k}^{(n)}, \cdots, x_{g_n,ij_k}^{(n)})$、落后者 $(x_{l_1,ij_k}^{(n)}, x_{l_2,ij_k}^{(n)}, \cdots, x_{l_n,ij_k}^{(n)})$。

步骤 4：根据定义 4.17 通过 Bayes 互动学习计算出下一次每个决策者路径 (ij_k) 的选择概率 $p_{ij_k}^{(n)}$，再转入步骤 2，直到 $p_{ij_k}^{(n)}$ 稳定达到最优。

参 考 文 献

[1] 冯允成. 随机网络及其应用 [M]. 北京：北京航空学院出版社, 1987.

[2] 邝雄, 李忠杰. 基于复杂适应系统模拟的农村基础设施投融资博弈分析 [J]. 系统科学与数学, 2021, 41(3): 768-787.

[3] 蒙玉玲, 董晓宏, 刘润. 云创新助推科技型中小企业构建持续性学习机制 [J]. 经济与管理, 2020, 34(4): 82-87.

[4] 慕静, 马丽. 复杂适应系统理论视角下科技服务业创新模式研究 [J]. 科技管理研究, 2019, 39(9): 158-162.

[5] 龙跃. 基于刺激-反应模型的产业技术创新联盟知识创新研究 [J]. 当代经济管理, 2018, 40(3): 19-24.

[6] 奥斯卡·兰格. 经济控制论导论 [M]. 杨小凯, 郁鸿胜, 译. 北京: 中国社会科学出版社, 1981.

第 5 章 基于 Agent 的复杂体系过程 AQ-GERT 网络管控架构设计

5.1 基于地心天际球面坐标的低轨卫星通信网络簇结构协同工作机制设计

低轨（low Earth orbit, LEO）卫星通信网络系统组织架构与链接关系十分复杂，如何实现远在天际空间的 LEO 卫星通信系统高可靠、高效的工作是一件十分复杂和困难的工作，但同时也是该研究领域必须解决的首要问题 [1-3]。

实现卫星通信必须先解决路由规划问题。对于卫星网络中的路由技术，主要有面向用户服务质量 (quality of service, QoS) 的路由算法 [4,5]、针对多层卫星网络的路由策略 [6] 以及卫星网络中的流量控制方法 [7-8] 等方面的研究。在设计路由算法时，既要考虑网络拓扑结构，又要考虑业务的类型，网络结构和业务类型涉及范围十分广泛，从而路由算法存在多种分类。按照网络拓扑结构是否存在动态变化，可以将路由选择算法分为静态路由选择算法以及动态路由选择算法；按照通信量是否能够自适应调整变化，可以将路由选择算法分为集中式路由选择算法以及分布式路由选择算法。分布式路由选择算法根据卫星网络的时延、负载、可靠性等选择其路径的优势逐渐成为卫星通信路由选择算法的重要研究方向。

5.1.1 LEO 卫星通信网络的地心天际球面坐标体系 SCS 构建

1. LEO 卫星通信网络动态拓扑演化特征分析与模块划分

卫星之间是利用天线进行无线射频信号的天际传递，可视性（任意两颗卫星的连线不与地球相交）对于卫星星间链路 ISL 建立十分重要，利用已经建立的 LEO 卫星通信网络的地心天际球面坐标系，建立卫星可视性测算与分析模型。由于同轨面内的任意 2 颗相邻卫星相对位置固定，其 ISL 特性稳定不变，因此 LEO 星座网络动态拓扑演化特征主要取决于异轨卫星星间相对运动，令卫星质心为原点，z 轴指向地心，x 轴在轨道平面内并垂直于 z 轴，指向卫星运动方向，y 轴与 x、z 轴成右手系，建立指定卫星的轨道坐标体系，设计方位角 A（两星质心连线在 xy 平面上的投影与 x 轴的夹角，逆时针为正，顺时针为负）、俯仰角 β（两星质心连线与 xy 平面的夹角，$-z$ 方向为正，$+z$ 方向为负）、星间距离 $|S_1 - S_2|$ 及传播时延 $\Delta\tau$ 等星座卫星网络 ISL 运动特征参数；建立参数变化分析模型，研究参数变化

连续性与演化的周期性特征。在此基础上，依据 A、β、$|S_1 - S_2|$、$\Delta\tau$ 等参数演化规律与周期性特征，在 LEO 卫星通信网络的地心天际球面坐标系中，建立 LEO 卫星通信网络模块天际空间分类与划分模型，将该网络划分成 $i(i = 1, 2, \cdots, N)$ 个天际空间模块，称为网络天际象限 i；建立 LEO 卫星通信网络天际象限 i 的演化规律与周期性特分析模型，揭示其运动演化规律。

2. LEO 卫星通信网络多坐标系分析与转换

LEO 卫星通信网络中具有多个坐标系：地面坐标系、卫星坐标系、旋转坐标系和轨道坐标系[9]。

（1）地面坐标系 $Ox_g y_g z_g$（标记为 S_g）。又称大地坐标系，是与大地（地球）固定联系的。原点 O 为观测站；正南方向为 X 轴正方向；正东方向为 Y 轴正方向；垂直地面向上为 Z 轴正方向。

（2）卫星坐标系 $Ox_b y_b z_b$（标记为 S_b）。是与卫星固定联系的。原点 O 在卫星的质心；纵向轴 x_b 沿卫星结构纵轴，指向前；竖向轴 z_b 在对称平面内，垂直于纵轴，指向下；横向轴 y_b 垂直于对称平面，指向右方。

（3）旋转坐标系 $Ox_a y_a z_a$（标记为 S_a）。是与卫星姿态相联系的。原点 O 在卫星质心，轴 x_a 沿卫星运动方向，指向前；轴 z_a 在卫星对称平面内，垂直于卫星运动方向，指向下；轴 y_a 垂直于轴 x_a 和 z_a，指向右。

（4）轨道坐标系 $Ox_k y_k z_k$（标记为 S_k）。是由卫星航迹速度 V_k 决定的，与卫星坐标系无关。原点 O 在卫星质心；轴 x_k 沿航迹速度矢量 V_k；轴 z_k 在通过航迹速度矢量的铅垂平面内，垂直于航迹速度矢量，指向下；轴 y_k 垂直于平面 $x_k z_k$，指向右方。

LEO 通信星座系统具有不同于一般移动网络的四个方面的特点：一是星座网络在一定的地球轨道上对地球进行网络覆盖；二是星座内同轨道卫星之间的拓扑关系稳定不变，异轨道卫星之间的拓扑关系有规律动态运动；三是卫星之间的连通性不是简单地由可视性（卫星之间的连线不与地球相交）和发射功率来决定其拓扑关系的；四是卫星之间通信链路的选择由其路由策略决定，通信距离很大程度上依赖于星间链路及天线的设计。为充分利用 LEO 通信星座系统的这些特性，建立以簇为基本模块的 LEO 通信星座分布式运行与管理系统，借鉴地球的经度与纬度体系建构原理，依据国际标准化组织的约定（ISO 31-11），构建以地心为坐标原点的 LEO 通信星座网络天际球面坐标体系 SCS（spherical coordinate system），正南方向为 X 轴正方向，正东方向为 Y 轴正方向，垂直地面向上为 Z 轴正方向。如图 5.1 所示，分别用径向距离 r、天顶角 z、方位角 A 标记该坐标系中任一卫星的天际空间位置 $S(r, z, A)$（见图 5.2）。

本节建立新的坐标体系即地心天际球面坐标体系 SCS，以 LEO 卫星通信星座中所有卫星为核心, 得到卫星在地面坐标系、卫星坐标系、旋转坐标系和轨道坐标系下的实时数据, 通过各坐标系间关系的相互换算, 由卫星的地面坐标得到卫星在地心天际球面坐标体系 SCS 中的运动参数 (见图 5.3), 提供 LEO 卫星通信网络路径规划使用。

其中, ψ 为偏航角; θ 为俯仰角; ϕ 为滚转角; χ 为航迹方位角; γ 为航迹倾斜角; r_1 为地心与观测站的距离; r_2 为观测站与卫星的距离。

坐标系间转换公式如下所述。

(1) 从 S_g 到 S_b 坐标变换:

$$S_b = SR_b + S_g \tag{5.1}$$

(2) 从 S_g 到 S_k 坐标变换矩阵:

$$L_{kg}=L_y(\gamma)L_z(\chi) = \begin{bmatrix} \cos\gamma\cos\chi & \cos\gamma\sin\chi & -\sin\gamma \\ -\sin\chi & \cos\chi & 0 \\ \sin\gamma\cos\chi & \sin\gamma\sin\chi & \cos\gamma \end{bmatrix} \tag{5.2}$$

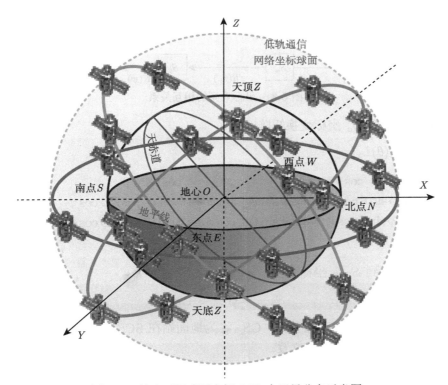

图 5.1 地心天际球面坐标 SCS 中卫星分布示意图

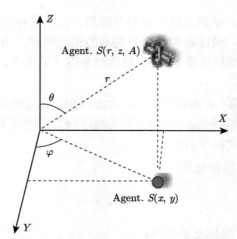

图 5.2　SCS 中的卫星位置标注示意图

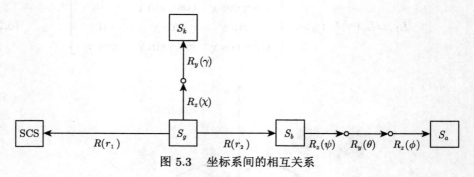

图 5.3　坐标系间的相互关系

（3）从 S_b 到 S_a 坐标变换矩阵：

$$L_{ab}=L_x(\phi)L_y(\theta)L_z(\psi)$$

$$= \begin{bmatrix} \cos\theta\cos\psi & \cos\theta\sin\psi & -\sin\theta \\ \sin\phi\sin\theta\cos\psi - \cos\phi\sin\psi & \sin\phi\sin\theta\sin\psi + \cos\phi\cos\psi & \sin\phi\cos\theta \\ \cos\phi\sin\theta\cos\psi + \sin\phi\sin\psi & \cos\phi\sin\theta\sin\psi - \sin\phi\cos\psi & \cos\phi\cos\theta \end{bmatrix}$$

$$\tag{5.3}$$

（4）从 S_g 到 S_{SCS} 坐标变换：

$$S_{\text{SCS}} = \text{GS}_{\text{SCS}} + S_b \tag{5.4}$$

其中，S_b 为卫星在 S_g 下的坐标；GS_{SCS} 为地面站在 SCS 下的坐标。

因此得到卫星天际空间位置：

$$S(r, z, A)$$

$$= \left(\sqrt{S_{\mathrm{SCS}_x}^2 + S_{\mathrm{SCS}_y}^2 + S_{\mathrm{SCS}_z}^2}, \arccos \frac{S_{\mathrm{SCS}_z}}{\sqrt{S_{\mathrm{SCS}_x}^2 + S_{\mathrm{SCS}_y}^2 + S_{\mathrm{SCS}_z}^2}}, \arctan \frac{S_{\mathrm{SCS}_y}}{S_{\mathrm{SCS}_x}} \right)$$

$$(5.5)$$

5.1.2 LEO 卫星通信网络星簇设计

1. LEO 卫星通信网络簇间体系结构设计与分析

近年来，分簇（cluster）算法一直是分布式通信网络领域里的热点研究问题，并获得了迅速的发展[10-13]。由于卫星的高速移动性，卫星网络的分布式特征与结构的拓扑动态性，卫星的能量和计算资源的有限性，卫星通信容量和时延等方面的约束，分簇管理在卫星通信网络中的理论与应用研究逐渐成为主流和热点问题。在 LEO 卫星通信网络动态拓扑演化特征分析与模块划分的基础上，依据 LEO 卫星通信网络天际象限 $N(i = 1, 2, \cdots, N)$，建立基地心天际象限的 LEO 卫星通信网络星簇分类划分与表征模型，考虑以星座网络天际象限空间范围划分，将第 i 个天际象限取定为第 i 个簇，将第 i 个簇的第 k 个星表示为 S_iC_k，第 i 个簇的簇首（cluster head）表征为 S_iCH，这样，LEO 卫星通信网络这被划分成 N 个相互联系的簇，如图 5.4 所示。基于簇的系统整体性，依据卫星 S_i 的分布结构和 Q-GERT 网络信号传递机理[14-16]，建立簇 S_iC 间链路结构关系模型。以 LEO 卫星通信网络整体为研究对象，建立基于 S_iC 的 LEO 卫星通信网络星簇结构分析模型，研究 LEO 卫星通信网络中 $S_iC(i = 1, 2, \cdots, N)$ 各簇对地面覆盖以及各簇间的链路关系，如图 5.4 所示。

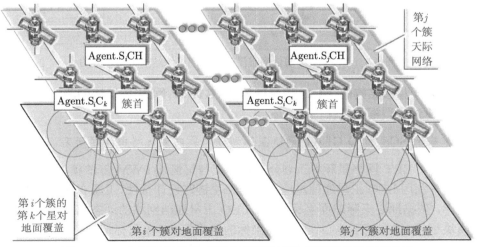

图 5.4　LEO 卫星通信 Q-GERT 网络星簇与地面覆盖结构示意图

2. LEO 卫星通信网络星簇内协同组织结构设计与分析

考虑 LEO 卫星通信网络中卫星轨道设计、卫星布局、径向距离 r、天顶角 z、方位角 A、星间距离 $|S_1 - S_2|$ 及传播时延 $\Delta\tau$ 等因素，建立星簇 $S_iC(i = 1, 2, \cdots, N)$ 内卫星协同角色定位与功能配置模型，将簇内成员 S_iC_k（第 i 个簇的第 k 个星，$i = 1, 2, \cdots, N$；$k = 1, 2, \cdots, M$）划分为簇管理者的簇首 S_iCH、簇内核心（core member）成员的 S_iC_{cm}、簇内一般成员（extended team member）的 S_iC_{etm}、游离成员（free members）的 $S.C_{fm}$（表示该卫星不属于任何簇），见图 5.5。由于在任意时刻，LEO 卫星通信网络中卫星节点的度数是不完全相同的，采用节点的度数、天际象限空间中心位置、信息传输时延等因素作为初始选择簇管理者的标准，建立 S_iCH、S_iC_{cm}、S_iC_{etm} 的选举模型，考虑充分利用同轨链路的稳定性，将第 i 簇的簇首星同轨道的邻近星选作簇内 S_iC_{cm}，簇内其他星选作簇内 S_iC_{etm}（见图 5.5）；研究 S_iCH、S_iC_{cm}、S_iC_{etm} 的地位与功能的协同赋权配置问题，S_iCH 对本簇的协同管理机制、策略与流程设计问题，S_iC_{cm}、S_iC_{etm} 信息反馈与协同配合机制、流程设计问题，S_iC_{fm} 作为相对独立成员，单独成簇，兼具簇首与成员的职能等相关问题。

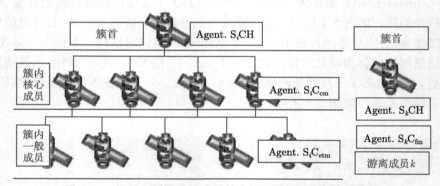

图 5.5　LEO 卫星通信网络星簇内协同组织结构关系示意图

5.1.3　基于星簇结构的 LEO 卫星通信 Q-GERT 网络 2 层协同路由 L2CR 算法模型框架设计

1. 基于 SCS 的 Q-GERT 网络星簇划分与簇内最优路由问题研究

1) Q-GERT 网络星簇 SC 划分象限标记与记忆 QTWM 算法模型设计

充分利用 LEO 卫星通信星座轨道与卫星链路设计特性、卫星布局与周期性运动规律，依据地心天际球面坐标体系、LEO 卫星通信网络的动态拓扑演化特征与簇模块划分，建立基于地心天际球面坐标的象限簇 SC 象限标记与记忆（quadrant tag with memory, QTWM）算法模型。设计思路如下。

第一，将簇依据地心天际球面坐标的 LEO 卫星通信网络模块所在的第 i 个象限而固定的问题，标记为第 i 个簇，如第 i 个簇的第 k 个星（$i = 1, 2, \cdots, N$；$k = 1, 2, \cdots, M$）表示为簇内成员 S_iC_k。

第二，研究 LEO 卫星簇内簇首选举问题、核心成员与一般成员的配置问题、各成员功能角色的稳定性问题，游离成员的簇划分与功能配置问题；考虑卫星的轨道运动，在地心天际球面坐标各象限的卫星及其链接会周期性地拓扑更新，即卫星进入、离开或者簇内星际链接变化，建立基于簇划分的卫星拓扑更新簇地位与功能更新模型，解决簇内成员功能角色定位配置与更新问题。

第三，充分利用 LEO 卫星周期运动规律，节约计算资源，建立基于地心天际球面坐标的簇成员地位与功能可更新的周期性记忆表规划模型，对其地位与功能进行规律性记忆与更新，并作为规划在下一个周期的恰当时机调用；初步考虑，每个星在每个簇建一张周期性记忆规划表，解决簇内成员功能角色定位与记忆规划的自我构建和更新问题。

第四，针对各簇的特征，建立基于地心天际球面坐标的簇成员地位与功能记忆规划表周期调用模型，如 S_iC_k 依据其记忆规划表与调用模型，在一定的坐标和一定的周期时间段规律性的调用其记忆规划表；解决簇内成员功能角色定位与记忆规划的自我复用问题。

第五，考虑卫星突发性故障和资源耗竭造成链接障碍，使簇内链路结构发生非正常变化，建立基于非正常事件触发的簇内簇首选举、核心成员与一般成员配置的周期性记忆表规划模型；考虑故障修复或资源恢复，建立基于故障或资源恢复的簇内簇首选举、核心成员与一般成员配置的周期性记忆表规划模型；解决非正常事件干扰问题。

2) LEO 卫星通信网络星簇 SC 内部最优路由模型设计

传统的通信网络系统最短路径路由存在两个方面的缺陷：一是为每条节点对之间仅提供一条路由，因而限制了网络的通过量；二是适应业务变化的能力受到防止路由振荡的限制。为弥补上述缺陷，综合考虑卫星通信网络的时延、业务负荷量、信令开销及可靠性等问题，设计 LEO 卫星通信综合加权模型，建立综合加权网络。最佳路由主要是指从簇内综合加权网络中寻找所有可能的传输路径，从而使星簇内起始源节点到达簇内目的节点的信息流的时延最小、流量负荷最小、信令开销最低、可靠性最高的一条最短路径。考虑 LEO 卫星通信网络星簇内部最佳路由是由簇首在其簇内进行最优选择的机制，建立基于簇首自主选择的综合加权最佳簇内路由算法（comprehensive weighted optimal path, CWOP）模型，进行 CWOP 模型算法设计，算法按以下 4 个步骤展开。

第一，星簇 S_pC（第 p 个簇）任务接收与汇报模型设计。星簇 S_pC（第 p 个簇）内任意节点收到任务后（终端信号，或者相邻簇的中转请求信号），向簇首汇报该任务通知，进行信号接收与汇报逻辑和流程设计。

第二，簇首任务解析模型设计。考虑簇首 S_pCH 接到本簇成员的任务汇报后，需要对这些任务进行解析，辨析其任务类型是属于中转传递信号（经过本簇传递至其他相关星簇）、终端发起呼唤信号（本簇覆盖区域的终端发出的服务请求）、终端接收信号（本簇覆盖区域的终端用户接收信息）；建立簇首 S_pCH 任务解析模型。

第三，簇 S_pC 内中转传递与终端接收路由规划模型。若簇首 S_pCH 解析任务类型为相邻星簇的中转传递和终端接收信号，则只需要根据簇间规划（见第四步），在本簇内建立最优路由计划，设计簇内中转传递与终端接收路由规划模型；考虑信号传送相邻目标簇 $S_{(p+1)}C$（第 $p+1$ 个簇），簇首 S_pCH 查询簇成员状态表 $S_pC\text{-}S.\text{Table}^t$，根据簇内所有卫星及其邻居节点的簇标识，判断本簇 S_pC 内与相邻簇 $S_{(p+1)}C$ 的连接卫星成员构成的集合 $G'_p\{S_pC, v_{p\leftrightarrow p+1}\}$（其中，$S_pC$ 表示第 p 个星簇的卫星节点集合，$v_{p\leftrightarrow p+1}$ 表示本簇内与相邻簇间通过路由相互链接的边集合），根据本簇相关各卫星节点的分组处理时延 PPD_i、流量负荷 FL_i、信令开销 SO_i 和可靠性 R_i 等 4 个指标（簇成员状态表 $S_pC\text{-}S.\text{Table}^t$ 提供相关数据信息），建立簇 S_pC 连通综合加权网络模型，建立综合加权网络 $G_p\{S_pC, v_{p\leftrightarrow p+1}\}$；运用 Q-GERT 网络技术和 Dijkstra 最短路径算法原理，建立簇内综合加权最佳簇内路由算法 CWOP 模型，寻找簇内起始星节点 S_pC_i（第 p 个簇内的第 i 个星）与目的星簇 $S_{(p+1)}C$ 中链接星 $S_{(p+1)}C_j$（第 $p+1$ 个簇内的第 j 个星）最优链接路径 R（route）集合 $\{C.R_{S_pC_i} \Leftrightarrow S_{(p+1)}C_j\}$。

第四，簇 S_pC 终端发起呼唤信号的簇间路由规划模型。根据各簇平均分组处理时延 PPD_p、流量负荷 FL_p、信令开销 SO_p 和可靠性 R_p 等 4 个指标数据统计信息（簇首对本簇成员状态表 $S_pC\text{-}S.\text{Table}^t$ 进行统计计算，并汇总、通知和在各簇首中保存的相关数据信息），运用 Q-GERT 网络技术和 Dijkstra 最短路径算法原理，建立星簇 S_pC 终端发起呼唤信号的簇间路由规划模型，寻找簇之间（between the cluster, BtC）最优链接路径 R 集合 $\{BtC.R_{S_pC} \Leftrightarrow S_{(p+1)}C\}$。

2. 基于簇 SC 的 LEO 卫星通信 Q-GERT 网络 2 层协同路由 L2CR 路由机制算法设计

考虑低轨卫星通信 Q-GERT 网络是一种大规模、动态通信网络，若采用全局路由，可能会带来效率低下、成本过高、管理困难等许多问题，本项目为了充分利用 LEO 卫星通信网络的轨道布局与卫星运行规律，提高网络的扩展性和鲁棒性、降低通信和运算开销、便于数据和任务管理、节约能量和计算资源，利用地心天际球面坐标体系 SCS，建立 Q-GERT 网络星簇 SC 拓扑结构模型（见图 5.6）。初步研究表明：传统的通信网络路由算法只能根据网络拓扑结构来选择最短路径，忽略了所选择的最短路径是否存在负荷过高、拥塞过大、可靠性低等问题。为克服上述缺陷，构建基于星簇 SC 的 LEO 卫星通信 Q-GERT 网络 2 层协同路由 L2CR（layer 2 collaborative routing）算法模型框架（见图 5.6）。该模型框架设计，主要研究以下两个方面的问题。

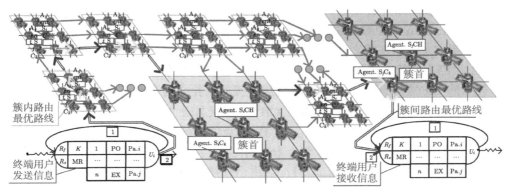

图 5.6　LEO 卫星通信 Q-GERT 网络拓扑结构与路由算法模型框架示意图

第一，基于象限簇象限标记与记忆 QTWM 的 LEO 卫星通信 Q-GERT 网络星簇拓扑结构模型设计。在地心天际球面坐标体系 SCS 中，LEO 卫星通信 Q-GERT 网络被划分成若干象限星簇，在此基础上，充分利用卫星运行的规律性，建立基于象限标记与记忆 QTWM 的星簇 SC 网络拓扑结构模型（见图 5.6）。

第二，基于多参数动态统计的 LEO 卫星通信 Q-GERT 网络星簇 SC 综合加权网络模型设计。利用簇首 SCH 对本簇网络的时延、业务负荷量、通信开销及可靠性等参数统计信息，建立基于多参数融合的星簇网络综合权重配置模型；在此基础上，建立基于动态更新的 LEO 卫星通信 Q-GERT 网络星簇 SC 综合加权网络（见图 5.6）。

基于星簇 SC 的 LEO 卫星通信 Q-GERT 网络 2 层协同路由 L2CR 算法具体步骤如下。

步骤 1：首先由簇生成及簇首选举算法，可知时刻 t 的基于 S_pC（第 p 个簇）簇的簇内网络路由表 $S_iC\text{-}R.\text{Table}$，簇首通过报文消息获知所管辖簇内簇成员实时状态表以及簇首分布表 $H_i.\text{Table}^t$。

步骤 2：在时刻 t，若任务 W_{kj}（用户 U_k 与用户 U_j 通信）到来时，接入卫星将任务发送至信关站，信关站处理后，并向簇首返回目标地址并回传目标用户地址信息，由 $S_iC\text{-}R.\text{Table}$ 可知星簇链接拓扑结构，确定遍历的有序任务簇集 $\{S_pC;(p=1,2,\cdots,N)\}$，握手建链成功，同时通过查询总路由表获知任务簇间有序任务 W_{kj} 成员集构成的初始簇间可传输路径网络图 $G'_{W_{kj}}\left(S_kC_i, v'_{\text{Agent}.S_kC_k \Leftrightarrow \text{Agent}.S_jC_w}\right)$（表示任务

W_{kj} 的星簇板块拓扑结构图，$S_k C_i$ 表示图 $G'_{W_{kj}}$ 的点集合，$v'_{S_k C_i \Leftrightarrow \text{Agent}.S_j C_w}$ 表示图 $G'_{W_{kj}}$ 的边集合），如图 5.6 所示。

步骤 3：针对用户 U_k（任务 W_{kj}）的起始星簇 $S_k C$，该簇簇首由分布表 $S_i.\text{Table}^t$、$H.\text{Table}^t$ 和图 $G'_{W_{ij}} \left(S_k C_i, v'_{S_k C_i \in S_j C_w} \right)$，建立基于任务 W_{kj} 的星簇 SC 综合加权网络配置模型，建立综合加权网络图 $G_{W_{kj}} \left(S_k C_i, v_{S_k C_i \Leftrightarrow S_j C_w} \right)$；运用 Dijkstra 最短路径算法思想和 Q-GERT 网络技术，建立寻找发送卫星 $S_k C_i$ 和接收卫星 $S_j C_w$ 所在簇之间 BtC 的最佳有序任务簇路径 R 集 $\left\{ \text{Btc}.R_{S_k C_i \Leftrightarrow S_j C_w} \right\}$（第 1 层路由，簇间路由，所有可能的从第 k 个星簇的第 i 个星 $S_k C_i$ 到第 j 个星簇（簇 ID 号）的第 w 个星的各星簇链接的拓扑结构）。

步骤 4：初始化 $p = 1$，簇首 $S_p CH^t$ 查找状态表 $S_i.\text{Table}^t$，根据簇内所有卫星状态表，获得邻居链接星簇 $S_{(p+1)} CH^t$ 节点的簇标识，判断本簇 p 内与相邻簇 $(p+1)$ 的连接卫星成员构成的集合 $\left\{ S_{(p+1)} C, v_{S_p C \Leftrightarrow S_{(p+1)} C} \right\}$。簇首 $S_p CH^t$ 根据本簇综合加权网络 $G_p \left\{ S_p C, v_{p \leftrightarrow p+1} \right\}$，运用已经建立的簇内综合加权最佳簇内路由算法 CWOP 模型，寻找本簇内最优路由集合 $\left\{ C.R_{S_p C_i \Leftrightarrow S_{(p+1)} C_j} \right\}$。$p\text{++}$，判断 p 是否大于总历经簇数，若 p 不大于总历经簇数，重复步骤 4，否则回到步骤 2，组合所有重新确定的簇内与簇间路径，获得任务 W_{kj} 的综合加权最优路径，完成任务 W_{kj}，算法结束。

5.2　基于可靠性基因库的民用飞机故障智能诊断网络框架设计

大型民用飞机是一个国家工业、科技水平综合实力的集中体现，被誉为 "现代工业之花" 和 "现代制造业的一颗明珠"，是典型的大型复杂产品，其产品结构复杂、技术与资金密集、技术难度大，质量和可靠性要求极高，研制周期长，项目的不确定性和风险大。随着中国大型民用飞机的成功首飞以及相关试验研究的逐步展开，飞机的安全性、可靠性以及维修保障性等方面成为航空技术发展必须面对的问题。目前，应用比较广泛的是美军于 20 世纪末在联合战斗机计划中提出的故障预测与健康管理（prognostics and health management，PHM）系统 [17]。但是 PHM 系统的实施是以实际运行状态监测数据为基础的，即利用先进传感器（如涡流传感器、无线微机电系统等）的集成，并借助各种算法（如 Gabor 变换、离散傅里叶变换等）和智能模型（如专家系统、神经网络等），预测和管理系统的健康状态 [18,19]，缺乏参考设备及子系统本身的可靠性信息。因此，本节将根据传统故障预测与健康模型对于设备本身可靠性信息的不足，搭建民用飞机的可靠性基因库，并在此基础上进行整机及其各个子系统的故障智能诊断研究。

5.2.1　民用飞机可靠性基因库搭建

1. 民用飞机组成单元可靠性基因表征度

在飞机故障演化与传播过程中,存在着许多相互关联的中间事件和底事件,某些若干事件的集合反映了实体系统中相对应的部件或子系统,建立网络事件的集合实体系统归并模型,可将该网络划分成若干相互关联的子系统或模块。借用智能体作为计算实体,能够驻留在某一环境下,持续自主地发挥作用,具备驻留性、反应性、社会性、主动性等特征性质,建立该部件或模块的基因子系统。在网络模块划分的基础上,考虑故障发生可能性的对偶事件即是可靠性的性质,运用多智能体技术,以装备各模块或子系统为相对独立基因单元,主要建立输入-输出接口、基因代码函数库、关系数据库、数学模型库、分析方法库、逻辑关系库、显示图形库等基因智能单元模型(见图5.7),智能体能够实现自治运行,自主感知装备的运营状态,提高飞机智能生命健康管理系统响应速度,以及对反应方案进行自主搜索、比较和确定,实现辅助智能决策。

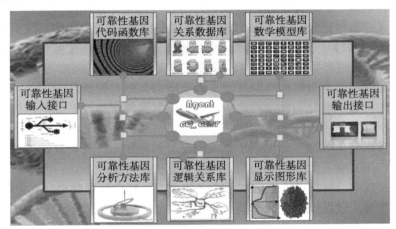

图 5.7　飞机各模块或子系统基因智能单元结构示意图

飞机故障演化与传播网络是一个相互联系的有机整体,考虑该技术的核心问题是需要建立一种体制,能够对网络中各模块或子系统基因智能单元进行有效的智能信息沟通与更新、协同调度与工作、可视化的信息显示与结果汇报。基于此,本项目依据该网络中各模块或子系统之间的广义计算逻辑关系、装备物理结构关系和运行逻辑关系,构建飞机可靠性基因库智能协同模型;搭建基于多智能体的飞机故障智能诊断体系框架与协同工作体制架构;运用相关的数学、计算机技术构建能够自主搜寻、比较和确定飞机故障演化与传播子系统可靠基因函数的快速运算方案的模型库系统;建立飞机故障演化与传播网络智能基因库可视化的信息显示与结果汇报系统。

2. 飞机可靠性基因结构合成、智能演化与管理技术

考虑在飞机运行及其故障演化与传播过程中可能面临的多源异构小子样的数据情形，运用灰色系统理论、模糊数学等多种先进系统分析和数学建模工具，借助基因科学和进化论思想，构建基于多源异构小子样的飞机可靠性基因库数据遗传选择、基因交叉、变异等演化算法模型库；在飞机可靠性基因库数据分析的基础上，弄清该基因库中相关基因的性质，结合模糊数学、粗糙集、神经网络等软计算方法建立相关可靠性基因更新与进化的优化模型，并进行算法设计。按照适者生存和优胜劣汰的原理，模拟生物进化过程，进行飞机故障演化与传播过程中可靠性基因库的遗传、更新、演化等机制设计。考虑飞机故障演化与传播过程中可能面临的大数据环境，例如，该飞机及其相关型号全寿命周期所有阶段的设计与使用、故障演化与传播数据、维护与维修等所有数据，这些数据往往数量庞大、空缺多、完整性差、单位信息含量低，运用大数据分析方法和数据挖掘技术，建立基于大数据的聚类、关联和决策等模型，并进行算法设计，提高不同源数据类型的可用性和大数据分析的精确性。例如，对由飞机通信寻址和报告系统（ACARS）以及机载飞行数据记录设备（DFDR/QAR/SAR）等多通道数据获取系统采集的数据，拟通过 ETL、去重操作算法、聚焦操作算法、近似匹配操作算法、排序方法、剪枝技术等进行数据清理，通过开发支持飞机可靠性基因库数据的基本操作、查询优化与处理的索引结构实现基因库大数据的存储与更新。

考虑飞机故障演化与传播网络中，拟根据其智能可靠性基因单元模块化表征向量及其相互间的逻辑关系，构建基于变动可靠性数据可追溯的树状合成运算结构模型；考虑装备关键零部件或子系统因使用和维护上，其可靠性参数可能经常出现变化，建立变更数据捕获模型，搜索数据变动分支与节点；考虑减少计算工作量、提升效率，隔离可靠性未发生变化的分支，建立数据变更分支定位、定因、定性分析模型，数据快速更新模型；在此基础上，基于可靠度特征函数合成规则，建立基于 Bayes 更新的飞机故障演化与传播可靠度特征函数智能修正模型，实现飞机可靠性基因库参数变化的快速计算与更新。

5.2.2　基于可靠性基因库的民用飞机故障智能诊断网络体系构建

1. 飞机故障演化与传播 FTA-GERT 网络构建

FTA 模型作为一种较好定性和定量的故障分析工具，能够比较方便与准确地表达故障事件间的定性逻辑联系，然而对事件（或者子系统、部件、元件等状态）存在自环、事件的发生存在一定的概率分布、事件之间可能存在着反馈环节、网络中存在着时间或者故障损失的传递关系时，$FTA\_i\ (P,L)$ 模型失灵。本部分利用 GERT 网络模型的算法优势，构建 $FTA\_i\ (P,L)$ 与 GERT 逻辑转换规则、解析飞机故障演化与传播机制。考虑 GAN 具有较丰富的和便于人们直觉思维的逻

辑节点，建立 FTA 模型中的逻辑与、或、条件门等与 GAN 网络节点转换逻辑规则，如图 5.8 所示。在此基础上，运用 GAN 网络与 GERT 网络转换逻辑规则，建立飞机故障演化与传播 GERT 网络模型；考虑维护与维修机制的飞机故障演化与传播的影响，将该类要素作为其演化与传播的反馈控制变量，建立基于故障与维修的 GERT 网络模型（见图 5.9）。

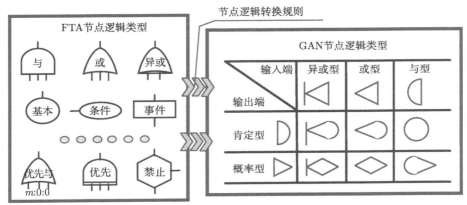

图 5.8　FTA_i(P,L) 与基于多维 GERT 网络转换逻辑节点设计示意图

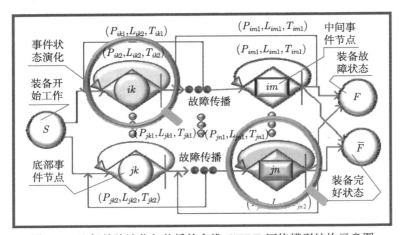

图 5.9　飞机故障演化与传播的多维 GERT 网络模型结构示意图

2. 面向全寿命周期的飞机故障远程诊断模式设计

ARIMA 模型运用基于可靠性基因库的飞机故障智能远程诊断体系框架，立足于飞机故障演化及传播全寿命周期，利用各阶段与故障演化及传播有关的数据，集异地分布式专家智慧和分步式智能计算优势，建立基于故障诊断网络的数据存储、更新、查询与调用模型，基于可靠性基因库的飞机故障诊断服务请求、诊断任

务配置、专家智慧集聚、分布式智能计算任务调配等模型，基于可靠性基因库的诊断服务显示、研讨与汇报等模型；进行飞机故障远程诊断机制与流程设计；搭建面向全寿命周期的飞机故障远程诊断模式。以民用客机为例，建立关联整合单机与机群的故障远程诊断模式，如图 5.10 所示。

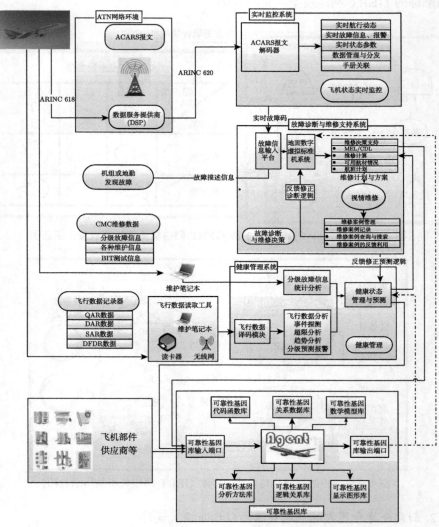

图 5.10　某民机故障远程诊断框架示意图

该技术拟通过关联整合单机与机群的故障远程诊断网络，实现将飞机运行状态实时再现在地面虚拟数字标准机群系统中。地面虚拟数字标准机群系统是根据同型号飞机的历史运行状态数据、关键零部件和子系统的可靠性信息等可靠性基因库数据合成的统计学意义上的标准机群系统。该标准机群系统能够在地面大概率实时再现飞机的各种运行状态,当飞机在空中出现故障时,地面虚拟数字标准机群系统能够通过输入飞机的运行状态参数再现飞机的故障状态,并进一步诊断出故障源,评价故障的影响程度,预测故障的发展趋势,指导飞机远程诊断实时跟踪系统进行空中排故。

5.2.3 案例研究

飞机液压系统作为飞机上以油液为工作介质,靠油压驱动执行机构完成特定操纵动作的整套装置,主要由主液压系统和电传刹车系统构成。主液压系统为起落架操纵部分提供压力,电传刹车系统为机轮刹车部分供压。液压系统通常需要在极限环境中运行,如果系统发生故障,所造成的损失将会极其巨大。案例通过对主液压系统故障模式的分析,运用可靠性基因库并结合 Bayes 推理得到故障树底事件的故障率及故障损失。根据 FTA(p,l)-GERT 网络的转换规则,设计主液压子系统质量损失的 GERT 网络图。运用 GERT 网络运算法则,进行关键质量源的识别节点和灵敏度的分析,为空中故障排除提供支持。

1. 主液压系统的 FTA

主液压子系统的故障模式分类如表 5.1 所示,故障树如图 5.11 所示。

表 5.1　主液压子系统故障模式分类

子系统故障模式	成品故障模式	对整机的影响
液压系统无压力	电动泵没有供电,液压泵故障,电动泵组件不能产生压力油,液压和继电器盒电磁阀不动作	不能收放起落架
液压系统压力不正常	液压泵无流量、电动泵组件无法正常吸油排油,电动泵不能正常供电,液压泵内轴不能正常运转	不能正常收放起落架
液压系统压力不足	液压油箱、快卸自封阀、电动泵组件外部泄漏,液压泵内部温度过高,液压泵传动轴密封件损坏,液压泵磨损	影响收放起落架的速度
液压系统油压过高	回油油滤回油不畅、供压油滤供压不畅	
液压系统反馈功能失效	压力传感器损坏	不能实现压力反馈及相关操作
液压系统压力脉动幅值过大	液压压力导管老化	起落架断续收上
液压系统无法采集油液样本	取样阀阀芯堵塞	液压油清洁度无法检测

2. FTA(p,l)-GERT 转化

地面技术专家根据可靠性基因库的搜寻结果,结合 Bayes 推理得到系统(对应节点 T)故障情况下所导致的故障损失为 $L \sim N(100, 25)$,则各元器件的故障率及其产生的故障损失如表 5.2 所示。

按照复杂产品质量损失传递过程的正向演绎方向,从 GAN 的起点(活动 0)

出发，依次对局部 GERT 网络的关键参数进行求解，并根据这些参数将 GAN 转化为 GERT 网络，如图 5.12 所示。

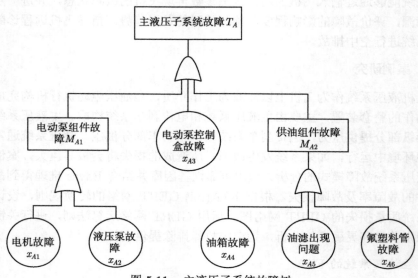

图 5.11 主液压子系统故障树

表 5.2 主液压子系统各底事件故障率及故障损失

底事件编号	故障率 /$(10^{-6}$/h)	故障损失	底事件编号	故障率 /$(10^{-6}$/h)	故障损失
$x_1(x_{A1})$	20	$N(0.31, 0.0002)$	$x_4(x_{A4})$	16.2	$N(0.25, 0.0002)$
$x_2(x_{A2})$	14	$N(0.22, 0.0001)$	$x_5(x_{A5})$	20	$N(0.31, 0.0002)$
$x_3(x_{A3})$	14.59	$N(0.23, 0.0001)$	$x_6(x_{A6})$	6.7	$N(0.10, 0.00003)$

图 5.12 中各项活动的内容如下。

0-1：主液压系统开始工作。

1-2：虚拟活动，概率为 1，质量损失为 0，表示电动泵组件开始工作。

2-5：电机和液压泵均处于正常工作状态。

2-8：电机和液压泵至少有一个发生故障。

5-7：排除所有不可控因素，电动泵组件仍然处于正常工作状态。

5-8：由于某些不可控因素，电动泵组件发生故障。

1-3：虚拟活动，概率为 1，质量损失为 0，表示电动泵控制盒开始工作。

3-9：电动泵控制盒处于正常工作状态。

3-10：电动泵控制盒发生故障。

1-4：虚拟活动，概率为 1，质量损失为 0，表示供油组件开始工作。

4-6：油箱、油滤和氟塑料管均处于正常工作状态。

4-12：油箱、油滤和氟塑料管至少有一个发生故障。

6-11：排除所有不可控因素，供油组件仍然处于正常工作状态。

6-12：由于某些不可控因素，供油组件发生故障。

7-13：虚拟活动，概率为1，质量损失为0，将电动泵组件正常工作的信息传递到13。

9-13：虚拟活动，概率为1，质量损失为0，将电动泵控制盒正常工作的信息传递到13。

11-13：虚拟活动，概率为1，质量损失为0，将供油组件正常工作的信息传递到13。

8-15：虚拟活动，概率为1，质量损失为0，将电动泵组件发生故障的信息传递到15。

10-15：虚拟活动，概率为1，质量损失为0，将电动泵控制盒发生故障信息传递到15。

12-15：虚拟活动，概率为1，质量损失为0，将供油组件发生故障的信息传递到15。

13-14：排除所有不可控因素，主液压系统处于正常工作状态。

13-15：由于某些不可控因素，主液压系统发生故障。

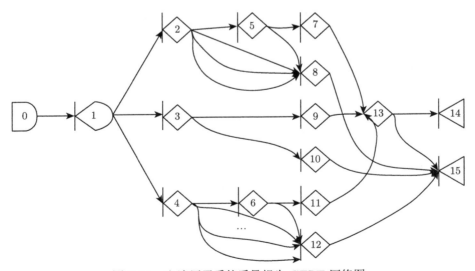

图 5.12　主液压子系统质量损失 GERT 网络图

3. 主液压系统关键质量源识别及节点灵敏度分析

根据 GERT 网络运算法则，利用复杂产品 FTA(p,l)-GERT 质量损失网络关键质量源的识别算法，设 $\alpha=0.5, \beta=0.5$，可以得到飞机主液压系统的三个源头活动节点（2，3，4）的质量损失关键度 ξ_i 如表 5.3 所示。

表 5.3　主液压系统三个源头活动节点（2，3，4）的质量损失关键度

源头活动	均值	标准差	质量损失关键度
2（电动泵组件部分）	0.3039	0.0871	0.1955
3（电动泵组件控制盒部分）	0.2517	0.0575	0.1546
4（供油组件部分）	0.3009	0.1212	0.2111

由表 5.3 可知，供油组件部分对主液压系统的质量损失影响最大，最为关键，电动泵组件部分次之，电动泵组件控制盒部分最弱。因此，应该从源头着重提高主液压系统供油组件部分的可靠性，控制供油组件部分对系统造成的质量损失。此外，对于主液压系统的电动泵组件部分也应该适当进行质量管控，相对而言，电动泵组件控制盒部分可以相对减少投入。

5.3　基于 AQ-GERT 的星座网络建模和资源管控优化技术研究

5.3.1　基于 AQ-GERT 的星座网络基本模型构建与评估方法研究

1. 基础构件设计

基于 AQ-GERT 进行星座网络卫星基础构件设计。

运用 Q-GERT 网络逻辑分析和结构设计技术，依据星座网络卫星面向随机业务的智能化工作机理，进行 AQ-GERT 网络智能体基本构件设计，如图 5.13 所示。其中 AQ-GERT 构件分为两类。

第一类（图（a）～（e））为模块对应的 AQ-GERT 构件。其中依据模块所表征的网络节点的排队特性可以分为排队和非排队节点；依据模块输出特性可以分为确定型和概率型输出的节点。同时考虑资源管控的需要，单独设计带有阻塞指示的节点模块。

第二类（图（f）～（h））为流对应的 AQ-GERT 构件。其中包括起始或终止流、过程流等。同时考虑资源管控的需要，单独设计排队节点的受阻转移流。

说明：

图（a）确定型输出的非排队节点。R_f 为首次释放该节点所需要入射的实体数；R_s 为所有后续释放该节点需要入射的实体数；C 为在该节点上保持属性的准则；S 为积累统计或标注；i 为节点编号；D（右端半圆）表示从该节点发出的分支为确定型。

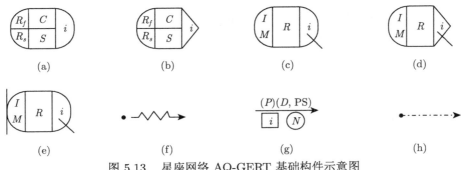

图 5.13 星座网络 AQ-GERT 基础构件示意图

图（b）概率型输出的非排队节点。"△"（右端三角形）表示从该节点发出的分支为概率型；其余符号同图（a）。

图（c）确定型输出的排队节点。I 为在 Q（排队）节点的初始数；M 为实体 Q 在节点允许存在的最大数；R 为在 Q 节点上实体排队规则；其余符号同上。

图（d）概率型输出的排队节点。符号含义同上。

图（e）带有阻塞指示器的排队节点。阻塞指示器仅用于排队节点，若本节点正处于最大容量，则它可以控制前面的服务活动保留实体。

图（f）起始或终止流。代表从一个源节点发出或终止于一个汇节点的流。

图（g）过程流。其中 P 为执行该流的概率；D 为分布函数类型；PS 为参数集号（或常数值）；方框中的 i 为活动编号；圆圈中的 N 为平行服务台数（仅用于服务活动，其源节点是一个排队节点）。

图（h）排队节点的受阻转移流。表示从一个排队节点受阻转移的方向，该节点在非排队节点后不出现。

2. 卫星级：卫星基本模型的建模与功能等效分析

建立与卫星资源相关的模型参数表征。卫星中与资源管控相关的功能部分主要包括转发和处理器、星务、遥测遥控、电源、天线等。面向智能化资源管控，应基于三种类型的特征进行建模。

对于第一类"智能状态更新"，包括状态与健康信息表（status and health information table, Shit）模块，初步考虑该模块能够反映卫星各组成部分正在处理的资源管控任务统计、重要性状况、健康数据、可靠性状况等参数。

对于第二类"智能策略执行"，首先考虑路由表与规则（routing information table and rules, Ritr）模块，面向输入卫星的路由任务要求，建立面向业务转发的流程模型。然后考虑卫星工作流程与规则（running flow and rule, Rfr）模块，建立面向业务处理的流程模型，以及根据流程执行的资源分配的逻辑与规则。

对于第三类"智能信息分发"，首先考虑卫星可能需要处理多种类型的信息业务，研究与设计信息类型（type of message, Tom）模块，包括移动电话、广播电视、报文传输等类型。该模块反映卫星智能体所处理的信息来源、信息目的地、信息标识、信息类型，建立信息业务类型表征模型；然后考虑卫星面向各种类型信息数据的各种概率分布类型，建立其概率分布参数库与类型集合映射模型。

根据以上的工作机制解析，星座网络卫星智能体的各模块之间关系和结构框架如图 5.14 所示。

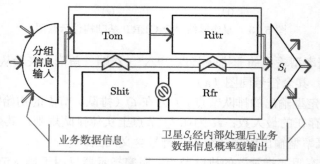

图 5.14　卫星智能体模块工作结构关系图

对于卫星智能体与资源管控进行建模过程中，初步考虑从核心特征入手，根据业务输入对卫星有效载荷处理的需求，对载荷的整体结构进行分析，与平台相关的特征后续可以据此进行延伸。

考虑将卫星的输入业务分为非实时、实时和应急三大类，分为手持终端窄带通信、车船载终端宽带通信、数据采集（终端经由卫星到信关站单向）、广播分发（信关站经由卫星到终端单向）等若干类传输形式，参考 ISO 通信协议体系的 7 层模型，考虑当前卫星实际实现能力，建立星座网络卫星的通信协议下三层处理结构关系模型（见图 5.15）。其中：L.1 表示物理层的透明转发和基带处理，L.2 表示数据链路层的接入交换、链路控制等功能，L.3 表示网络层针对路由的处理和相关协议。

构建星座网络卫星智能体（S_i 表示第 i 个卫星智能体）的 AQ-GERT 模型，如图 5.16 所示。

根据 AQ-GERT 模型，考虑衡量卫星智能体服务业务能力的重要指标是业务数据通过该卫星进行传输和处理的时延性能、功率和频率资源使用问题；运用随机网络和排队理论，解析卫星智能体多层业务分组协同工作机制，把经卫星智能体所需要处理的这些多层业务分组看成多个带有匹配条件的多用户排队系统，依据卫星智能体的 AQ-GERT 结构框架，进而运用 Little 定理、梅森公式和随机网络矩母函数、特征函数等理论，进行等效分析。

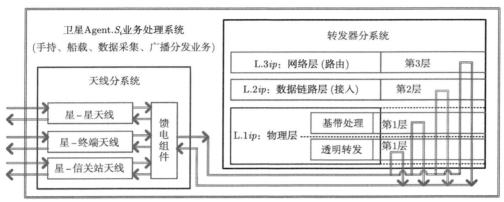

图 5.15　星座网络卫星的通信协议下三层处理结构关系模型

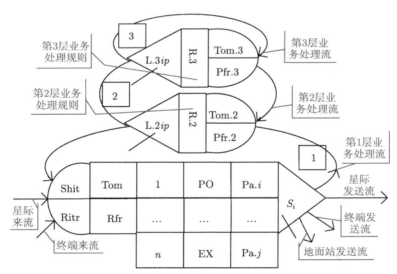

图 5.16　基于 AQ-GERT 的卫星智能体结构框架示意图

定义 5.1　单颗卫星 AQ-GERT 结构。考虑卫星的各种业务的特点，采用各种概率分布类型进行建模，建立其概率分布参数库与类型集合表征模型，如集合（n，EX，Pa.j）中，n 表示该卫星业务数据分组概率分布类型序列号，EX（exponent）表示其概率分布类型为指数分布，Pa.j 表示其分布参数 Pa（parameter）序列号为 j。

卫星智能体收集的业务数据信息为数据包到达率与持续时间，服从 M/M/1

系统的输入过程 $\{N(t), t \geqslant 0\}$ 为参数是 λ 的泊松过程，即到达间隔时间序列 $\{J(k), k \geqslant 0\}$ 为 i.i.d. 随机变量序列，且 $J_1 \sim \Gamma(1, \lambda)$。持续时间具有分布 B，$B \sim \Gamma(1, \mu)$。

对卫星载荷的每一个功能层级的资源使用，都可以看成一个请求该层资源的业务队列，基于队列输入，利用 AQ-GERT 对该层进行建模，进行相应层级的业务解析、资源管控策略执行和状态更新，得到各层级的信息流传递逻辑。然后，根据传递函数的特性，对整个卫星智能体的 AQ-GERT 模型进行求解，得到等效模型。

在星座网络卫星 AQ-GERT 网络中，如果存在使用业务处理四个排队节点表示单个星座网络卫星 Agent.Sr，则可以自底向上地求解传递函数，将单个星座网络卫星 Agent.Sr 业务处理三个排队节点转化为等价的单个排队节点，如图 5.17 所示。

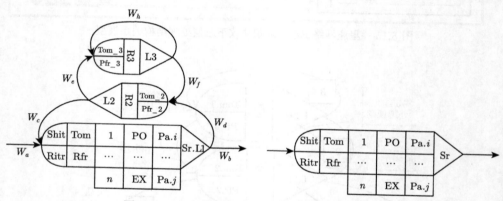

图 5.17　三个排队节点及其对应的单个排队节点

3. 体系级：基于基本模型的星座网络效能求解和链路重要度分析

基于基本模型，可以给出星座网络 AQ-GERT 通信链路效能求解。若星座网络 AQ-GERT 中通信链路的等价传递函数为 W_l，则等价特征函数 $\phi_E(l)$ 为

$$\phi_E(l) = \frac{W_l}{p_l} = \frac{W_l}{W_l(0)}.$$

特征函数的 n 阶导数在 $t = 0$ 处的值，就是随机变量的 n 阶原点矩，因此有

$$E_l = \frac{1}{\sqrt{-1}} \frac{\partial}{\partial t} (\phi_E(l))|_{t=0}$$

$$= \frac{1}{\sqrt{-1}} \frac{\partial}{\partial t} \left(\frac{W_l}{W_l(0)} \right) \Big|_{t=0} \tag{5.6}$$

因此在星座网络 AQ-GERT 描述下，各通信链路的平均效能为

$$E_l = \frac{1}{\sqrt{-1}} \frac{\partial}{\partial t} \left(\phi_E \left(l \right) \right) \big|_{t=0}$$

$$= \frac{1}{\sqrt{-1}} \frac{\partial}{\partial t} \left(\frac{W_l}{W_l \left(0 \right)} \right) \bigg|_{t=0} \tag{5.7}$$

基于基本模型，对星座网络 AQ-GERT 链路重要度进行分析。根据以上分析和公式已得到星座网络 AQ-GERT 的效能等价传递函数以及各链路的效能。星座网络中，链路的类型众多，功能和形态各异。对资源管控效能的评估需要对星座网络中链路的重要度进行权重配置，进而更真实地得出效能模型。

一个研究对象的重要度可以量化为从有到无对系统相关参数的变化率。具体到星座网络的链路重要度，即链路效能变化对星座效能的影响程度。从微分角度，为分析链路的重要度，可以将星座网络卫星的 AQ-GERT 效能等价传递函数对某一链路效能参数求导，得到某链路效能参数的导数函数，结合特征函数的性质，得到链路重要度评估值。

将星座网络 AQ-GERT 的效能等价传递函数对链路 l 等价传递函数 W_l 求导，得到链路 l 网络效能参数的导数函数。其一阶原点矩即为链路 l 对星座网络 AQ-GERT 效能的影响程度，令链路 l 对星座网络效能的影响程度在所有链路对星座网络通信效能影响程度的占比为链路 l 重要度，记为 $\mathrm{imp}\left(l \right)$，即

$$\mathrm{imp}\left(l \right) = \frac{\left| \dfrac{\partial^2 W}{\partial W_l \partial t} \right|}{\displaystyle\sum_{l \in \Omega} \left| \dfrac{\partial^2 W}{\partial W_l \partial t} \right|} \Bigg|_{t=0} \times 100\% \tag{5.8}$$

其中，l 表示各通信链路 $\left(l = 1, 2, \cdots, n \right)$；$\Omega$ 为星座网络中所有链路的集合。

链路重要度 $\mathrm{imp}\left(l \right)$ 具有以下性质：

（1）$0 < \mathrm{imp}\left(l \right) \leqslant 1$;

（2）$\displaystyle\sum_{l \in \Omega} \mathrm{imp}\left(l \right) = 1$。

对星座网络 AQ-GERT 概率密度函数进行推导，利用傅里叶逆变换（或 COS 方法），求解星座网络 AQ-GERT 概率密度函数 $f\left(x \right)$ 在定义区间 $[a, b]$ 上为

$$f\left(x \right) = \sum_{k=0}^{N-1'} F_k \cos \left(k\pi \frac{x-a}{b-a} \right) \tag{5.9}$$

5.3.2 星座网络资源管控优化设计

进行星座网络 AQ-GERT 资源管控优化设计，分别建立资源服务能力（resource service，RS）、资源可靠保障（resource reliability，RR）和资源星上分配

（resource allocation，RA）的测度指标体系，如图 5.18 所示。

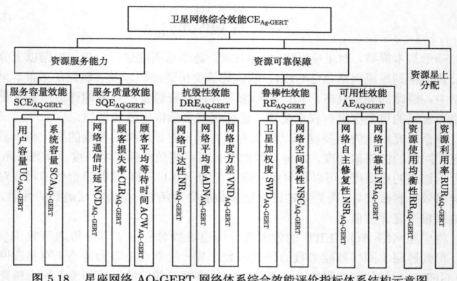

图 5.18　星座网络 AQ-GERT 网络体系综合效能评价指标体系结构示意图

考虑各类效能指标对整体资源管控效能的贡献重要性，运用极大熵理论建立其权重配置模型，分别进行各分系统效能权重 WRS、WRR 和 WRA 设计；考虑各效能量纲的差异性和可测度性，运用数学算子理论，分别建立其效能调整算子（efficiency adjustment operator）Eao$_{RS}$、Eao$_{RR}$ 和 Eao$_{RA}$，运用效用理论与和联系统分析技术，建立其综合效能 CEAQ-GERT 测度模型；并分别建立基于 AQ-GERT 的资源服务能力、资源可靠保障和资源星上分配目标函数与约束参数模型。

在此基础上，考虑以 CE$_{AQ\text{-}GERT}$ 最大化作为目标函数，以资源服务能力效能 RE$_{RS}$、资源可靠保障效能 RE$_{RR}$ 和资源星上分配效能 RE$_{RA}$ 规划子模型作为约束条件，建立星座网络 AQ-GERT 体系综合效能优化模型如下：

$$
\begin{cases}
\text{Max}\{\text{CE}_{\text{AQ-GERT}}\} = \text{Max}\{(\text{Eao}_{\text{RS}}) \cdot (W_{\text{RS}}) \cdot (\text{RE}_{\text{RS}}) + (\text{Eao}_{\text{RR}}) \cdot (W_{\text{RR}}) \\
\qquad\qquad\qquad \cdot (\text{RE}_{\text{RR}}) + (\text{Eao}_{\text{RA}}) \cdot (W_{\text{RA}}) \cdot (\text{RE}_{\text{RA}})\} \\
\text{S.t.}
\begin{cases}
\text{Max}\{\text{RE}_{\text{RS}}\} = F_{\text{RS}}\{\text{资源服务能力效能RE}_{\text{RS}}\text{最大化目标与约束函数}\} \\
\text{Max}\{\text{RE}_{\text{RR}}\} = F_{\text{RR}}\{\text{资源可靠保障效能RE}_{\text{RR}}\text{最大化目标与约束函数}\} \\
\text{Max}\{\text{RE}_{\text{RA}}\} = F_{\text{RA}}\{\text{资源星上分配效能RE}_{\text{RA}}\text{最大化目标与约束函数}\}
\end{cases}
\end{cases}
$$

$$(5.10)$$

1. 资源服务能力优化模型设计

基于星座网络卫星服务应用业务的能力，建立其主要性能指标体系。卫星服务应用业务的能力主要通过业务吞吐量、处理和排队时延、用户阻塞概率等进行评估，建立资源服务能力优化模型。

星座网络卫星资源服务能力优化设计由两类指标构成：

一是服务容量效能 $SCE_{AQ\text{-}GERT}$（service capacity effectiveness），其中可包括用户容量 $UC_{AQ\text{-}GERT}$（user capacity）、系统容量 $SC_{AQ\text{-}GERT}$（system capacity）等指标；

二是服务质量效能 $SQE_{AQ\text{-}GERT}$（service quality effectiveness），其中可包括网络通信时延 $NCD_{AQ\text{-}GERT}$（network communication delay）、顾客损失率 $CLR_{AQ\text{-}GERT}$（customer loss rate）和顾客平均等待时间 $ACW_{AQ\text{-}GERT}$（average customer waiting time）等指标。

首先，进行卫星的资源服务能力目标函数模型设计。

建立以下指标组成的目标函数体系：

吞吐量 $YHC=HC$（handling capacity）；

处理时延 $YPPD=1/PPD$（packet processing delays）；

业务平均等待时间 $YMWT=1/MWT$（mean waiting time）；

业务排队队长 $YQL=1/QL$（queue length）；

业务损失率 $YCLR=1/CLR$（customer loss rate）；

资源繁忙程度 $YSBP=1/SBP$（service busy period）。

考虑各指标在绝对量上的差异性可能对某些指标的歧视性现象，建立指标调整算子模型，分别对 HC、PPD、MWT、QL、CLR 和 SBP 指标进行歧视性修正算子 O（operator）配置设计，分别用 O_{HC}、O_{PPD}、O_{MWT}、O_{QL}、O_{CLR} 和 O_{SBP} 进行指标歧视性修正，解决指标的歧视性问题。

考虑卫星资源的用途不同和申请资源的业务优先级，运用极大熵原理，建立基于业务优先级的指标权重极大熵配置模型，分别对 HC、PPD、MWT、QL、CLR 和 SBP 指标进行权重 W（weight）配置设计，分别用 W_{HC}、W_{PPD}、W_{MWT}、W_{QL}、W_{CLR} 和 W_{SBP} 表征各指标权重。

2. 资源可靠保障优化模型设计

深入剖析星上资源可靠保障的设计机制，运用和联系统技术，建立效能结构框架模型，如图 5.19 所示；运用系统工程原理、可靠性分析和运筹优化技术，计算各效能指标权重因子、效能调整算子，并建立约束函数模型，形成各因子、算子与约束函数的指标对应关系；在此基础上，建立资源可靠保障目标函数与约束函数模型。

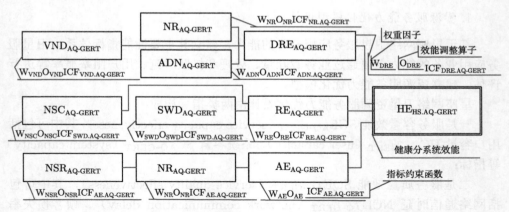

图 5.19　资源可靠保障 HE$_{\text{HS.AQ-GERT}}$ 结构模型框架示意图

星座网络卫星资源可靠保障设计由 3 类指标构成。

一是抗毁性效能 DRE$_{\text{AQ-GERT}}$（destroy-resistant effectiveness），其中可包括网络可达性 NR$_{\text{AQ-GERT}}$（network reachability）、网络平均度 ADN$_{\text{AQ-GERT}}$（average degree of network）和网络度方差 VND$_{\text{AQ-GERT}}$（variance of network degree）等指标。依据网络抗毁性形成机理，初步考虑建立混联效能结构框架（见图 5.19）。

二是鲁棒性效能 RE$_{\text{AQ-GERT}}$（robustness efficiency），其中可包括卫星加权度 SWD$_{\text{AQ-GERT}}$（satellite weighted degree）和网络空间紧凑性 NSC$_{\text{AQ-GERT}}$（network space compactness）等指标，考虑该鲁棒性效能形成机制，初步考虑建立和联效能结构框架（见图 5.19）。

三是可用性效能 AE$_{\text{AQ-GERT}}$（availability effectiveness），其中可包括网络自主修复性 NSR$_{\text{AQ-GERT}}$（network self-repair）、网络可靠性 NR$_{\text{AQ-GERT}}$（network reliability）等指标，依据可用性效能形成机理，初步考虑建立串联效能结构框架（见图 5.19）。

$$\text{Max}\{\text{HE}_{\text{HS.AQ-GERT}}\} = \text{Max}\{(\text{O}_{\text{DRE}}) \cdot (\text{W}_{\text{DRE}}) \cdot (\text{DRE}_{\text{AQ-GERT}}) + (\text{O}_{\text{RE}})$$
$$\cdot (\text{W}_{\text{RE}}) \cdot (\text{RE}_{\text{AQ-GERT}}) + (\text{O}_{\text{AF}}) \cdot (\text{W}_{\text{AE}}) \cdot (\text{AE}_{\text{AQ-GERT}})\}$$

$$\text{s.t.1} \begin{cases} \text{Max}\{\text{DRE}_{\text{AQ-GERT}}\} = \text{Max}\{(\text{O}_{\text{NR}}) \cdot (\text{W}_{\text{NR}}) \cdot (\text{NR}_{\text{AQ-GERT}}) \\ \qquad\qquad + (\text{O}_{\text{ADN}}) \cdot (\text{W}_{\text{ADN}}) \cdot (\text{ADN}_{\text{AQ-GERT}}) \\ \qquad\qquad + (\text{O}_{\text{VND}}) \cdot (\text{W}_{\text{VND}}) \cdot (1/\text{VND}_{\text{AQ-GERT}})\} \\ \text{s.t.} \begin{cases} \text{ICF}_{\text{NR.AQ-GERT}} = \text{F}_{\text{NR.AQ-GERT}}\{\text{基于星簇模块的AQ-GERT} \\ \quad \text{网络可达性约束}\} \\ \text{ICF}_{\text{ADN.AQ-GERT}} = \text{F}_{\text{ADN.AQ-GERT}}\{\text{基于星簇模块的AQ-GERT} \\ \quad \text{网络平均度约束}\} \\ \text{ICF}_{\text{VDN.AQ-GERT}} = \text{F}_{\text{VDN.AQ-GERT}}\{\text{基于星族模块的AQ-GERT} \\ \quad \text{网络度方差约束}\} \end{cases} \end{cases}$$

$$\text{s.t.2} \begin{cases} \text{Max}\{\text{SQE}_{\text{RE-GERT}}\} = \text{Max}\{(\text{O}_{\text{SWD}}) \cdot (\text{W}_{\text{SWD}}) \cdot (\text{SWD}_{\text{AQ-GERT}}) \\ \qquad\qquad + (\text{O}_{\text{NSC}}) \cdot (\text{W}_{\text{NSC}}) \cdot (\text{NSC}_{\text{AQ-GERT}})\} \\ \text{s.t.} \begin{cases} \text{ICF}_{\text{SWD.AQ-GERT}} = \text{F}_{\text{SWD.AQ-GERT}}\{\text{基于星簇模块的AQ-GERT} \\ \quad \text{卫星加权度约束}\} \\ \text{ICF}_{\text{NSC.AQ-GERT}} = \text{F}_{\text{NSC.AQ-GERT}}\{\text{基于星簇模块的AQ-} \\ \quad \text{GERT 网络空间紧性约束}\} \end{cases} \end{cases}$$

$$\text{s.t.3} \begin{cases} \text{Max}\{\text{SQE}_{\text{AE-GERT}}\} = \text{Max}\{((\text{O}_{\text{NR}}) \cdot (\text{W}_{\text{NR}}) \cdot (\text{NR}_{\text{AQ-GERT}})) \\ \qquad\qquad \cdot ((\text{O}_{\text{NSR}}) \cdot (\text{W}_{\text{NSR}}) \cdot (\text{NSR}_{\text{AQ-GERT}}))\} \\ \text{s.t.} \begin{cases} \text{ICF}_{\text{NR.AQ-GERT}} = \text{F}_{\text{NR.AQ-GERT}}\{\text{基于星簇模块的AQ-GERT} \\ \quad \text{自主修复性约束}\} \\ \text{ICF}_{\text{NSR.AQ-GERT}} = \text{F}_{\text{NSR.AQ-GERT}}\{\text{基于星簇模块的AQ-GERT} \\ \quad \text{网络可靠性约束}\} \end{cases} \end{cases}$$

下面以卫星资源可用性及具体的可靠性指标为例，给出资源可靠保障优化的具体研究方法。

卫星的资源可用性 A_{S_i} 主要是由卫星的可靠性 R_{S_i}（reliability）和维修性 M_{S_i}（maintainability）所决定的，即 $\text{A}_{\text{S}_i} = \text{R}_{\text{S}_i} \times \text{M}_{\text{S}_i}$。在当前技术条件下，绝大部分卫星故障基本上只能靠自主维修，所以这里的维修性应理解为自主维修性。

考虑自主维修性 M_{S_i} 主要是由卫星智能化设计水平 Idl.S_i（intelligent design level）、智能控制技术水平 Ictl.S_i（intelligent control technology level）和智能化维修技术水平 Imtl.S_i（intelligent maintenance technology level）等其他智能化因素 Oif.S_i（other intelligent factors）所决定的，建立自主维修性 M_{S_i} 计算模型 $\text{M}_{\text{S}_i} = \text{F}_{\text{Ms}_i}(\text{Idl. S}_i, \text{Ictl.S}_i, \text{Imtl.S}_i, \text{Oif.S}_i)$。

在此基础上，建立卫星的可用性 A_{S_i} 模型：

$$A_{S_i} = M_{S_i}\{(RSss_i) \cdot (RPss_i) \cdot (RCts_i) \cdot (RTcs_i) \cdot (RAs.Ssa_i)\} \tag{5.11}$$

卫星资源可靠保障优化的主要功能是保证卫星健康状态，使得星上资源的提供能够稳定为应用业务进行服务。星座网络卫星中，星间链路故障是影响通信性能的一个重要因素，也是星上资源分配的可靠保障需要考虑的。考虑天线分系统 As 是为了完成不同的任务而设有星-星天线 Ssa（satellite-satellite antenna）、星-终端天线 Sta（star-terminal antenna）、星-信关站天线 Sgsa（satellite-gateway station antenna）这 3 种类型的天线，分别建立这 3 种类型天线的任务可靠性模型，用 RAs.Ssa、RAs.Sta、RAs.Sgsa 表示；由于星-星天线 Ssa 的任务可靠性，还需要进一步区分卫星与相邻卫星相连接通路的任务可靠性问题。

进行卫星的可靠性结构框架分析，建立考虑任务和联系统的卫星的可靠性模型，如图 5.20 所示；进一步考虑星-星天线 Ssa 故障后的相互可替代问题，由于这种替代又可能会造成其他相邻卫星 S_j（$j = 1, 2, \cdots, N$）的各通路任务配置比例 Tar. S_j（task allocation ratio）和故障率 $\lambda.S_j$ 改变，运用 AQ-GERT 网络随机路线选择逻辑技术，分析其可靠结构，建立考虑 Tar.S_j 和 $\lambda.S_j$ 因素的和联随机备份系统（plus connect random backup system）PCRR-GERT 可靠性网络模型如下：

$$RAs.Ssa_i = \sum_{j=1}^{N} Tar.S_j \cdot \{RAs.Ssa_j (\lambda.S_j)\} \tag{5.12}$$

其中，$RAs.Ssa_i$ 表示卫星 S_i 和联随机备份系统，$RAs.Ssa_j(\lambda.S_j)$ 表示考虑 $\lambda.S_j$ 映射的第 j 条通路的可靠性。

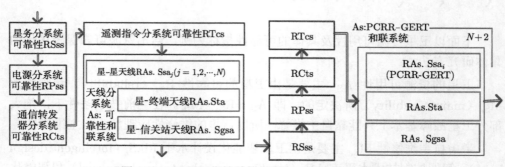

图 5.20　卫星可靠性结构框架与可靠性模型示意图

5.4　基于 AQ-GERT 的分布式多级航材库存管理体系架构设计

本节首先分析了航空公司航材库存管理现状，根据航材库存管理的实际情况，按照仓库的功能定位、场站业务量、维修能力等不同，将航材仓库分成不同的类别，主要有三级库、二级库、一级库等。此外，为了统筹各库间的补调库工作，设计了总部协调库。在此基础上，开发分布式智能体设计技术、DAQ-GERT 网络等技术，将网络节点仓库虚拟化为具备相互协商、统计和预测等功能的分布式智能体，设计分布式网络库存智能管理模式与机制，搭建航材网络库存管理系统。

5.4.1　分布式库存智能体设计

首先需要分析各库维修需求分布规律、维修能力、订货费用、存储成本等基本情况，利用分布式智能体设计技术将各库存设计成库存智能体。各智能体根据自己历史数据统计规律，基于自身利益最大化，进行最佳补库点、补调库数量、维修计划以及保障率等问题决策，生产需求清单。根据航材管理工作中航材拆换、维修、排队等实际业务逻辑，开发 DAQ-GERT 网络等技术，设计各库存 DAQ-GERT 网络图。

1. 三级库存智能体设计

由于三级库不具有维修功能，其智能体设计相对简单。图 5.21 所示为三级库房 × 零件的 DAQ-GERT 网络示意图，主要内容包括：航材发生规律研究、库存智能体最优补调库模型研究、各管理清单生成技术、DAQ-GERT 节点的逻辑与功能设计、活动维修任务请求发送等。

2. 二级库存智能体设计

图 5.22 所示为某二级库房 × 零件 DAQ-GERT 网络图。二级库存相对三级库存增加了维修功能。本部分的主要内容包括运用排队论理论搭档该二级库库存，反映最优库存水平、最优补库时机、最优补库数量；进行零件需求与库房供给的匹配；分配维修任务；研究修备航材的入库分配问题等。

3. 一级库存智能体设计

图 5.23 所示为某一级库房 × 零件 DAQ-GERT 网络图。一级库是相对复杂的仓库，其不仅具有维修模块，还有协调模块。本部分的主要研究内容包括总部补库（调库）智能体（agent of headquarters supplement inventory，AHSI）、总部维修智能体（agent of headquarters maintenance，AHM）设计、总部分协调库

智能体（agent of headquarters warehouse branch office，AHWBO）、总部订货智能体（agent of headquarters order，AHO）设计。下面将对其进行详细介绍。

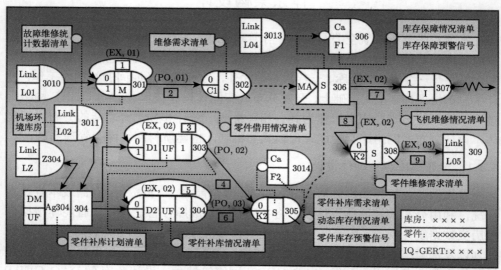

图 5.21　三级库房 × 零件 DAQ-GERT 网络图

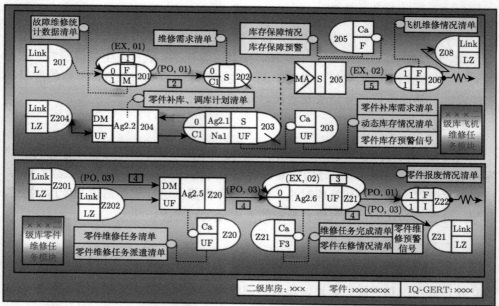

图 5.22　二级库房 × 零件 DAQ-GERT 网络图

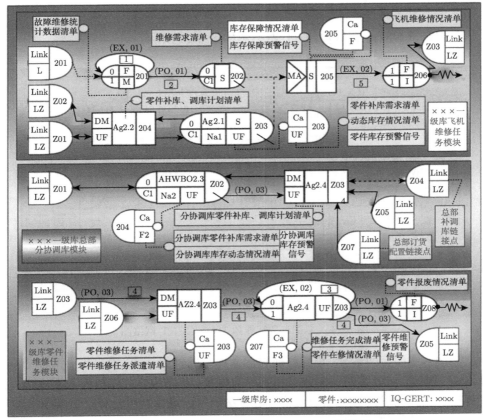

图 5.23 一级库房 × 零件 DAQ-GERT 网络图

5.4.2 总部协调库功能智能体设计

1. 总部维修智能体设计

总部维修智能体的主要功能是对于各级库的维修任务，如何做出合理的维修安排。考虑维修拆换地点与维修地的距离、目标维修场地的修理负荷、航班安排情况等因素，确定最优的维修任务安排，具体模型如下所述。

位置优势 γ_{ij}：$\gamma_{ij} = \dfrac{\max\limits_{j \in J}\{d_{ij}\} - d_{ij}}{\max\limits_{j \in J}\{d_{ij}\} - \min\limits_{j \in J}\{d_{ij}\}}$，$d_{ij}$ 是拆换点 i 到维修点 j 的距离，J 是可维修点的集合，$\gamma_{ij} \in [0, 1]$。

维修能力指数 λ_j：$\lambda_j = 1 - \dfrac{c_j}{c_j^u}$。$c_j, c_j^u$ 分别代表目前维修点 j 维修能力和维修点 j 最大维修能力。最终按照 $\gamma_{ij} + \lambda_j$ 的大小进行维修地点的分配。

2. 总部订货智能体

总部订货智能体 DAQ-GERT 网络图如图 5.24 所示。

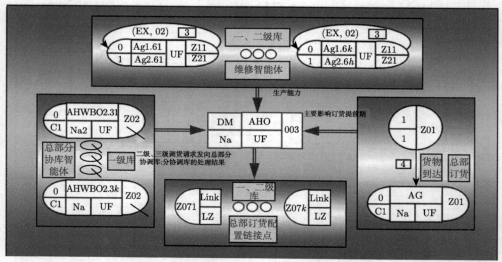

图 5.24　总部订货智能体 DAQ-GERT 网络图

其输入主要有两部分：维修好航材的入库和向外部订购；输出也有两部分：三级库、二级库、一级库的调库请求和航材的报废。其中维修好航材的入库规律、报废规律、调库请求规律可以通过仿真的方法确定，进而利用分布式仿真技术确定总部订货智能体的订货策略。

5.4.3　航材网络库存智能体整体关系

在各个库存智能体设计、总部功能智能体完成后，主要工作是将各智能体进行有机联合。为提高系统的模块化能力，本项目将以上各个库存智能体封装成统一的整体，只留有功能接口与外界相连，并利用总部补库（调库）智能体、总部维修智能体设计、总部分协调库智能体、总部订货智能体将整体有机串联，形成图 5.25 所示的初步示意图。

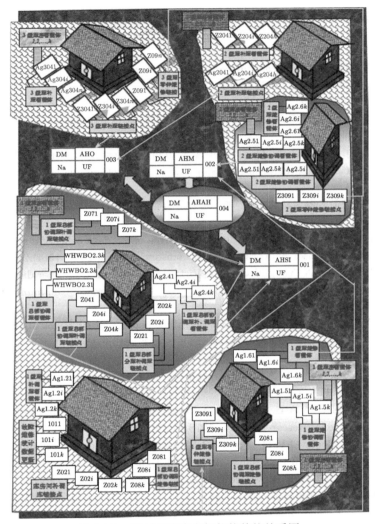

图 5.25　航材网络库存智能体整体关系图

参 考 文 献

[1] 梁艳, 郭朝晖. 低轨宽带星座一场有进无退的冒险 [J]. 卫星与网络,2018,(8):20-25.

[2] 中国航天编辑部. "鸿雁"星座谱写我国低轨卫星互联网建设新篇章 [J]. 中国航天, 2019, (2): 6-9.

[3] 靳聪, 和欣, 谢继东, 等. 低轨卫星物联网体系架构分析 [J]. 计算机工程与应用, 2019, 55(14): 98-104.

[4] Sanctis M D, Cianca E, Bisio I, et al. Satellite communications supporting internet of remote things [J].IEEE Internet of Things Journal,2016,3(1):113-123.

[5] Muhammad M, Giambene G, de Cola T. QoS support in SGD-based high through-put satellite networks[J].IEEE Transactions on Wireless Communications, 2016, 15(12): 8477-8491.

[6] Liu X. Atypical hierarchical routing protocols for wireless sensor networks: A review[J]. IEEE Sensors Journal, 2015, 15(10):5372-5383.

[7] Liu P L, Chen H Y, Wei S J, et al. Hybrid-traffic-detour based load balancing for onboard routing in LEO satellite networks[J]. China Communications, 2018,15(6): 28-41.

[8] Zhang Z Q, Jiang C X, Guo S, et al. Temporal centrality-balanced traffic man-agement for space satellite networks[J]. IEEE Transactions on Vehicular Technology, 2018,67(5):1.

[9] 肖业伦. 航空航天器运动的建模: 飞行动力学的理论基础 [M]. 北京: 北京航空航天大学出版社, 2003.

[10] Velmani R, Kaarthick B. An efficient cluster-tree based data collection scheme for large mobile wireless sensor networks[J]. IEEE Sensors Journal, 2015, 15(4):2377-2390.

[11] Yu Q Y, Meng W X, Yang M C, et al. Virtual multi-beamforming for distributed satel-lite clusters in space information networks[J]. IEEE Wireless Communications, 2016, 23(1):95-101.

[12] Zhong X, Hao Y, He Y, et al. Joint downlink power and time-slot allocation for dis-tributed satellite cluster network based on pareto optimization[J]. IEEE Access, 2017, 5:1.

[13] Shen L, Guo J, Wang L. A self-organizing spatial clustering approach to support large-scale network RTK systems[J]. Sensors, 2018, 18(6):1855.

[14] Unwin A,Pritsker A A B. Modeling and analysis using Q-GERT networks [J]. Journal of the Operational Research Society,1978,29(10):1040.

[15] Clayton E R, Cooley J W. Use of Q-GERT network simulation in reliability analysis[J]. IEEE Transactions on Reliability, 1981, R-30(4):321-324.

[16] Huang P Y, Clayton E R, Moore L J. Analysis of material and capacity requirements with Q-GERT[J]. International Journal of Production Research, 1982, 20(6):701-713.

[17] Hess A, Fila L. The joint strike fighter (JSF) PHM concept: Potential impact on aging aircraft problems[C]. Aerospace Conference, IEEE, 2003.

[18] Janasak K M, Beshears R R. Diagnostics to prognostics -a product availability technol-ogy evolution[C]. Reliability & Maintainability Symposium, IEEE, 2007.

[19] Byington C S, Roemer M J, Galie T. Prognostic enhancements to diagnostic systems for improved condition-based maintenance[C]. Aerospace Conference Proceedings, IEEE, 2002.

第 6 章 基于传递机制的复杂体系效能 ADC-GERT 网络评估模型

6.1 高轨卫星通信星座 PS-GERT 效能评估模型

卫星通信是指地球上（包括地面、水面和低层大气中）的无线电通信站之间利用人造卫星作为中继站而进行的通信。根据轨道高度的差异将卫星通信系统区分为三种：高轨（geostationary Earth orbit，GEO）卫星通信系统、中轨（medium Earth orbit，MEO）卫星通信系统和低轨（low Earth orbit，LEO）卫星通信系统。GEO 卫星通信以其覆盖面积大、相对地面静止、技术相对成熟、投资相对少、维护管理简单等优势，成为许多国家与运营商的首选[1,2]。GEO 卫星通信星座效能的准确有效评估对于星座构型设计、运行和维护具有重要意义，同时也是 GEO 星座结构优化的基础。所以，客观有效地评估 GEO 卫星通信星座的效能不仅可以从总体上表征星座网络的通信能力，而且能为卫星网络建设提供有益的参考。

6.1.1 基于效能传递的 GEO 通信星座 PS-GERT 模型构建

GEO 卫星移动通信星座的基本特征是采用同步静止轨道卫星，卫星距离地面高度 35800km 且相对地面静止。如果 GEO 卫星进行全球覆盖（除南北极地区），则只需相距 73000km 的 3 颗卫星，这比采用中、低轨卫星覆盖全球所需要的卫星数目少。

星座效能的实质含义是指星座完成通信任务的有效程度。星座效能的评估建立在对星座中各通信实体效能的有效评估的基础上，或者直接以星座中各通信实体的性能表现为基础，以建模仿真为手段，对星座效能进行综合评估。本节以 GERT 技术作为评估手段，以 GEO 星座中实体效能作为传递参数，以链路效能评估为基础，构建 PS-GERT 效能评估模型。

1. PS-GERT 网络模型构建

1）和联关系的构建

k 个高轨卫星构成的 GEO 卫星通信网络记为 $\{k(i), N(v,e)\}$，通过分析经过各 GEO 卫星的通信链路，不难发现其主要是由用户终端及卫星构成的串联和联子系统，则基于星际链路的 GEO 卫星通信星座和联关系如图 6.1 所示。

2) GEO 卫星通信星座 PS-GERT 模型构建

星座的结构化描述主要是对星座的组成要素（通信卫星）以及要素之间的传递关系进行建模。为求解星座的效能，还需在准确描述星座结构的基础上，分析星座中的效能传递关系。因此，本节的 PS-GERT 模型由节点、箭线和流 3 个要素组成。

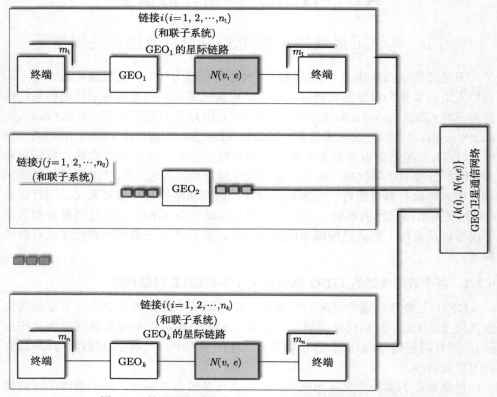

图 6.1　基于星际链路的 GEO 卫星通信星座和联关系图

定义 6.1（PS-GERT 星座基本单元）　PS-GERT 星座网络效能模型中，以卫星为代表的通信实体构成网络节点集合，实体之间的影响关系构成了网络的箭线，通信实体间效能的流动构成了网络的流。PS-GERT 星座网络效能基本单元如图 6.2 所示。图 6.2 中，i, j 表示构成通信活动的实体，箭线 (i, j) 表示通信活动，E_{ij} 为活动 (i, j) 的通信效能，由可用度 A、可信度 D 以及能力 C 度量，通信活动效能 $E = ADC$。p_{ij} 表示通信活动 (i, j) 成功执行的概率，EF_{ij} 表示活动 (i, j) 的效能流，它是由活动 (i, j) 成功执行概率 p_{ij} 以及活动 (i, j) 的通信效能 E_{ij} 决定的。

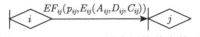

图 6.2 PS-GERT 星座网络基本单元

链路执行通信任务的过程，理解成通过终端为用户发送信号，经过上行链路传输至覆盖范围内的通信卫星（或者经过星际链路），经由下行链路到达目的用户的过程。因而，星座链路由三类实体构成：终端发送、卫星/星际链路以及终端接收。根据定义 6.1，可以构建 PS-GERT 星座结构图，如图 6.3 所示。

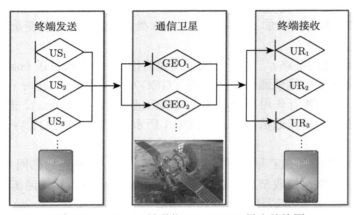

图 6.3 GEO 卫星通信 PS-GERT 星座结构图

2. PS-GERT 模型特征函数设计及等价传递函数求解

为实现星座效能的准确度量，必然要建立星座网络的等价传递函数。各通信卫星的效能 E 是一个服从一定概率分布的随机变量，则星座网络等价传递函数是多个随机变量函数的概率分布，求解较为困难。考虑到某些随机分布可能不存在矩母函数，而特征函数是概率密度函数的傅里叶变换，且对于任何分布均存在特征函数，故将其引入星座网络等价传递函数的求解过程中。

令随机变量 E_{jk} 表示通信活动 (j,k) 的通信效能，p_{jk} 表示通信活动 (j,k) 成功执行的概率，由此给出随机变量的特征函数及传递函数的定义如下。

定义 6.2（特征函数） 假设各通信卫星的效能 E_{jk} 是一个连续性随机变量，其概率密度函数为 $f(E_{jk})$，定义星座中各通信卫星效能 E_{jk} 的特征函数为

$$\phi_{E_{jk}} = E\left(e^{\mathrm{i}E_{jk}}\right) = \int_{-\infty}^{\infty} e^{\mathrm{i}tE_{jk}} f\left(E_{jk}\right) \mathrm{d}E_{jk} \tag{6.1}$$

其中，$t \in \mathbb{R}$。

定义 6.3（传递函数） 定义 W_{jk} 为通信活动 (j,k) 的传递函数，则有

$$W_{jk} = p_{jk}\phi_{E_{jk}} \tag{6.2}$$

根据定义 6.2，特征函数 ϕ_{E_i} 具有以下性质。

性质 6.1　若 $E_1, E_2, \cdots, E_n$ 是 n 个独立的随机变量，对应的特征函数均存在，记为 $\phi_{E_i}(i=1,2,\cdots,n)$，则 n 个独立的随机变量总和 Y 的特征函数是各随机变量特征函数之积，有

$$\phi_{Y(t)} = \prod_{i=1}^{n} \phi_{E_i}$$

性质 6.2　特征函数的 n 阶导数在 $t=0$ 处的值，就是随机变量 E_{jk} 的 n 阶原点矩。

定义 6.4（通信链路）　为了完成某项通信任务，由终端发送（user send, US）通信请求、星座中的高轨通信卫星节点（GEO）、终端接收（user receive, UR）实体通过各节点的相互作用所形成的无线通信链路，记为 l (link)。若干个通信链路构成一个复杂的星座通信网络。如图 6.3 所示，$US_1 \to GEO1 \to UR_1$ 为一条通信链路。

定理 6.1（PS-GERT 星座网络等价传递函数）　在星座通信网络中，若终端发送节点 US 到终端接收节点 UR 之间有 n 个串联活动，其传递函数为 $W_i(i=1,2,\cdots,n)$；有 m 个并联活动，其传递函数为 $W_j(j=1,2,\cdots,m)$，则节点 US 到节点 UR 的等价传递函数为

$$W_{\text{US}\to\text{UR}} = \text{function}\left(\prod_{i=1}^{n} W_i, \sum_{j=1}^{m} W_j\right) \tag{6.3}$$

证明　（1）当星座通信活动为串联结构时，若有 n 个串联活动，则该星座通信活动发生的概率为 $\prod\limits_{i=1}^{n} p_i$。根据性质 6.1，$n$ 个独立随机变量迭加的特征函数等于各随机变量特征函数之积，鉴于星座网络的效能是各通信卫星效能的叠加，故 n 个串联活动的等价特征函数为 $\prod\limits_{i=1}^{n} \phi_{E_i}$。根据定义 6.3，$n$ 个串联活动网络的等价传递函数为 $\prod\limits_{i=1}^{n} W_i$。

（2）当星座通信活动为并联结构时，若有 m 个并联活动，根据概率的加法公式，该星座通信活动成功执行的概率为

$$p_1 \cup \cdots \cup p_m = \sum_{i=1}^{m} p_i - \sum_{1 \leqslant i < j \leqslant m} p_i p_j$$

$$+ \sum_{1 \leqslant i < j < k \leqslant m} p_i p_j p_k + \cdots + (-1)^{m-1} p_1 \cdots p_m \tag{6.4}$$

由于 GERT 星座网络异或型节点特性，通信活动 $1, 2, \cdots, m$ 有且仅有一个发生，则多项式 (6.4) 中除第一项外，其余各项都为 0，所以

$$p_1 \cup \cdots \cup p_m = \sum_{i=1}^{m} p_i \tag{6.5}$$

此外，通信活动 $1, 2, \cdots, m$ 发生的概率分别为 $p_1, p_2, \cdots, p_m$。当通信活动 1 发生时，其特征函数为 ϕ_{E_1}。同理，当通信活动 m 发生时，其特征函数为 ϕ_{E_m}。又由于这里仅仅考虑异或型节点的 GERT，链路运行一次，仅有一个通信活动发生，而且节点 1 到节点 m 通信活动必须被实现，因此有

$$\phi_{E_{1m}} = \frac{p_1 \phi_{E_1} + \cdots + p_m \phi_{E_m}}{p_1 + \cdots + p_m} = \sum_{j=1}^{m} W_j \bigg/ \sum_{i=1}^{m} p_i \tag{6.6}$$

因此，结合定义 6.3，m 个并联活动网络的等价传递函数为 $\sum\limits_{j=1}^{m} W_j$；

（3）分析图 6.3 可以发现，GEO 卫星通信星座为混联网络，因此，PS-GERT 网络的等价传递函数为串联结构和并联结构等价传递函数的函数。

证毕。

3. PS-GERT 模型等价传递概率及等价特征函数求解

定理 6.2 假设 PS-GERT 星座网络的等价传递函数为 W，则等价传递概率 $p = W(0)$。

证明 若 PS-GERT 星座网络的等价传递函数为 W，则根据定义 6.3 有

$$W = p\phi \tag{6.7}$$

结合定义 6.2，可知

$$W(0) = p\phi(0) = p \tag{6.8}$$

证毕。

由定义 6.2 和定义 6.3 可知，PS-GERT 星座网络的等价特征函数为 $\phi = W/W(0)$。

4. PS-GERT 星座网络效能评估模型的构建

1）PS-GERT 星座网络效能评估模型的构建

定理 6.3　在 PS-GERT 星座网络描述下，各通信链路的平均效能为

$$E_l = \frac{1}{\sqrt{-1}} \frac{\partial}{\partial t} (\phi_E(l)) \big|_{t=0} = \frac{1}{\sqrt{-1}} \frac{\partial}{\partial t} \left(\frac{W_l}{W_l(0)} \right) \bigg|_{t=0} \tag{6.9}$$

证明　若 PS-GERT 星座网络中通信链路的等价传递函数为 W_l，则等价特征函数 $\phi_E(l)$ 为

$$\phi_E(l) = \frac{W_l}{p_l} = \frac{W_l}{W_l(0)} \tag{6.10}$$

由性质 6.2 可知，特征函数的 n 阶导数在 $t=0$ 处的值，就是随机变量的 n 阶原点矩，因此有

$$E_l = \frac{1}{\sqrt{-1}} \frac{\partial}{\partial t} (\phi_E(l)) \bigg|_{t=0} = \frac{1}{\sqrt{-1}} \frac{\partial}{\partial t} \left(\frac{W_l}{W_l(0)} \right) \bigg|_{t=0}$$

证毕。

2）PS-GERT 星座网络通信链路重要度分析

根据定理 6.1 和式（6.9），已得到 GEO 卫星通信星座 PS-GERT 网络的效能等价传递函数以及各通信链路的效能。相关研究者将研究对象的重要度量化为从有到无对系统相关参数的变化率。从卫星通信星座链路重要度的理解来看，即链路效能变化对星座通信效能的影响程度。从微分角度考虑，为分析通信链路的重要度，可以将 GEO 卫星通信星座 PS-GERT 网络的效能等价传递函数对某一通信链路效能参数求导，得到某通信链路效能参数的导数函数，结合特征函数的性质，得到通信链路重要度评估值。

定义 6.5（通信链路重要度）　将 GEO 卫星通信星座 PS-GERT 网络的效能等价传递函数对链路 l 等价传递函数 W_l 求导，得到链路 l 网络效能参数的导数函数。其一阶原点矩即为链路 l 对 GEO 卫星通信星座 PS-GERT 网络效能的影响程度，令链路 l 对星座网络通信效能的影响程度在所有链路对星座网络通信效能影响程度的占比为链路 l 重要度，记为 $\mathrm{imp}(l)$，即

$$\mathrm{imp}(l) = \frac{\left| \dfrac{\partial^2 W}{\partial W_l \partial t} \right|}{\sum\limits_{l \in \Omega} \left| \dfrac{\partial^2 W}{\partial W_l \partial t} \right|} \Bigg|_{t=0} \times 100\% \tag{6.11}$$

其中，l 表示各通信链路（$l=1,2,\cdots,n$）；Ω 表示 GEO 卫星通信星座中所有通信链路的集合。

3）PS-GERT 星座网络通信链路重要度分析

基于通信链路的 GEO 卫星通信星座效能评估的基本思路如图 6.4 所示，是一个抽象、转化、求解、聚合、解释的过程。

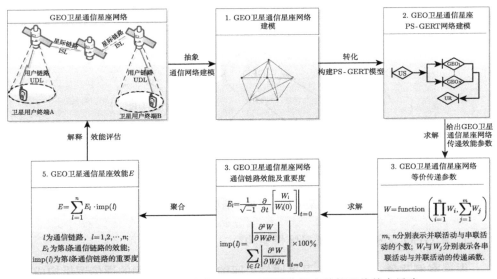

图 6.4   基于通信链路的 GEO 卫星通信星座效能评估基本思路

4）PS-GERT 星座网络概率密度函数推导

本节利用 Fang 等提出的傅里叶逆变换（或 COS）方法，求解 PS-GERT 星座网络的概率密度函数 $f(x)$ 在定义区间 $[a,b]$ 上为

$$f(x) = \sum_{k=0}^{N-1}{}' F_k \cos\left(k\pi\frac{x-a}{b-a}\right) \tag{6.12}$$

其中，$F_k = \dfrac{2}{b-a}\mathrm{Re}\left\{\phi\left(\dfrac{k\pi}{b-a}\right)\exp\left(-\mathrm{i}\dfrac{ka\pi}{b-a}\right)\right\}$，$\mathrm{Re}\{\cdot\}$ 表示取复数的实部；Σ' 表示累积第一项的权重为 0.5；N 为正整数，当 N 足够大时可以确保精确度。借助 MATLAB 可以求 PS-GERT 星座网络的概率密度函数及累积分布函数。

6.1.2   案例分析

卫星通信星座星间链路的建链关系和工作时序由链路规划表确定，链路规划表根据卫星之间的可见关系和业务需求生成。为验证算法的正确性和有效性，由

STK 仿真软件生成用户的位置数据。已知 1 颗 GEO 卫星（高度约 35786km）理论上可以覆盖地球表面积的 42.4%，3 颗 GEO 卫星可以覆盖全球[3]，设 3 颗 GEO 卫星大约分布在 80°E，200°E，320°E，分别记为 GEO_1，GEO_2，GEO_3。在实际通信过程中，由于 GEO 星座适用于长距离通信，一般认为两用户终端至多处于两个 GEO 卫星的覆盖区域内。按照用户终端所处的卫星覆盖区域进行分析，那么 3 颗高轨卫星在某瞬时时刻构成的链路数目最多为 9 条，其建链情况如图 6.5 所示。

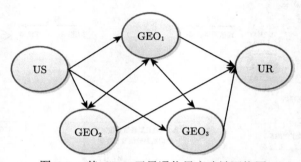

图 6.5　某 GEO 卫星通信星座建链网络图

1. 某 GEO 卫星通信星座网络模型构

根据案例背景，该 GEO 卫星通信星座的各类实体之间的通信逻辑构成一个 PS-GERT 网络，如图 6.6 所示。根据各实体的能力表现与性能数据，各通信活动的概率及采用 ADC 模型评估星座中各通信实体的效能分布如表 6.1 所示。其中假设各通信活动的效能均服从正态分布，需要分析该 GEO 卫星通信星座的效能分布。

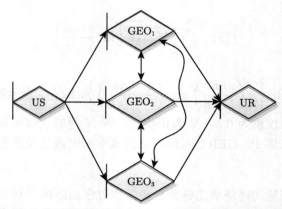

图 6.6　某 GEO 卫星通信星座 PS-GERT 网络模型构建

表 6.1 某 GEO 卫星通信星座 PS-GERT 网络参数

通信活动	活动概率 P_{jk}	执行通信实体 j	实体 j 通信活动效能分布	特征函数	传递函数 W_{jk}
(US, GEO$_1$)	0.3	US	$N(0.88, 0.05)$	$\exp(0.88\mathrm{i}t - 0.025t^2)$	$0.3\exp(0.88\mathrm{i}t - 0.025t^2)$
(US, GEO$_2$)	0.4	US	$N(0.83, 0.06)$	$\exp(0.83\mathrm{i}t - 0.03t^2)$	$0.4\exp(0.83\mathrm{i}t - 0.03t^2)$
(US, GEO$_3$)	0.3	US	$N(0.79, 0.01)$	$\exp(0.79\mathrm{i}t - 0.005t^2)$	$0.3\exp(0.79\mathrm{i}t - 0.005t^2)$
(GEO$_1$, GEO$_2$)	0.2	GEO$_1$	$N(0.63, 0.07)$	$\exp(0.63\mathrm{i}t - 0.035t^2)$	$0.2\exp(0.63\mathrm{i}t - 0.035t^2)$
(GEO$_2$, GEO$_1$)	0.3	GEO$_2$	$N(0.78, 0.04)$	$\exp(0.78\mathrm{i}t - 0.02t^2)$	$0.3\exp(0.78\mathrm{i}t - 0.02t^2)$
(GEO$_2$, GEO$_3$)	0.4	GEO$_2$	$N(0.79, 0.08)$	$\exp(0.79\mathrm{i}t - 0.04t^2)$	$0.4\exp(0.79\mathrm{i}t - 0.04t^2)$
(GEO$_3$, GEO$_2$)	0.2	GEO$_3$	$N(0.82, 0.02)$	$\exp(0.82\mathrm{i}t - 0.01t^2)$	$0.2\exp(0.82\mathrm{i}t - 0.01t^2)$
(GEO$_1$, GEO$_3$)	0.3	GEO$_1$	$N(0.8, 0.04)$	$\exp(0.8\mathrm{i}t - 0.02t^2)$	$0.3\exp(0.8\mathrm{i}t - 0.02t^2)$
(GEO$_3$, GEO$_1$)	0.4	GEO$_3$	$N(0.76, 0.05)$	$\exp(0.76\mathrm{i}t - 0.025t^2)$	$0.4\exp(0.76\mathrm{i}t - 0.025t^2)$
(GEO$_1$, UR)	0.5	GEO$_1$	$N(0.59, 0.03)$	$\exp(0.59\mathrm{i}t - 0.015t^2)$	$0.5\exp(0.59\mathrm{i}t - 0.015t^2)$
(GEO$_2$, UR)	0.3	GEO$_2$	$N(0.75, 0.07)$	$\exp(0.75\mathrm{i}t - 0.035t^2)$	$0.3\exp(0.75\mathrm{i}t - 0.035t^2)$
(GEO$_3$, UR)	0.4	GEO$_3$	$N(0.7, 0.02)$	$\exp(0.7\mathrm{i}t - 0.01t^2)$	$0.4\exp(0.7\mathrm{i}t - 0.01t^2)$

2. 某 GEO 卫星通信星座 PS-GERT 效能评估

1）等价传递函数

根据定理 6.1，某 GEO 卫星通信星座中各通信链路的等价传递函数，如表 6.2 所示。

表 6.2 某 GEO 卫星通信链路及其等价传递函数

编号	通信链路	等价传递函数 W_l
1	US-GEO$_1$-UR	$0.15\exp^{1.47\mathrm{i}t - 0.04t^2}$
2	US-GEO$_2$-UR	$0.12\exp^{1.58\mathrm{i}t - 0.065t^2}$
3	US-GEO$_3$-UR	$0.12\exp^{1.49\mathrm{i}t - 0.015t^2}$
4	US-GEO$_1$-GEO$_2$-UR	$0.018\exp^{2.26\mathrm{i}t - 0.095t^2}$
5	US-GEO$_2$-GEO$_1$-UR	$0.06\exp^{2.2\mathrm{i}t - 0.065t^2}$
6	US-GEO$_1$-GEO$_3$-UR	$0.036\exp^{2.38\mathrm{i}t - 0.055t^2}$
7	US-GEO$_3$-GEO$_1$-UR	$0.06\exp^{2.14\mathrm{i}t - 0.045t^2}$
8	US-GEO$_2$-GEO$_3$-UR	$0.064\exp^{2.32\mathrm{i}t - 0.08t^2}$
9	US-GEO$_3$-GEO$_2$-UR	$0.018\exp^{2.36\mathrm{i}t - 0.05t^2}$

同理，某 GEO 卫星通信星座的等价传递函数为

$$W = (W_{\mathrm{US-GEO_1}} + W_{\mathrm{US-GEO_2}}W_{\mathrm{GEO_2-GEO_1}} + W_{\mathrm{US-GEO_3}}W_{\mathrm{GEO_3-GEO_1}})W_{\mathrm{GEO_1-UR}}$$

$$+(W_{\mathrm{US-GEO_2}}+W_{\mathrm{US-GEO_1}}W_{\mathrm{GEO_1-GEO_2}}+W_{\mathrm{US-GEO_3}}W_{\mathrm{GEO_3-GEO_2}})W_{\mathrm{GEO_2-UR}}$$

$$+(W_{\mathrm{US-GEO_3}}+W_{\mathrm{US-GEO_2}}W_{\mathrm{GEO_2-GEO_3}}+W_{\mathrm{US-GEO_1}}W_{\mathrm{GEO_1-GEO_3}})W_{\mathrm{GEO_3-UR}}$$

$$= 0.15\exp^{1.47it-0.04t^2}+0.06\exp^{2.2it-0.065t^2}+0.06\exp^{2.14it-0.045t^2}$$

$$+0.12\exp^{1.58it-0.065t^2}+0.018\exp^{2.26it-0.095t^2}+0.018\exp^{2.36it-0.05t^2}$$

$$+0.12\exp^{1.49it-0.015t^2}+0.064\exp^{2.32it-0.08t^2}+0.036\exp^{2.38it-0.055t^2}$$

2）各链路效能

根据定理 6.3，结合求得的链路传递函数，可得各通信链路的平均效能，如表 6.3 所示。

表 6.3   某 GEO 卫星通信链路及其链路效能

编号	通信链路	链路效能 E_l
1	US-GEO$_1$-UR	1.47
2	US-GEO$_2$-UR	1.58
3	US-GEO$_3$-UR	1.49
4	US-GEO$_1$-GEO$_2$-UR	2.26
5	US-GEO$_2$-GEO$_1$-UR	2.2
6	US-GEO$_1$-GEO$_3$-UR	2.38
7	US-GEO$_3$-GEO$_1$-UR	2.14
8	US-GEO$_2$-GEO$_3$-UR	2.32
9	US-GEO$_3$-GEO$_2$-UR	2.36

3）各链路重要度的求解

根据某 GEO 星座 PS-GERT 网络等价传递函数的求解，结合定义 6.5 可求得各通信链路的重要度如表 6.4 所示。

表 6.4   某 GEO 卫星通信链路的重要度

编号	通信链路	imp $(l)/\%$
1	US-GEO$_1$-UR	4.7
2	US-GEO$_2$-UR	3.64
3	US-GEO$_3$-UR	6
4	US-GEO$_1$-GEO$_2$-UR	25.16
5	US-GEO$_2$-GEO$_1$-UR	6.14
6	US-GEO$_1$-GEO$_3$-UR	14.36
7	US-GEO$_3$-GEO$_1$-UR	4.8
8	US-GEO$_2$-GEO$_3$-UR	7.65
9	US-GEO$_3$-GEO$_2$-UR	27.55

4）星座效能

该 GEO 卫星通信星座各通信链路重要度如图 6.7 所示，按照各链路重要度与链路效能的乘积进行和联，即

$$E = \sum_{l=1}^{n} E_l \text{imp}(l) = 1.47 \times 4.7\% + 1.58 \times 3.64\% + 1.49 \times 6\% + 2.26 \times 25.16\%$$

$$+ 2.2 \times 6.14\% + 2.38 \times 14.36\% + 2.14 \times 4.8\% + 2.32 \times 7.65\% + 2.36$$

$$\times 27.55\% = 2.192$$

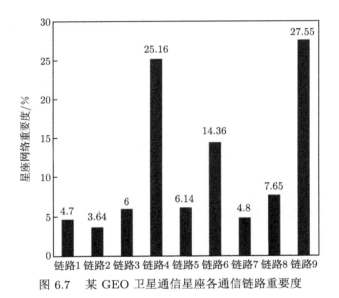

图 6.7 某 GEO 卫星通信星座各通信链路重要度

3. 某 GEO 卫星通信星座 PS-GERT 效能评估结果讨论

1）链路效能与星座效能之间的关系

根据星座效能的求解公式，可以通过分析各链路效能的敏感度，比较各链路对星座效能的影响程度，即比较 $\mathrm{d}E/\mathrm{d}E_l (l = 1, 2, \cdots, 9)$，反映在 $E(E_l)$ 图像上即为曲线的斜率。各链路效能 E_l 与星座效能 E 的关系如图 6.8 所示。由图 6.8 可知，链路 9 效能的变化对星座效能的影响最为明显，其次为链路 4，其中链路 2 与链路 1 效能的变化对星座效能的影响有限，即链路 9 对星座效能的重要度最高，链路 4 次之，链路 2 与链路 1 的效能变化对星座效能的影响较小，这与各链路重要度的量化求解结果一致，该敏感性分析结果进一步从侧面验证了重要度求解结果的正确性。

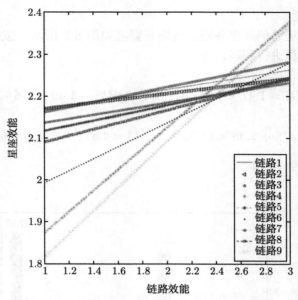

图 6.8　各通信链路效能与星座效能之间的关系

2）各通信活动效能与星座效能之间的关系

由图 6.9 可知，通信活动（GEO₂，UR）、（US，GEO₁）、（US，GEO₃）对星座效能的影响之和在所有通信活动中最为明显，因而由其构成的通信链路 9 与通信链路 4 的重要度也高。从通信网络的链路构成角度进行分析，对星座效能影响

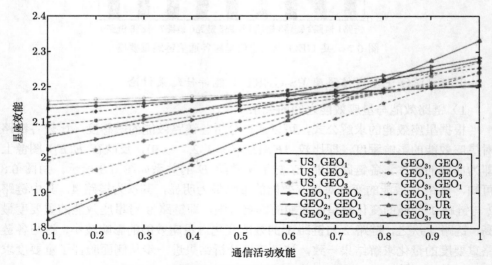

图 6.9　各通信活动效能与星座效能之间的关系

较小的通信活动（GEO$_2$，GEO$_3$），（GEO$_2$，GEO$_1$），（GEO$_3$，GEO$_1$）在实际通信过程中均有可替换链路，因而对星座效能的影响较小。由此可知，该 GEO 卫星通信星座效能评估模型的评估结果与实际情况相符，进一步验证了模型的正确性与有效性。

3）推导概率密度函数与累积分布函数

该 GEO 卫星通信星座的等价传递概率为

$$p = W|_{t=0} = 0.646$$

PS-GERT 星座网络的等价特征函数为

$$\phi = \frac{W}{W|_{t=0}} = \frac{W}{0.646}$$

在已知 PS-GERT 星座效能分布的特征函数 ϕ 基础上，星座效能的概率密度函数为

$$f(x) = \sum_{k=0}^{N-1} F_k \cos\left(k\pi\frac{x-0}{4-0}\right)$$

其中，$a = 0, b = 4, N = 1000$，累积分布函数是

$$F(x) = \int_0^4 f(x)\mathrm{d}x = \int_0^4 \sum_{k=0}^{999} F_k \cos\left(k\pi\frac{x-0}{4-0}\right)\mathrm{d}x$$

利用 MATLAB 生成的概率密度函数及累积分布函数分别如图 6.10 和图 6.11 所示。

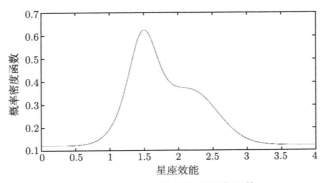

图 6.10　星座效能的概率密度函数

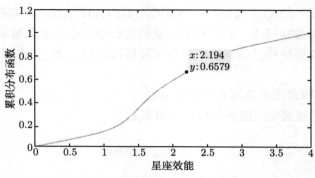

图 6.11　　星座效能的累积分布函数

从图 6.11 可以看出，星座网络的效能以 65.79％ 的概率落在 2.194 以内，以 80％ 的概率落在 2.64 以内，以 90％ 的概率落在 3.21 以内，以 100％ 的概率落在 4 以内。但从图 6.10 可以看出，当卫星通信星座的效能在（3.25，4）附近变动时，其变化速率趋近于 0，也就是说此时效能的提升与提升该星座效能需要投入的成本不成比例。因而，如果需要提升该卫星网络的效能，在一定的成本范围内将效能目标设定为 3.25 较为合理。因此，图 6.10 和图 6.11 对于制定效能提升目标具有重要意义。

4）效能求解方法对比

本节构建了 GEO 卫星通信星座 PS-GERT 效能评估模型，对某 GEO 卫星通信星座的效能进行了度量。为进一步验证模型的有效性，将本节的方法与常用的效能评估模型进行对比。在模型对比中，以 PS-GERT 模型中各效能值与重要度等数值为计算基础，分别按照文献 [4] 与文献 [5] 的方法求解网络效能值，并与 PS-GERT 计算的网络效能值进行比较，如表 6.5 所示。由表 6.5 可知，PS-GERT 效能评估模型与传统的效能求解模型求得的结果十分接近，进一步说明了本节所构建评估模型的有效性。与此同时，虽然以上三种方法求得的效能值差别不大，但与其他效能求解模型相比，本节的求解方法不受主观因素的影响，保证了结果的客观性。而且，本节的模型可通过傅里叶逆变换推导出星座效能的概率密度函数和累积分布函数，为深入研究星座特征、提升星座效能提供了理论基础。此外，PS-GERT 解析法可进一步通过对星座历史运行数据的总结调整效能参数，提高效能评估结果的准确度。

表 6.5　　效能求解结果对比

方法	效能计算	效能值	概率密度函数	各部分效能	权重求解
PS-GERT 解析法	客观	2.192	有，且有函数表达式	有（各链路）	客观
改进信息熵	客观 ＋ 主观	2.141	无	有（各节点）	主观
熵值法 ＋ 云重心理论	客观 ＋ 主观	2.115	无	无	客观

5）方法讨论

对已有研究结果的分析表明，卫星通信星座的效能评估尚处于起步阶段。本节从评估星座网络的效能出发，构建以特征函数为传递参数的 PS-GERT 效能评估模型，分析了星座网络及各通信链路的等价传递函数。基于此提出了各链路效能及重要度等微分求解表达式。进而，根据各通信链路效能及其重要度的和联，能够有效准确地求解星座网络的效能，为星座网络的结构优化奠定了良好的理论基础。

与已有的效能评估方法相比，PS-GERT 星座网络的效能评估模型的主要优势体现在以下几个方面。

本节构建了以特征函数为传递参数的 PS-GERT 效能评估模型，该模型不仅可以求解星座网络的等价传递概率、星座网络的效能等，更重要的是可以利用傅里叶逆变换求解星座效能的概率密度函数和累积分布函数。

已有对于链路重要度的求解从链路能力视角出发，研究网络有无该链路对通信能力的影响，评估结果较为片面。本节对于链路重要度的求解从星座网络效能出发，评估链路对星座效能的影响，使得求解结果更为准确。

通过对星座网络效能的求解，不仅可以分析各通信链路对效能的影响，分析效能的增长趋势，而且可以进一步找出对星座网络效能影响较大的通信活动，为星座的设计提供指导。

将通信实体之间的相互作用关系和通信链路之间的协同作用关系都考虑在内，为弥补以往基于指标体系的卫星星座效能评估方法中忽略通信实体之间的关系而过分关注层次结构的缺陷提供了一个新思路。

该模型在确保效能评估结果准确度的前提下，提升了效能计算结果的客观性。有效规避了主观因素对效能评估结果准确度的影响，为星座网络的效能评估问题提供了新的求解思路。

6.1.3 结论

针对卫星通信星座的效能评估，本节构建了 GEO 卫星通信星座 PS-GERT 效能评估模型。首先，借助 GERT 技术，以特征函数与传递概率为基础，构建了 PS-GERT 星座结构图。其次，利用特征函数的性质，求得 PS-GERT 星座网络的等价传递函数。然后，基于通信链路与星座网络的等价传递函数，求解了各通信链路效能及其重要度参数，进而求得了星座的效能。最后，案例分析了某 GEO 卫星通信星座的效能，通过对评估结果的讨论及与其他效能评估方法的对比，进一步验证了本节所构建模型的准确性与有效性。

本节利用 PS-GERT 网络描述 GEO 卫星通信星座，借助特征函数构建传递函数，提出通信链路效能及其重要度的微分表达式。从星座构型的实际出发，构建了 GEO 卫星通信星座的效能评估模型，借助计算机建模工具实现网络效能的求解，是下一步亟待解决的问题。

6.2　不确定信息下武器装备体系能-效评估结构框架设计

6.2.1　相关概念

基于能-效双重角度进行体系评估，一方面，需要把握体系能力、体系效能两个概念，在对其内涵进行区分的基础上，寻求能够表达有效信息的相关数据以及相适应的评估手段；另一方面，在梳理两者之间基本关系的前提下，探究双角度评估的融合方式，实现数据的高度利用，并通过合理解释体现能-效综合评估的实际意义，本节首先对涉及的三个基本概念进行进一步的解释与分析。

1. 体系作战能力

体系作战能力是指体系完成其使命任务的"本领"或潜力，可以用系统属性和相关的性能指标进行具体描述，是一个静态的概念。通过体系作战能力评估可以了解体系对各类威胁和任务的作战需求满足情况，从整体上把握体系建设的水平，也可为作战方案的制定提供关于装备使用的基础性指导，一般通过装备系统的性能参数、质量参数等历史数据进行评判。

2. 体系作战效能

体系效能描述的是一个整体，其实质含义是指装备体系实现特定任务目标的有效程度，即在给定威胁、条件、时间和作战方案的条件下装备体系完成作战任务效果的度量，是一个整体性、动态性和对抗性的概念，因此一般通过演习试验数据，即已编体系对特定任务的实战效果进行评判。对体系能力、体系效能的进一步分析如表 6.6 所示。

表 6.6　体系能力与体系效能对比分析

概念	内涵	评估意义	主要评估方法
体系作战能力	体系完成使命任务（而非特定作战任务）的"本领"或潜力；是体系的整体特性和固有属性。由装备性能、数量、结构等因素所决定，是一个静态的概念	了解体系对各类威胁和任务需求的满足情况，从整体上把握体系建设的水平；为作战方案制定提供体系能力方面的指导	模糊评价、多属性决策、灰色评估模型
体系作战效能	体系实现特定作战任务目标的程度，给定威胁、条件和作战方案下的任务完成结果。由装备性能、作战环境及作战过程等因素所决定，是一个动态的概念	预计或检验体系在特定条件下实现作战任务目标的效果；检验、优选作战方案	多属性决策、仿真法、复杂网络

3. 装备体系贡献度

武器装备系统对作战体系的贡献度（以下简称体系贡献度）是在作战体系完成使命任务的前提下，某型装备系统变更对现有作战体系能力生成机制的影响程度，具体表征为装备系统对体系作战能力或效能的贡献程度。根据以上定义，体系贡献度评估需要在一定的作战体系编成方式的约束下，考虑某型装备系统对作战体系的能力和效能的影响。从目前的研究现状来看，主要有两类评估指标：一是基于体系能力指标来度量贡献度，二是基于体系效能指标来度量贡献度。体系能力指标能够从宏观总体的角度（通过计算在所有任务清单中的贡献度）来度量贡献度，而体系效能指标能够明确地度量装备对某个具体作战体系的使命任务的贡献度，数据来源能够通过仿真、试验等方法得到。

6.2.2 武器装备体系评估不确定性分析

复杂装备体系评估工作贯穿武器装备体系全寿命周期，而体系的非线性、动态性等特征及多源不确定型数据为评估工作带来了多重不确定性。本节的研究目标之一是识别、分析体系评估中的多种不确定性因素，采用合理的方法对多源异构类型的不确定信息进行表征、挖掘，以提高评估结果的准确性、可靠性，其主要研究思路见图 6.12。主要面临的不确定因素及处理方法如下所述。

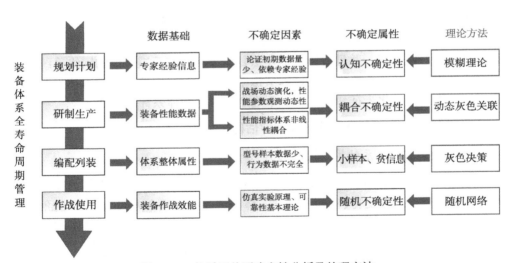

图 6.12 体系评估不确定性分析及处理方法

（1）认知不确定性。在体系规划论证初期着重于体系结构的定性分析，涉及大量抽象概念，而此时的定量化数据来源于体系顶层设计专家，凭借自身经验，以问卷、打分等形式，对需要量化的对象进行评判，而专家经验带来的主观性、模糊性为评估带来了挑战。模糊理论作为研究认知不确定性的经典方法，对主观信息有着较强的表达能力，本节拟采用模糊理论对主观性因素进行处理。

（2）耦合不确定性。能力评估指标体系主要由装备的代表性性能指标构成，一方面，指标体系内部关系复杂而数量庞大，且存在高度非线性耦合；另一方面，战场态势的持续演化使得部分指标具有动态性，相关参数的观测同样具有时效性，因而指标之间存在数值和变动两方面的耦合关系，且无法通过回归、拟合等方法直接获取。灰色关联理论是灰色系统理论的主要内容之一，在小样本及样本规律未知的情况下有较好的应用效果，本节拟采用灰色关联分析探究体系评估指标体系的关联性，并结合问题的特殊性对灰关联理论进行进一步的拓展。

（3）小样本、贫信息。由于研制试验成本高，体系设计所面向的型号种类有限、历史试验信息少，因此体系评估是典型的小样本评估问题。灰色系统理论的研究对象是"部分信息已知、部分信息未知"的小样本、贫信息不确定性系统，本节拟采用灰色决策模型，将不确定性体系的评估问题转化为决策问题，利用有限的样本生成体系方案，最大限度地开发、挖掘体系能力的重要信息，实现对体系评估值的描述和认识。

（4）随机不确定性。体系效能的评估建立在体系的组分效能，即单个系统的效能的测度之上。而经典的系统效能评估方法是使用 ADC 模型与仿真相结合的方法，ADC 是关于装备失效率与修复率的函数，仿真的基本思想是基于大样本的试验模拟，因此单装系统的效能在某种意义上是随机不确定的变量，而体系效能是单装系统在协作过程中"涌现"形成的随机性变量。鉴于随机网络技术能够充分反映多种随机因素，并且适用于描述重复运行和具有反馈环节的网络系统，考虑作战过程中的随机不确定因素，本节拟采用随机网络中的图示评审技术对装备体系结构进行网络化表征，探究随机不确定信息下的体系评估算法。

6.2.3　基于需求分析的体系作战能力评估框架

1. 基于需求的体系结构建模思想

从需求到结构的分析关键在于从战略顶层目标出发，探究体系能力的生成机制及作战目标实现的支持链路。一方面，体系内装备的耦合方式从"质"的角度决定了装备体系作战能力的形成机理；另一方面，体系的固有能力与装备的战技性能息息相关，单个装备的性能好坏从"量"的角度决定了体系能力的发挥效果。

质量功能部署（QFD）是以客户需求为导向的有效需求分析框架，根据 QFD 的基本思想，通过一系列的质量需求展开，将战略需求分解为体系使命能力、作战任务清单、体系作战能力、装备性能指标 4 个层次，为体系需求分解过程建立如图 6.13 所示的分析模型。使用 QFD 方法能通过关系矩阵充分反映"顾客"需求以及元素之间的相互关系，通过多层 HOQ 描述体系逻辑结构中的递阶关系，按照任务层、能力层和实现层依次进行体系需求分解，通过层层分解直到可表征体系方案的性能参数，结合定量化计算方法，精确定位并衡量体系需求。

体系能力具有层次性、复杂性、涌现性等特征，一方面，各组分系统之间通过互操作出现自底向上的涌现行为，使得体系在执行任务的过程中获得新的能力或功能；为适应复杂的作战环境，体系不同层级能力、组分与任务之间是一种复杂的"多对多"支持关系，使得体系呈现出网络层次结构，如图 6.14 所示。网络层次分析法（ANP）作为层次分析法（AHP）的延伸，改进了简单的递阶层次结构，考虑了体系内部元素的互操作与网络化层级间的反馈影响，能够将体系内各

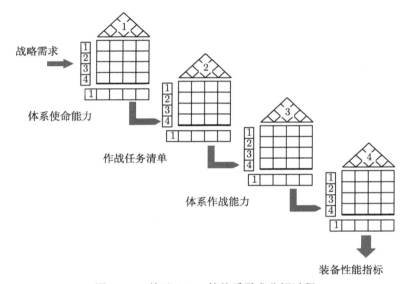

图 6.13 基于 QFD 的体系需求分解过程

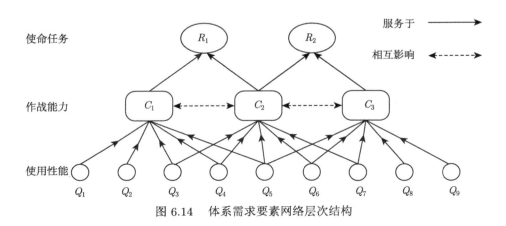

图 6.14 体系需求要素网络层次结构

元素的关系网络化及定量化表征，结合专家经验、数理运算和逻辑分析，以解决非独立的递阶层次结构决策问题。

2. 不确定信息下体系能力指标降维

鉴于装备体系能力评估指标数量庞大，且存在高度耦合性，如何从仅有样本数据中最大限度地提取指标信息，降低计算耦合，是体系能力评估的另一个关键问题。考虑指标体系非线性、动态性两类不确定性，本节对高维指标体系进行降维的基本思路如下所述。框架设计如图 6.15 所示。

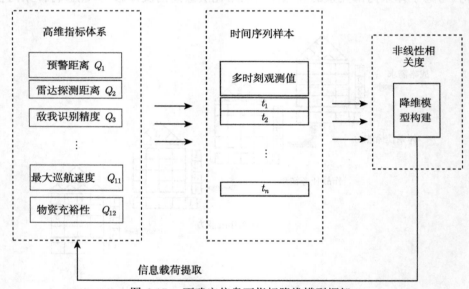

图 6.15　不确定信息下指标降维模型框架

首先对装备性能在长期作战环境下的多时刻状态进行量化表征，形成时间序列样本，以探究指标之间在数值、趋势方面的相关性。其次，寻找合适的指标来度量多元时间序列的非线性动态耦合度，并以此为准则，对指标体系进行降维处理。最后，将指标体系的降维结果以客观权重的形式体现于相应的指标，为体系能力评估提供有效的数据信息。

3. 基于加权投影灰靶模型的体系需求满足度评估

面向需求的体系能力评估，主要思想在于通过作战需求的定性分解与定量表示，将顶层的战略目标映射至具体的作战实体技术性能上。各类实体的不同型号、数量的组合构成了不同的体系编配方案，在现有体系编配方案中，通过比对评估的形式，衡量各方案对作战需求的满足程度，以实现装备体系编配方案的作战能力评估与优选。

对于面向需求的体系能力评估，关键在于多属性判别方法的选取。灰靶理论作为一种研究小样本、贫信息的不确定性问题的方法，在体系评估问题中已有诸多应用。考虑实际评估过程中相关数据样本量少，且对作战体系底层指标的观测具有不确定性，指标体系存在非线性以及评估过程的复杂性，本节结合灰靶、TOPSIS和投影思想，使用多目标加权投影灰靶决策模型，对体系编配方案进行评估与优选。框架设计如图 6.16 所示。

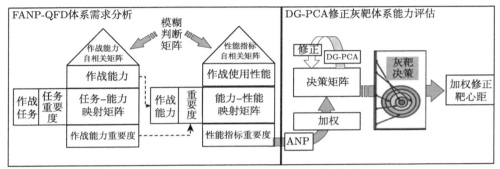

图 6.16　面向需求的体系能力评估建模框架

6.2.4　基于 GERT 网络的体系作战效能评估框架

1. 体系作战网络基本概念

为衡量装备体系作战效能和装备在体系中的贡献度，首先要根据作战流程分析各个装备系统在装备体系中的作战任务和装备间的协作关系；其次，需要在掌握单个装备作战效能的基础上，考虑装备体系的协作能力，将单装、单系统的作战效能评估上升至体系效能评估层面；最后，结合合适的评估方法评估特定编配下装备体系的作战效能以及装备的体系贡献度。体系作战网络重在刻画装备间的协同与联合关系，为充分体现装备体系在作战过程中的工作机制，引入 OODA 环分析装备在体系作战中的功能与贡献。

OODA 环理论是在 20 世纪 50 年代由美国空军上校 Boyd 针对空战对抗理论提出的，该理论将军事战争描述为观察—判断—决策—行动过程的循环往复。作战的根本目的在于，对己方的作战力量进行有针对性的部署，使作战优势得到充分发挥，最大限度地打击敌方作战力量。双方通过各类侦察设备，感知作战态势和对方信息，根据感知结果和作战效果的反馈，适应性地调整兵力部署，以更高效地执行作战任务。OODA 环作为一种描述交战冲突过程的理论，能够高效地执行 OODA 循环是交战中对抗体系的制胜关键。

信息化战争背景下的作战模型可呈现为网络数学结构，一个作战体系可以抽象为一个网络，武器装备则为网络模型中的节点，所有节点通过作战流和信息流联系在一起,形成作战体系网络。作战节点是体系作战网络中的基本构成元素,可根据功能的不同分为侦察节点、决策节点、打击节点和敌方目标节点,其详细定义如下,如图 6.17 所示。

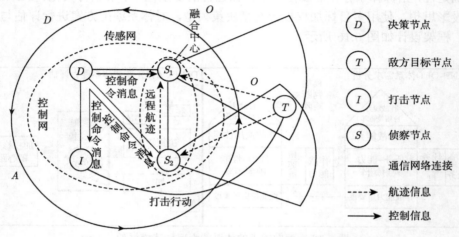

图 6.17　基于 OODA 环和作战节点的作战体系结构建模

(1) 侦察节点 (S):主要包括侦察和传感类设备,如预警机、雷达、侦察机等,此类节点感知战场信息,同时实现信息的传送,主要承担 OODA 的 Observe 阶段。

(2) 决策节点 (D):接收并分析处理侦察节点传递的信息,该类节点根据作战意图和当前态势实现快速响应与决策,其他节点的部署,主要承担 OODA 的 Orient 和 Decide 阶段。

(3) 打击节点 (I):该类节点在接收决策节点的指控信息的基础上,对具有威胁的目标实施火力打击或进行有效防御,最终完成作战任务,主要承担 OODA 的 Act 阶段。

(4) 敌方目标节点 (T):战场空间内敌方所有具有军事价值的各类实体。

2. 体系作战效能评估 UC-GERT 网络模型框架设计

鉴于体系效能评估是建立在作战过程的基础上的,其关键在于明确体系作战任务和节点部署、各作战节点间的协作关系,依据体系作战过程及整个作战流程的描述,构建联合作战体系结构。首先,将作战体系分解为按逻辑关系连接的工作单元,刻画体系中装备间的协同作战关系,根据串联、并联等工作原理,将作战活动流程转化为 GERT 网络模型,以展现体系内装备之间的效能传递关系。其次,基于效能的基本定义与内涵,定义装备系统效能为单项装备任务完成度和完成时间共同确定的参数，鉴于作战环境的动态复杂性以及装备可靠性原理，使用区间灰数表征不确定信息下的装备任务有效度，并定义装备任务时间为服从某一分布的随机变量，构建以作战节点为单元、节点任务时间为传递参数的联合作战体系效能评估 GERT 网络模型，利用矩母函数与梅森公式进行网络等价传递函数算法设计，基于此，推导体系作战效能及其稳定水平等评价指标的算法公式。最后，结合 GERT 网络重要度分析，从效能视角进行装备体系贡献度评估。

6.2.5 能-效双视角下的体系贡献度评估框架

装备对于体系能力的贡献度是为了衡量装备的固有性能对于提升装备体系整体能力的作用，其服务于体系设计、组建阶段的全局性战略目标。这里的贡献度主要体现在各种可能面临的作战场景与使命任务中，因此，装备本身固有性能的普适应、适应性是贡献度评估的重要考虑因素。装备对于体系作战效能的贡献度是为了度量武器装备在作战中发挥的作用，重点在于度量武器装备在作战体系中完成特定作战任务、实现使命目标中所作的贡献。这里的贡献作用主要体现在体系对抗的场景下和遂行使命任务的过程中，因此作战使命任务的完成效果直接关系到贡献评估问题。技术上再先进的武器装备，如果不能支撑体系完成规定的使命任务，其贡献度就会很低，甚至还可能是负值。

本节将能力-效能两类指标体系结合起来，根据装备在不同视角下的贡献机理，提出能-效综合体系贡献度评估，基本思路见图 6.18。首先，根据各类装备的性能参数、装备属性等历史数据，构建作战能力评估模型，利用灰靶贡献系数基

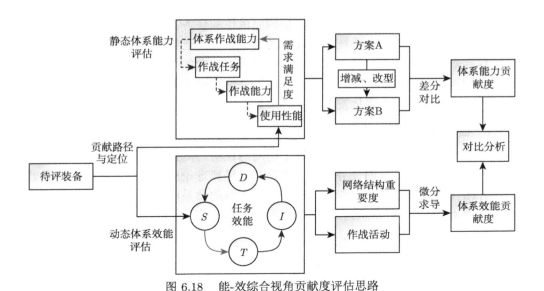

图 6.18　能-效综合视角贡献度评估思路

本原理，计算能力视角下的装备体系贡献度，既包括装备本身对于体系整体作战能力的贡献程度，也包括具体的支撑技术对于体系能力的贡献度；其次，针对具体的作战任务，通过作战结构设计以及实际作战效果的数据采集，构建作战效能评估模型，利用网络重要度的基本原理，计算效能视角下装备体系贡献度，即装备在实际作战任务中对于体系的贡献程度；最后，将两者进行对比分析，实现全局与局部有机结合。

6.2.6　结论

本节阐述了装备体系作战能力、作战效能、体系贡献度等相关概念，并对体系能力、作战效能两种定义进行了辨析，基于装备体系作战能力和装备体系作战效能两个视角提出了装备体系评估框架。针对能力评估问题，提出以使命任务需求为牵引的能力评估思想，构建以 QFD 为配置平台、ANP 为量化集成、灰靶为评估方法的体系能力评估框架，并结合能力评估指标体系小样本、高维数、强耦合的特性，提出使用非线性动态降维算法提取有限信息、提高评估可信度的研究思路；针对效能评估问题，结合实际作战活动中的 OODA 活动概念，提出使用 GERT 模型对作战实体进行网络化表征的基本思想，设计了随机不确定背景下体系效能评估 UC-GERT 网络模型，总结了本节的基本研究思路与框架。

6.3　装备联合作战系统效能 ADC-GERT 网络参数估计模型

装备联合作战系统是联合作战体系的重要组成部分，由不同装备按其功能特性以一定的方式和关系组合而成，用于执行某类特定作战任务。系统中的各类装备相互依存、相互作用、互为条件，协同完成作战任务。因此，装备联合作战系统的作战效能不仅取决于系统中单装装备性能指标，还需要考虑装备组成产生的系统耦合效应。系统作战效能指武器装备系统在一定的作战环境下，执行特定作战任务后该任务的完成程度。系统作战效能评估是重大型号装备设计研制的重要依据，是武器装备体系优化发展的基础，为国防军事领域决策提供支撑。

6.3.1　任务效能与联合作战体系结构

对联合作战系统的任务效能进行了明确的说明，并对系统结构进行了分析，有助于评估联合作战系统的任务效能。本节基于经典理论观点定义了系统的任务效能，并结合装备子系统的功能和活动构建了系统的体系结构，并通过逻辑规则将其转化为 GRET 网络，从而对任务效能进行评估。

1. 联合作战体系任务效能的概念和内涵

ADC 模型是美国工业界武器系统效能咨询委员会提出的一种传统的系统效能评估模型。根据 ADC 模型，设备任务效能的本质是该设备在特定作战场景下执行规定任务的能力，是系统可用性（A）、可靠性（D）和固有能力（C）的综合反映，其表达方式如下：

$$E = A \cdot D \cdot C$$

根据装备任务效能的本质，给出了联合作战系统任务效能的特征。

（1）完整性。联合作战系统的任务效能是系统整体能力的体现。该能力综合了各装备子系统的任务效能，任何装备的任务效能都不能表征该综合能力。此外，联合作战系统的任务有效性依赖于该系统中的各个装备子系统，其中任何一个装备的失效都会导致该系统的失效。

（2）可传递性。联合作战系统根据事件跟踪描述由若干装备子系统按一定的结构组成，上游子系统的任务效能是下游子系统任务效能的重要激励和决定因素。换句话说，没有上游子系统的成功执行，下游子系统就不能执行它的任务。联合作战系统的任务效能是一个动态的物理概念，它反映了联合作战系统在整个过程中产生的所有效能，也体现了状态的转换。

2. 联合作战体系结构

根据联合作战系统任务效能的特点，各装备子系统之间的关系将影响联合作战系统的最终效能。因此，衡量有效性的第一步是分析设备子系统之间的结构。图6.19 所示为由早期预警卫星、早期预警雷达、指挥控制中心、多功能雷达、发射站和拦截导弹组成的联合作战系统。

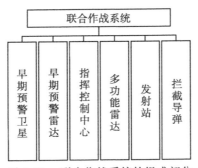

图 6.19　联合作战系统的组成部分

图 6.20 所示为联合作战系统的事件跟踪描述模型，给出了反导作战过程中作战节点之间信息交换的时间和事件顺序。在图 6.20 中，最上面的对象是操作节点。每个节点都有与之相关联的生命线。生命线上的长条表示事件的持续时间，事件之间的单向箭头表示消息。具体来说，在这种情况下，预警飞机或预警雷达发现目标并将目标信息传输给多功能雷达。在对目标进行多重雷达捕获、跟踪和定位

后，指挥控制中心进行目标判断和威胁评估，然后决定反击或继续跟踪。如果反击，发射台将发射一枚拦截导弹来拦截目标。

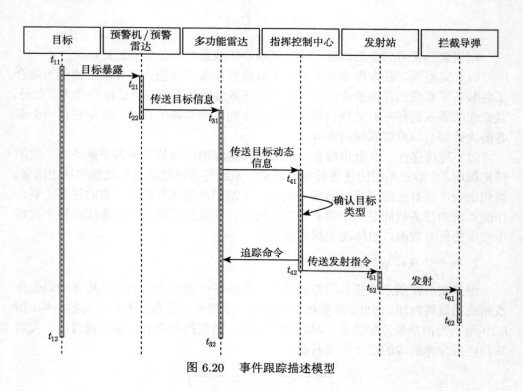

图 6.20　事件跟踪描述模型

从图 6.20 中可以看出，该联合作业系统有如下两种结构。

1）串联结构

图 6.21 所示的串联结构是最简单的结构之一，设备子系统端到端相连，任何子系统故障都会导致系统故障。

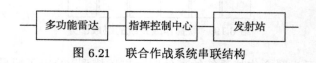

图 6.21　联合作战系统串联结构

2）并联结构

图 6.22 所示的并联结构是一种具有一个备用设备子系统的结构，该子系统具有类似的功能。只要其中一个子系统在运行，系统就可以正常工作。

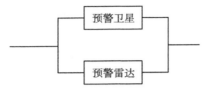

图 6.22 联合作战系统并联结构

3. 基于系统结构的 GERT 网络模型的构建

GERT 网络模型的组成部分有定向分支（如弧、边或传输）和节点。通常，节点表示事件或对象，定向分支表示活动或传递关系。从系统结构到 GERT 网络模型的转换有以下 4 个步骤。

步骤 1：确定 GERT 网络模型中节点的数量和对象。根据目标子系统和设备子系统，生成相应的 GERT 网络节点。

步骤 2：分析一个节点活动之间的逻辑关系，修改 GERT 网络模型中节点的数量。对于信号流图的计算逻辑，逻辑"和"中一个节点的输出活动必须进行切换。根据活动的顺序，"和"中的活动有两种类型的关系。第一种类型是当节点实现时，它输出的所有活动都必须逐个发生，这种类型需要在目标节点之后添加新节点，新节点的数量等于逐个发生的活动的数量，每个新节点按顺序输出一个活动。第二种类型是当节点实现时，该节点输出的活动中只有一个是概率实现的，这种类型与计算逻辑一致，不需要调整。

步骤 3：确认不同 GERT 网络节点的节点间结构。由于节点表示对象，节点结构与对象结构相同。否则，从步骤 2 添加的节点，它们的节点间结构是由活动的顺序决定的。

步骤 4：完成 GERT 网络模型构建。根据活动的开始和结束，用有向弧连接节点。特别地，如果两个节点之间的活动概率小于 1，则应该从同一个源节点添加一个新的有向弧来表示活动的互补事件，它们的概率之和为 1。当我们关注任务成功的概率时，这个模型只表达了互补事件的弧线。

6.3.2 ADC-GERT 网络参数估计模型的构建与求解

GERT 网络模型有助于分析系统中各要素（设备子系统）及其相互关系，定量测量系统效能。在对 ADC-GERT 网络参数估计模型的有效性进行测量之前，需要根据系统的结构分析其有效性的传递关系。在此基础上，研究装备子系统效能对系统效能的影响，评估联合作战系统的任务效能。

1. 联合作战体系效能传递机制

在 ADC-GERT 网络参数估计模型中，以设备子系统为代表的对象构成了网络节点的集合。对目标的活动构成了网络的弧，各设备子系统的任务效能之间的传输构成了网络的流。结合 6.3.1 节介绍的效能的本质和特征，对联合作战体系的任务效能进行如下定义。

定义 6.6　联合作战系统的任务效能是系统成功执行作战任务的概率，是 0~1 的变量，由各装备子系统的任务效能映射而成。

ADC-GERT 模型的基本单元如图 6.23 所示，i, j 表示联合作战系统中的对象（装备系统或目标），有向弧 (i, j) 表示作战活动。$p_{E_{ij}}$ 表示修改后的作战活动概率 (i, j)，由装备系统 i 的作战任务效能 E_{ij} 和统计中作战活动概率 (i, j) 计算得出，E_{ij} 和 p_{ij} 均为 0~1 的变量。p_{ij} 表示节点 i 到节点 j 活动 (i, j) 持续时间的随机变量，$\varphi_{t_{ij}}$ 表示 t_{ij} 的特征函数。

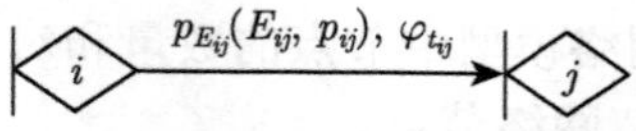

图 6.23　ADC-GERT 网络参数估计模型基本单元

装备系统 i 执行活动 (i, j) 的概率 p_{ij} 是来自历史或仿真的统计数据，这导致 p_{ij} 不能代表 ADC-GERT 网络参数估计模型中真实的传输概率，因为它是静态的、片面的。为了准确地度量转移概率，将该作战场景下装备系统 i 的任务有效性 E_{ij} 和统计活动概率 p_{ij} 考虑在内，计算转移概率 $p_{E_{ij}}$，即执行作战活动的修正概率。基于此，定义如下所述。

定义 6.7　$p_{E_{ij}}$ 是装备系统 i 执行操作活动 (i, j) 的修正概率，也是 ADC-GERT 网络参数估计模型从节点 i 到节点 j 的传递概率参数。根据 Bayes 定理，装备系统 i 的效能 E_{ij} 是其本身固有的任务完成能力，作为修改执行作业活动概率 p_{ij} 的样本信息，传递概率 $p_{E_{ij}}$ 可定义为

$$p_{E_{ij}} = E_{ij} \cdot p_{ij} \left/ \sum_{j=1}^{n} E_{ij} \cdot p_{ij} \right. \tag{6.13}$$

根据上述定义，$p_{E_{ij}}$ 也是 0~1 的变量。

为了将联合作战系统的任务效能转化为装备子系统的性能指标，引入特征函数，计算 ADC-GERT 网络参数估计模型，得到其均值、方差、随机变量 [6] 的累积分布函数和概率密度函数。

定义 6.8　传递函数 W_{ij} 是特征函数 $\varphi_{t_{ij}}(\theta)$ 与修正后的操作活动执行概率 $p_{E_{ij}}$ 的乘积：

$$W_{ij} = p_{E_{ij}} \varphi_{t_{ij}}(\theta) \tag{6.14}$$

将多参数传递网络转化为单参数传递网络，传递函数 W_{ij} 包含特征函数 $\varphi_{t_{ij}}(\theta)$ 和修正的运行活动概率 $p_{E_{ij}}$。特征函数是 ADC-GERT 网络参数估计模型中的传

递参数,因此特征函数的原点矩生成、唯一性、特征函数的线性性有利于联合作战系统任务效能的计算,同时显示了上下游装备子系统效能的可传递性和可计算性。

2. GERT 网络中节点效能的 ADC 模型

在联合作战系统效能评估 ADC-GERT 网络模型中,每个单装装备代表一个节点,因此每个节点的效能即为该节点装备的效能。ADC 方法中,$A = [a_1, a_2, \cdots, a_n]$ 为系统的可用性行向量,表示系统在开始执行任务时所处可能状态之概率的行向量;$D = (d_{ij})_{n \times n}$ 为系统的可信度矩阵,d_{ij} 表示系统执行任务瞬间处于 i 状态而在任务进程中转移到 j 状态的转移概率;C 为系统的能力,表示已知系统在执行特定任务的成功概率。

可用度行向量 A 由系统开始处于所有可能状态的概率组成,一般表达式为 $A = [a_1, a_2, \cdots, a_n]$,$n$ 种可能状态构成了样本空间。

定理 6.4 若武器装备系统在任务执行过程中只有正常工作和故障两种状态,则系统的可用度向量为

$$A_i = [a_1, a_2] = \left[\begin{array}{cc} \dfrac{\mu_i}{\lambda_i + \mu_i} & \dfrac{\lambda_i}{\lambda_i + \mu_i} \end{array} \right] \tag{6.15}$$

其中,a_1 为系统在开始执行任务时处于正常工作状态的概率(即可用度);a_2 为系统在开始执行任务时处于发生故障状态的概率(即不可用度);λ 为装备失效率;μ 为装备修复率。

证明 由于武器装备系统在任务执行过程中只有正常工作和故障两种状态,因此 A 中只有两个元素:a_1 和 a_2。

根据 a_1 和 a_2 的含义,可得到 $a_1 = \dfrac{\text{MTBF}}{\text{MTBF} + \text{MTTR}}, a_2 = \dfrac{\text{MTTR}}{\text{MTBF} + \text{MTTR}}$,其中 MTBF(mean time between failure)表示平均无故障工作时间,即可修产品相邻两次故障间的平均工作时间;MTTR(mean time to repair)表示平均修复时间,即可修产品每次故障后所需维修时间的平均值。在指数分布情况下有 $\text{MTBF} = \dfrac{1}{\lambda}, \text{MTTR} = \dfrac{1}{\mu}$。

由此可得 $a_1 = \dfrac{\text{MTBF}}{\text{MTBF} + \text{MTTR}} = \dfrac{\mu}{\lambda + \mu}$,$a_2 = \dfrac{\text{MTTR}}{\text{MTBF} + \text{MTTR}} = \dfrac{\lambda}{\lambda + \mu}$。
证毕。

$D = (d_{ij})_{n \times n}$ 为系统的可信度矩阵,d_{ij} 表示系统执行任务瞬间处于 i 状态而在任务进程中转移到 j 状态的转移概率。

定理 6.5 若武器装备系统在任务执行过程中只有正常工作和故障两种状态,

则系统的可信度矩阵为

$$D_{ij} = (d_{IJ})_{2\times2} = \begin{bmatrix} e^{-\lambda_i t_{ij}} & 1 - e^{-\lambda_i t_{ij}} \\ 1 - e^{-\mu_i t_{ij}} & e^{-\mu_i t_{ij}} \end{bmatrix} \tag{6.16}$$

其中，λ 为装备失效率；μ 为装备修复率；t 为任务持续时间。d_{11} 表示装备系统初始状态正常，任务过程中一直处于正常状态的概率；d_{12} 表示初始状态正常，在任务过程中发生故障的概率；d_{21} 表示初始状态故障，任务过程中被修复转为正常工作的概率；d_{22} 表示初始状态故障，任务过程中一直保持故障的概率。

证明　由于武器装备系统在任务执行过程中只有正常工作和故障两种状态，因此 D 为 2×2 的矩阵：$D = (d_{ij})_{2\times2}$。

根据 d_{ij} 的含义，可得 $d_{11} = e^{-\frac{t}{\mathrm{MTBF}}}$，$d_{12} = 1 - d_{11} = 1 - e^{-\frac{t}{\mathrm{MTBF}}}$，$d_{21} = 1 - e^{-\frac{t}{\mathrm{MTTR}}}$，$d_{22} = 1 - d_{21} = e^{-\frac{t}{\mathrm{MTTR}}}$。

由此可得 $d_{11} = e^{-\lambda t}$，$d_{12} = 1 - d_{11} = 1 - e^{-\lambda t}$，$d_{21} = 1 - e^{-\mu t}$，$d_{22} = 1 - d_{21} = e^{-\mu t}$。

证毕。

定义 6.9　设备子系统的能力是一个常数，取决于产品的标准和生产的水平，可用度和可信度决定了能力如何被执行，因此两种状态下的能力为

$$C_{ij} = c_{ij} \tag{6.17}$$

根据 ADC 模型及定理 6.4 和定理 6.5 中计算的可用度、可靠度，可以将装备子系统的任务效能表征为

$$\begin{aligned} E_{ij} = A_{ij} \cdot D_{ij} \cdot C_{ij} &= [a_1 \quad a_2] \begin{bmatrix} d_{11} & d_{12} \\ d_{21} & d_{22} \end{bmatrix} c_{ij} \\ &= [(a_1 d_{11} + a_2 d_{21})c_{ij} \quad (a_1 d_{12} + a_2 d_{22})c_{ij}] \\ &= \begin{bmatrix} \dfrac{\left(\mu_i e^{-\lambda_i t_{ij}} + \lambda_i (1 - e^{-\mu_i t_{ij}})\right) c_{ij}}{\lambda_i + \mu_i} \\ \dfrac{\left(\mu_i (1 - e^{-\lambda_i t_{ij}}) + \lambda_i e^{-\mu_i t_{ij}}\right) c_{ij}}{\lambda_i + \mu_i} \end{bmatrix}^{\mathrm{T}} \end{aligned} \tag{6.18}$$

式 (6.18) 中有两种任务效能，即工作状态的任务效能和失效状态的任务效能，对应于一个活动的两种结果。$\dfrac{\left(\mu_i e^{-\lambda_i t_{ij}} + \lambda_i (1 - e^{-\mu_i t_{ij}})\right) c_{ij}}{\lambda_i + \mu_i}$ 计算活动 (i, j) 的工作状态的任务效能，$\dfrac{\left(\mu_i (1 - e^{-\lambda_i t_{ij}}) + \lambda_i e^{-\mu_i t_{ij}}\right) c_{ij}}{\lambda_i + \mu_i}$ 计算活动补充事件 $\overline{(i, j)}$ 的失败状态的任务效能。

3. ADC-GERT 模型的等效传递函数解

给出 ADC-GERT 模型的等价传递函数计算方法如下。

1）串联结构

串联结构的 GERT 模型是指装备节点间传递箭线首尾相连的一种线形网络结构。该网络可以用联系首尾装备节点的一个单箭头等价网络来代替，如图 6.24 所示。其传递函数的运算满足定理 6.6。

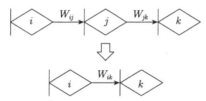

图 6.24　GERT 串联结构转化示意图

定理 6.6　ADC-GERT 串联结构的等价传递函数是各部分传递函数之积。

证明　在图 6.24 中，$W_{ij} = p_{ij}\varphi_{x_{ij}}$，$W_{jk} = p_{jk}\varphi_{x_{jk}}$，$W_{ik} = p_{ik}\varphi_{x_{ik}}$。

由特征函数的性质可知，串联结构中，$\varphi_{x_{ik}} = \varphi_{x_{ij}}\varphi_{x_{jk}}$；且在串联结构中，$p_{ik} = p_{ij}p_{jk}$；因此，$W_{ik} = p_{ik}\varphi_{x_{ik}} = p_{ij}p_{jk}\varphi_{x_{ij}}\varphi_{x_{jk}} = p_{ij}\varphi_{x_{ij}}p_{jk}\varphi_{x_{jk}} = W_{ij}W_{jk}$。
证毕。

2）并联结构

针对 GERT 网络的并联结构（见图 6.25），其等价传递函数的运算满足定理 6.7。

图 6.25　GERT 并联结构转化示意图

定理 6.7　ADC-GERT 并联结构的等价传递函数是各部分传递函数之和。

证明　在图 6.25 中，$W_{ij} = p_{ij}\varphi_{x_{ij}}$，$W_{iaj} = p_{iaj}\varphi_{x_{iaj}}$，$W_{ibj} = p_{ibj}\varphi_{x_{ibj}}$。

根据异或性节点特性，活动 a 和活动 b 有且仅有一个发生，因此可以得到 $\varphi_{x_{ij}} = \dfrac{p_{iaj}\varphi_{x_{iaj}} + p_{ibj}\varphi_{x_{ibj}}}{p_{iaj} + p_{ibj}}$；另外，在并联结构中，$p_{ij} = p_{iaj} \cup p_{ibj} = p_{iaj} + p_{ibj} + p_{iaj} \cap p_{ibj}$，由于活动 a 和活动 b 有且仅有一个发生，因此 $p_{iaj} \cap p_{ibj} = 0$，即 $p_{ij} = p_{iaj} + p_{ibj}$。

由此可知，$W_{ij} = p_{ij}\varphi_{x_{ij}} = (p_{iaj} + p_{ibj}) \cdot \dfrac{p_{iaj}\varphi_{x_{iaj}} + p_{ibj}\varphi_{x_{ibj}}}{p_{iaj} + p_{ibj}} = p_{iaj}\varphi_{x_{iaj}} + p_{ibj}\varphi_{x_{ibj}} = W_{iaj} + W_{ibj}$。

证毕。

3）自环结构

ADC-GERT 的优点是自环结构，广泛应用于火箭发射和产品开发。图 6.26 显示了一个从节点到节点的自环结构，其等效传递函数的运算满足定理 6.8。

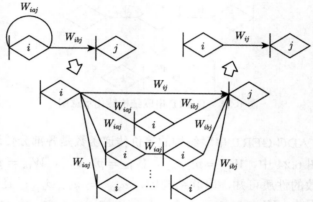

图 6.26　ADC-GERT 网络参数估计模型的自环结构变换

定理 6.8　ADC-GERT 网络参数估计模型中自环结构的等效传递函数为 W_{ij} $= \dfrac{W_{ibj}}{1 - W_{iaj}}$。

证明　自环结构中总有一个概率回到节点 i 的正弧，该自环可能执行 n 次，$n = 0, 1, 2, \cdots$，然后通过活动 b 输出，从而使自环结构变为并行结构。

根据定理 6.6，$W_{ij} = W_{ibj} + W_{iaj}W_{ibj} + W_{iaj}^2 W_{ibj} + \cdots = W_{ibj}\sum\limits_{n=0}^{\infty} W_{iaj}^n$。

根据文献 [6]，$\varphi_t(\theta) = \displaystyle\int_{-\infty}^{+\infty} \mathrm{e}^{\mathrm{i}\theta t}\mathrm{d}F(t) \leqslant \int_{-\infty}^{+\infty} \left|\mathrm{e}^{\mathrm{i}\theta t}\right|\mathrm{d}F(t) = 1$，因此 $|W_{iaj}| = |p_{iaj}\varphi_{iaj}| < 1$。从泰勒级数展开来看，如果 $|W_{iaj}| \leqslant 1$，$\sum\limits_{n=0}^{\infty} W_{iaj}^n = \dfrac{1}{1 - W_{iaj}}$，那么

$$W_{ij} = \frac{W_{ibj}}{1 - W_{iaj}} \tag{6.19}$$

证毕。

4. ADC-GERT 模型的参数估计模型

假设等效传递函数由定理 6.6~ 定理 6.8 计算，可以根据定理 6.9 和定理 6.10 计算相关的网络传递参数。

定理 6.9 ADC-GERT 网络参数估计模型中任务成功执行的概率：

$$p_E = W_E(\theta)_{\theta=0} \tag{6.20}$$

根据定理 6.9 和定义 6.8 推导出等效特征函数 $\varphi_E(\theta)$，$\varphi_E(\theta) = \dfrac{W_E(\theta)}{W_E(0)}$。然后计算 ADC-GERT 网络参数估计模型的相关网络传输参数，如期望值和方差。

定理 6.10 随机变量的期望值和方差是

$$E(X) = \frac{1}{\sqrt{-1}} \frac{\partial \varphi_E(\theta)}{\partial \theta}\bigg|_{\theta=0} = \frac{1}{\sqrt{-1}} \frac{\partial}{\partial \theta}\left(\frac{W_E(\theta)}{W_E(0)}\right)\bigg|_{\theta=0} \tag{6.21}$$

$$V(X) = -\frac{\partial^2}{\partial \theta^2}\left(\frac{W_E(\theta)}{W_E(0)}\right)\bigg|_{\theta=0} - \left(\frac{1}{\sqrt{-1}} \frac{\partial}{\partial \theta}\left(\frac{W_E(\theta)}{W_E(0)}\right)\bigg|_{\theta=0}\right)^2 \tag{6.22}$$

6.3.3 案例分析

基于图 6.19 和图 6.20，按照以下步骤建立 ADC-GERT 网络参数估计模型。

步骤 1：以目标、预警机、预警雷达、多功能雷达、指挥控制中心、发射站、拦截导弹为节点 1~7，最后添加一个节点 "S" 表示任务结束。

步骤 2：根据图 6.20，指挥控制中心输出三个活动：首先确认目标类型（活动 1），如果目标暂时没有威胁或需要再次确认，则命令多功能雷达目标跟踪目标（活动 2），否则命令发射站发射导弹（活动 3）。所以这三个活动的逻辑关系是活动 1 必须先发生，然后决定活动 2 和活动 3 发生了哪一个。因此，应在节点 5（指挥控制中心）之后添加新的节点 5′，该节点也显示为指挥控制中心，但输出活动 2 或活动 3，节点 5 输出活动 1。

步骤 3：在图 6.20 中，预警机（节点 2）和预警雷达（节点 3）具有相似的功能并采取相同的活动（传输目标信息），两个节点之间呈现了系统结构和 ADC-GERT 网络参数估计模型中的并行结构。此外，考虑到活动 1 和活动 2 或活动 3 是串联结构，所以节点 5 和节点 5′ 也是串联结构。

步骤 4：根据图 6.20 中的活动方向连接节点，且考虑到所有活动概率小于 1，添加新的有向弧表示互补事件，然后完成构造。ADC-GERT 网络参数估计模型如图 6.27 所示。

表 6.7 列出了图 6.27 中 GERT 网络模型中节点的活动，但节点 "S" 没有活动。此外，还列出了有向弧中所有活动的描述，活动中设备子系统的活动持续时间分布函数、失效率、修复率和装备系统执行活动的能力。

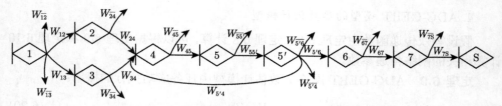

图 6.27　联合作战系统 ADC-GERT 网络参数估计模型

表 6.7　设备子系统参数

节点 i	装备系统	失效率 λ_i	修复率 μ_i	弧 i-j	活动 (i,j)	装备系统 i 执行活动 (i,j) 的能力 c_{ij}	时间分布函数 $f(t_{ij})$
1	预警机/雷达	0.1429	0.4167	1-2	预警机探测目标	0.8500	$N(12,3)$
		0.0182	0.3571	1-3	预警雷达探测目标	0.9000	$N(6,1.8)$
2	预警机	0.1429	0.4167	2-4	预警机向多功能雷达发送目标信息	0.8500	$N(15,3)$
3	预警雷达	0.0182	0.3571	3-4	预警雷达向多功能雷达传送目标信息	0.9000	$N(3,1.2)$
4	多功能雷达	0.0083	0.4000	4-5	多功能雷达向指挥控制中心传输目标动态信息	0.8500	$N(24,6)$
5	指挥控制中心	0.0057	0.2500	5-5′	指挥控制中心确认目标类型	0.8700	$N(4.8,1.2)$
5′	指挥控制中心	0.0057	0.2500	5′-4	指挥控制中心命令多功能雷达目标跟踪目标	0.8500	$N(5.4,0.9)$
				5′-6	指挥控制中心命令发射站发射导弹	0.9000	$N(6,1.8)$
6	发射站	0.0041	0.4348	6-7	发射站发射拦截导弹	0.8800	$N(4.8,0.6)$
7	拦截导弹	0.2941	0.8333	7-8	拦截导弹击中目标	0.8500	$N(5.4,0.6)$

1. 任务效能 ADC-GERT 模型

以预警机为例，说明 ADC-GERT 模型参数的计算。

1）任务效应设备子系统任务效能 E_{ij}

根据活动描述，预警机和雷达执行活动 $(1,2)$ 和 $(1,3)$。首先计算它们的任务效能，基于式 (6.7) 给出了预警机探测目标和脱靶的任务效能为

$$E_{12} = \frac{\left(\mu_2 e^{-\lambda_2 t_{12}} + \lambda_2(1 - e^{-\mu_2 t_{12}})\right) c_{12}}{\lambda_2 + \mu_2} = 0.6325$$

$$E_{\overline{12}} = \frac{\left(\mu_2(1 - e^{-\lambda_2 t_{12}}) + \lambda_1 e^{-\mu_2 t_{12}}\right) c_{12}}{\lambda_2 + \mu_2} = 0.2170$$

预警雷达探测目标和脱靶的任务效能为

$$E_{13} = \frac{\left(\mu_3 e^{-\lambda_3 t_{13}} + \lambda_3 (1 - e^{-\mu_3 t_{13}})\right) c_{13}}{\lambda_3 + \mu_3} = 0.8087$$

$$E_{\overline{13}} = \frac{\left(\mu_3 (1 - e^{-\lambda_3 t_{13}}) + \lambda_3 e^{-\mu_3 t_{13}}\right) c_{13}}{\lambda_3 + \mu_3} = 0.0412$$

2）修正的传递概率 $p_{E_{ij}}$

节点 1 输出四个定向弧，表示预警机/雷达探测目标和脱靶。据统计，50% 的目标被预警机探测到，其余的被预警雷达探测到，预警机和雷达探测到目标的概率分别为 0.9400 和 0.9000，所以活动的概率分别为 0.4700 和 0.4500。预警机/雷达探测到的目标与未命中目标是互补事件，因此未命中目标的概率为 $p_{\overline{12}} = 0.5 \times (1 - p_{12}) = 0.03$ 和 $p_{\overline{13}} = 0.5 \times (1 - p_{13}) = 0.05$。基于式（6.13），活动 $(1, 2)$ 的修正转移概率为

$$p_{E_{12}} = \frac{E_{12} \cdot p_{12}}{E_{12} \cdot p_{12} + E_{\overline{12}} \cdot p_{\overline{12}} + E_{13} \cdot p_{13} + E_{\overline{13}} \cdot p_{\overline{13}}}$$

$$= 0.4427$$

表 6.8 显示统计中执行活动 (i, j) 的概率 p_{ij} 和 ADC-GERT 模型的参数。

表 6.8　联合作战系统 ADC-GERT 网络参数

弧 $i\text{-}j$	装备系统效能 E_{ij}	活动 (i, j) 概率 p_{ij}	修正的传递概率 $p_{E_{ij}}$
1-2	0.6325	0.4700	0.4439
1-3	0.8087	0.4500	0.5433
2-4	0.6701	0.9000	0.9633
3-4	0.8564	0.8500	0.9911
4-5	0.8324	0.8500	0.9963
5-5′	0.8506	0.9000	0.9975
5′-4	0.8310	0.2000	0.2120
5′-6	0.8799	0.7000	0.7855
6-7	0.8718	0.8800	0.9987
7-8	0.6279	0.8000	0.9187

2. ADC-GERT 模型参数估计算法

基于定理 6.6～定理 6.8，推导了 ADC-GERT 网络参数估计模型的等效传递函数：

$$W_E = \frac{(W_{12}W_{24} + W_{13}W_{34}) W_{45}W_{55'}W_{5'6}W_{67}W_{7S}}{1 - W_{45}W_{55'}W_{5'4}}$$

$$= \frac{(p_{E_{12}}\varphi_{t_{12}} p_{E_{23}}\varphi_{t_{23}} + p_{E_{13}}\varphi_{t_{13}} p_{E_{34}}\varphi_{t_{34}})}{1 - p_{E_{45}}\varphi_{t_{45}} p_{E_{55'}}\varphi_{t_{55'}} p_{E_{5'4}}\varphi_{t_{5'4}}}$$

$$\cdot p_{E_{45}} \varphi_{t_{45}} p_{E_{55'}} \varphi_{t_{55'}} p_{E_{5'6}} \varphi_{t_{5'6}} p_{E_{67}} \varphi_{t_{67}} p_{E_{7S}} \varphi_{t_{7S}}$$

$$= \frac{\left(0.5385 e^{4.2\theta^2+18i\theta} + 0.4276 e^{4.8\theta^2+18i\theta}\right)}{1 - 0.2107 e^{8.1\theta^2+34.2i\theta}} \cdot 0.7162 e^{10.2\theta^2+45i\theta}$$

根据定理 6.5 和定理 6.6，联合作战系统成功执行任务的概率为

$$\varphi_E(0) = \frac{\left(0.5385 e^{4.2\cdot 0^2+18i\cdot 0} + 0.4276 e^{4.8\cdot 0^2+18i\cdot 0}\right)}{1 - 0.2107 e^{8.1\cdot 0^2+34.2i\cdot 0}} \cdot 0.7162 e^{10.2\cdot 0^2+45i\cdot 0}$$

$$= 0.8768$$

等效传递函数为

$$W_E = \frac{\left(0.5385 e^{4.2\theta^2+18i\theta} + 0.4276 e^{4.8\theta^2+18i\theta}\right)}{0.8768\left(1 - 0.2107 e^{8.1\theta^2+34.2i\theta}\right)} \cdot 0.7162 e^{10.2\theta^2+45i\theta}$$

任务持续时间的期望和方差是 $E(X) = \left.\dfrac{1}{i}\dfrac{\partial \varphi_E}{\varphi_\theta}\right|_{\theta=0} = 72.32$，$E\left(X^2\right) = \left.\dfrac{1}{i^2}\dfrac{\partial^2 \varphi_E}{\varphi_{\theta^2}}\right|_{\theta=0} = 5579.32$，$\mathrm{VAR}(X) = E\left(X^2\right) - E^2(X) = 348.92$。

因此，联合作战的任务效能为 0.8768，平均任务持续时间为 72.32min，标准差为 18.68min。

3. 影响分析

在这种情况下，所有设备子系统成功执行任务的概率随时间而波动。以发射站（节点 6）为例，利用 MATLAB 软件研究了失效率、修复率和持续时间对联合作战系统任务效能的影响。

在图 6.28 中，y 轴表示联合作战系统的任务效能，x 轴表示发射站的失效率，图中所示的线自上而下分析了不同修复率下（$\mu_6 = 0.001, 0.026, 0.051, 0.076, 0.101$，失效率 $\lambda_6 \in [0.0001, 0.0101]$）对联合作战系统任务效能的影响。分析得出以下三个结果。① 在固定修复率下，联合作战系统的失效率与任务效能呈负相关。② 在不同的修复率下，失效率对联合作战系统任务效能的影响是不同的；当失效率与修复率在同一阶次（$\mu_6 = 0.001$）时，随着失效率的增加，其对联合作战系统任务效能的边际影响减小；特别是当修复率阶次高于失效率时，单元失效率的增加对联合作战系统的任务效能有着相似的影响，曲线接近于一条直线（$\mu_6 = 0.026, 0.051, 0.076, 0.101$）。③ 比较不同修复率下的线路，随着修复率的增加，其对联合作战系统任务效能的边际影响减小。

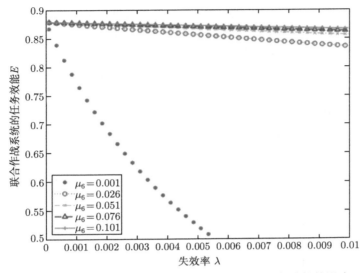

图 6.28   不同修复率下失效率对联合作战系统任务效能的影响

在图 6.29 中，y 轴表示联合作战系统的任务效能，x 轴表示发射站的修复率，图中所示的线自上而下分析了不同失效率下对联合作战系统任务效能的影响，得到了修复率的变化范围。分析得出以下三个结果：① 在固定失效率下，修复率与联合作战系统任务效能呈正相关，失效率的边际影响减小；② 在修复率为无

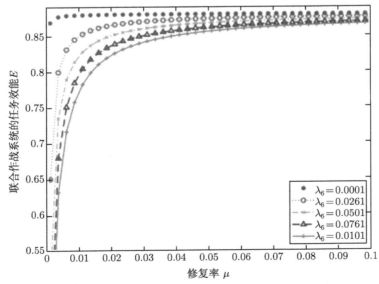

图 6.29   不同失效率下修复率对联合作战系统任务效能的影响

穷小的情况下，联合作战系统的任务效能将显著降低，甚至失效率也将为无穷小；③ 比较不同失效率下的线路，随着失效率的增加，其对联合作战系统任务效能的边际影响减小，最终趋于稳定状态。

在图 6.30 中，y 轴表示联合作战系统的任务效能，x 轴表示发射站的持续时间，图中所示的线给出了持续时间 t_6 对联合作战系统任务效能的影响，$t_6 \in [3,6]$。结果表明，联合作战系统的任务效能与任务持续时间呈负相关，且变化很小。

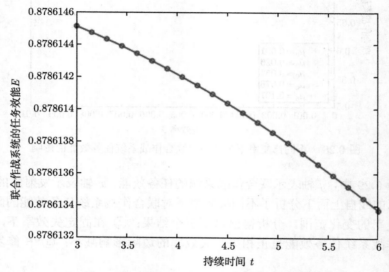

图 6.30　持续时间对联合作战系统任务效能的影响

4. 方法讨论

本节提出的 ADC-GERT 网络参数估计模型与目前大多数有效性评估方法相比具有以下优点。

（1）该方法基于 GERT 网络，将设备子系统和作业活动定义为节点和有向弧来描述作业过程，有助于作业过程建模和效能评估。此外，GERT 网络具有自环和自环结构，可以在系统运行中构造一个具有返回逻辑关系的网络，并对其任务效能进行评估。

（2）本节的方法是从装备子系统效能的角度出发，研究装备子系统对系统任务效能的影响。综合考虑装备子系统的可用性、可靠性、能力和运行持续时间，计算装备子系统的任务效能，使评估结果更加准确和动态。

（3）该方法的数据来源于历史运行信息和设备开发信息，因此根据不同的运行场景和运行活动，对数据进行过滤，可以使评价结果客观、灵活。

（4）失效率、修复率和持续时间与装备的固有质量有关，因此准确的影响分析可以揭示每种装备在特定任务或结构中的重要程度。通过对这一问题的分析，可以抓住执行各种任务的关键装备，从而对特定场景下联合作战系统的维护、建设和改进提供灵活的指导。

6.3.4 结论

装备联合作战系统是一个作战单元，各装备子系统根据不同的任务在不同的系统结构中连接起来。根据该结构，上游子系统执行其任务并将其有效性传递给下游子系统，直至联合作战完成，每次的执行和传递都决定了系统的任务有效性。此外，考虑到装备子系统的任务效能受其工作状态的影响，而工作状态又取决于子系统的可靠性和敌方的打击水平，因此系统的任务效能是时变的。本节首先分析了系统结构，引入 GERT 网络来描述联合作战过程。然后，建立 ADC-GERT 网络参数估计模型，对系统的有效性和效果进行评估，通过 ADC 模型测量节点的有效性，并对传输概率参数进行修正。最后，通过影响分析，研究了联合作战系统修复率、失效率、任务持续时间和任务效能之间的相关性。

参 考 文 献

[1] Jiang Y, Yang S, Zhang G X, et al. Coverage performances analysis on combined-GEO-IGSO satellite constellation[J]. Journal of Electronics, 2011, 28(2): 228-234.

[2] Wright D. Reaching out to remote and rural areas: Mobile satellite services and the role of Inmarsat[J]. Telecommunications Policy, 1995, 19(2): 105-116.

[3] Chandrasekhar M G, Venugopal D, Sebastian M, et al. One way multimedia broadcasting as a tool for education and development in developing nations[J]. Acta Astronautica, 2000, 47(2/9): 657-664.

[4] 唐鑫, 杨建军, 张磊. 改进信息熵的新装备体系作战效能评估方法研究 [J]. 舰船电子工程, 2016, 36(7): 128-133.

[5] 孙元顺. 通信网络效能评估理论模型与仿真算法研究 [D]. 北京: 北京邮电大学, 2018.

[6] Tao L Y, Liu S F, Fang Z G, et al. Matrix representation model and its solution of GERT network[J]. Systems Engineering and Electronics, 2017, 39(6): 1292-1297.

第 7 章　复杂体系可靠性结构表征与计算
SoSR-GERT 网络模型

体系各要素（系统）连接的或然性决定了其结构框架、联系逻辑和功能表现的复杂性。复杂体系可靠性结构分析与建模是解构表征其复杂特性的重要手段，是学术界长期以来的研究热点。然而，有关复杂体系可靠性结构、功能逻辑、计算框架的构建问题，其理论方法和分析技术还远未成熟，尤其是对于其可靠性的基本机理、结构框架与科学理论还缺乏深度认知，仍然存在一定的缺陷。这些缺陷主要表现在 3 个方面：第一，未能对复杂体系的可靠性结构及其框架进行科学的描述与表征；第二，未能给出复杂体系结构函数的科学描述框架，尚未建立其可靠性结构函数模型；第三，未能对复杂体系可靠性的概念进行科学的定义，尚未建立其可靠性科学计算模型。

因此，本章在深度解析复杂体系的概念、结构与运行机理的条件下，针对性地引入体系的可靠性思想、结构函数分析方法和 GERT 网络建模技术，解决了以下三方面的问题：① 体系可靠性结构框架的科学表征与和联结构函数构建，运用和联思想，构建体系可靠性和联结构框架，科学地反映体系结构的生态联盟性与基于使命与任务的结构演化行为特性；② 建立复杂体系的可靠性结构 GERT 网络模型，依据复杂体系可靠性结构框架与其要素（系统或装备等）联系逻辑的或然性原理，引入 GERT 网络建模技术，建立其可靠性结构模型；③ 为复杂体系可靠性计算提供完整的解决方案。由于复杂体系可靠性结构及其要素关系的复杂性，其解析解的求解过程十分复杂，通过 GERTS 仿真技术可以设计方便实用的仿真计算方案。

7.1　基于结构函数的体系可靠性结构建模与描述

7.1.1　复杂体系可靠性基本概念

系统是由相互关联的要素构成的整体。而体系是一个由系统构成的协同（联盟）整体。借用系统可靠性的思想与概念，可以给出体系可靠性的概念。体系可靠性主要是指在规定的条件下，规定的时间内，体系完成规定功能的能力，一般用可靠度（reliability）进行表征，见定义 7.1。

定义 7.1（体系可靠度） 在规定的条件下，规定的时间内，体系完成规定功能的概率，可用式 (7.1) 表示，其中，$R_\Psi(t)$ 表示体系可靠度，T 表示体系的实际寿命，t 表示某一规定的时间（寿命）。

$$R_\Psi(t) = P_\Psi(T > t) \tag{7.1}$$

7.1.2　复杂体系可靠性结构建模

事实上，体系与系统在拓扑结构上存在着本质的差异性。由于系统中的要素不具有脱离其系统母体而独立工作的能力，且系统往往都只有一个最高的整体目标，其各子目标都必须服从于整体，因此，与之对应的系统整体拓扑结构应是一种基于其整体目标的事先规定（设计）的各子目标级联结构。然而，复杂体系是一种基于时间和空间秩序的生态联盟，其最高层的目标也是多样的、动态演化的，甚至可能是共生或者对抗的，因此，一般而言，复杂体系拓扑结构也应是基于这些最高层多个目标的和联拓扑结构，且依据各目标的重要性进行权重配置。设体系规定的功能由 K 个不能互相取代的系统功能完成，其第 $i\,(i = 1, 2, \cdots, K)$ 个系统功能由相应的支路单元（系统）B_i 及中心单元（系统）C（一般为体系的指挥控制中心，或者为共用基础模块，合称为第 i 支路）配合完成。该体系可靠性和联结构框架如图 7.1 所示。基于此，可给出多任务和联体系可靠度函数，见定义 7.2。

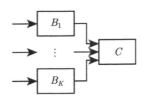

图 7.1　具有 K 个系统功能的和联体系可靠性结构示意图

定义 7.2（多任务和联体系可靠度函数） 图 7.1 中，在规定的条件下，规定的时间内，具有 K 个系统功能的体系完成其规定功能（任务）的能力可用式 (7.2) 表示，其中，$R_\Psi(t)$ 表示体系可靠度，$R_{\Psi.c}(t)$ 表示体系中共用单元的可靠度，W_i 表示第 $i\,(i = 1, 2, \cdots, K)$ 个任务单元的重要度（权重），$R_{\Psi.B_i}(t)$ 表示第 $i\,(i = 1, 2, \cdots, K)$ 个任务单元的可靠度。

$$R_\Psi(t) = R_{\Psi.c}(t) \sum_{i=1}^{K} W_i R_{\Psi.B_i}(t) \tag{7.2}$$

复杂体系内部往往存在系统间的功能替补，替补单元（系统）除了具有替补功能，也需要完成自身的规定功能，因此在发挥替补作用时可靠度可能无法完全达到原可靠度；当被替补单元（系统）无须替补就可以完成自身规定功能时，替补功能不会被激发。因此，将其定义为一种备份关系，见定义 7.3。

定义 7.3（功能替补）　在复杂体系中的系统间存在功能替补，定义为一种备份关系，替补单元（系统）在完成功能替补时的实际可靠度 $R_{\mathrm{sub}}(t) = \alpha R(t)\,(0 \leqslant \alpha \leqslant 1)$，其中 $R(t)$ 为替补单元（系统）原可靠度，α 为功能替补系数，体现了其功能替补实现程度。

根据系统论的结构决定功能原理，可推广到体系所能完成的功能（任务）是由其结构决定的。因此，可推断体系结构函数构造原理类似于系统结构函数[1] 原理。但是考虑到体系的拓扑结构特征，体系结构函数不再是一个二元变量，而是系统功能结构函数的和联聚合。这里，给出定理 7.1。

定理 7.1（体系结构函数）　对具有多种特定功能（任务）的体系 Ψ，其所有功能（任务）$\Psi_k\,(k = 1, 2, \cdots, K)$ 的重要性（权重）分别为 $W_k\,(k = 1, 2, \cdots, K)$，则其体系结构函数可表示为

$$\Psi(X) \sum_{k=1}^{K} W_k \Psi_k(X) \tag{7.3}$$

$\Psi_k(X)$ 为第 k 个功能（任务）的结构函数，可表示为

$$
\begin{aligned}
\Psi_k = \Psi_k(X) &= \Psi_k\{[x_1, X_{\mathrm{sub1}}], [x_2, X_{\mathrm{sub2}}], \cdots, [x_{n_k}, X_{\mathrm{sub}n_k}]\} \\
&= \Psi_k\left[\Phi_1(X_1), \Phi_2(X_2), \cdots, \Phi_{n_k}(X_{n_k})\right] \\
&= \sum_{y^{n_k}} \left(\prod_{j=1}^{n_k} \Phi_j(X_j)^{y_j}\left(1 - \Phi_j(X_j)\right)^{1-y_j}\right) \Psi_k(y^{n_k})
\end{aligned}
\tag{7.4}
$$

其中，二值变量 Ψ_k 表示功能（任务）的状态，有 $\Psi_k = \begin{cases} 1, & \text{功能正常} \\ 0, & \text{功能失效} \end{cases}$；二值变量 x_i 表示第 $i\,(i = 1, 2, \cdots, n_k)$ 个单元（系统）的状态，n_k 为第 k 个功能（任务）包含的单元（系统）数，有 $x_i = \begin{cases} 1, & \text{单元 } i \text{ 正常} \\ 0, & \text{单元 } i \text{ 失效} \end{cases}$；$X_{\mathrm{sub}i}$ 为单元（系统）x_i 的替补单元（系统）集合；$\Phi_i(X_i)$ 为单元（系统）x_i 及其替补单元（系统）所组成系统的结构函数，可以表示为 $\Phi_i(X_i) = \max(x_i, \max X_{\mathrm{sub}i})$；$y^{n_k}$ 为所有的 n_k 阶二值向量，并约定 $0^0 \equiv 1$。

证明　首先来证明式 $\Phi_i(X_i) = \max(x_i, \max X_{\mathrm{sub}i})$。

根据定义 7.3，功能替补作为一种备份关系，在结构上可表达为并联形式，而

n 阶并联系统的结构函数为 $\Phi(X) = 1 - \prod\limits_{i=1}^{n}(1-x_i) = \max(x_1, x_2, \cdots, x_n)$，因此有 $\Phi_i(X_i) = \max(x_i, \max X_{\mathrm{sub}i})$。

接着来证明 $\Psi_k = \Psi_k(X) = \sum\limits_{y^{n_k}} \left(\prod\limits_{j=1}^{n_k} \Phi_j(X_j)^{y_j} (1 - \Phi_j(X_j))^{1-y_j} \right) \Psi_k(y^{n_k})$，并将其记为 (∗) 式。

由 $\Psi_k(X) = \Psi_k[\Phi_1(X_1), \Phi_2(X_2), \cdots, \Phi_{n_k}(X_{n_k})]$，根据枢轴分解原理[1]：

$$\Psi_k(X) = \Phi_i(X_i)\Psi_k(1_i, X) + (1 - \Phi_i(X_i))\Psi_k(0_i, X)。$$

其中，$(\cdot_i, X) \equiv (\Phi_1(X_1), \cdots, \Phi_{i-1}(X_{i-1}), \cdot, \Phi_{i+1}(X_{i+1}), \cdots, \Phi_{n_k}(X_{n_k}))$。下面利用数学归纳法证明 (∗) 式。

当 $n_k = 1$ 时，有 $\Psi_k(X) = \Phi_1(X_1)$，(∗) 式显然成立。

假设当 $n_k = m\,(m \geqslant 1 \in \mathbb{N}^*)$ 时 (∗) 式成立，即

$$\Psi_k(X) \sum_{y^m} \left(\prod_{j=1}^{m} \Phi_j(X_j)^{y_j} (1 - \Phi_j(X_j))^{1-y_j} \right) \Psi_k(y^m)$$

则当 $n_k = m + 1$ 时，根据枢轴分解原理有

$$\Psi_k(X) = \Phi_{m+1}(X_{m+1})\Psi_k(1_{m+1}, X) + (1 - \Phi_{m+1}(X_{m+1}))\Psi_k(0_{m+1}, X) \quad (7.5)$$

其中

$$\Phi_{m+1}(X_{m+1})\Psi_k(1_{m+1}, X)$$

$$= \Phi_{m+1}(X_{m+1})^1 (1 - \Phi_{m+1}(X_{m+1}))^0 \Psi_k(1_{m+1}, X)$$

$$= \sum_{y^m} \left(\prod_{j=1}^{m} \left(\Phi_j(X_j)^{y_j} (1 - \Phi_j(X_j))^{1-y_j} \right) \right.$$

$$\left. \times \Phi_{m+1}(X_{m+1})^1 (1 - \Phi_{m+1}(X_{m+1}))^0 \right) \Psi_k(y^m, 1)$$

$$= \sum_{(y^m, 1)} \left(\prod_{j=1}^{m+1} \Phi_j(X_j)^{y_j} (1 - \Phi_j(X_j))^{1-y_j} \right) \Psi_k(y^m, 1) \quad (7.6)$$

$$(1 - \Phi_{m+1}(X_{m+1})) \Psi_k (0_{m+1}, X)$$

$$= \Phi_{m+1}(X_{m+1})^0 (1 - \Phi_{m+1}(X_{m+1}))^1 \Psi_k (0_{m+1}, X)$$

$$= \sum_{y^m} \left(\prod_{j=1}^{m} \left(\Phi_j (X_j)^{y_j} (1 - \Phi_j (X_j))^{1-y_j} \right) \right.$$

$$\left. \times \Phi_{m+1}(X_{m+1})^0 (1 - \Phi_{m+1}(X_{m+1}))^1 \right) \Psi_k (y^m, 0)$$

$$= \sum_{(y^m, 0)} \prod_{j=1}^{m+1} \left(\Phi_j (X_j)^{y_j} (1 - \Phi_j (X_j))^{1-y_j} \right) \Psi_k (y^m, 0) \tag{7.7}$$

则

$$\Psi_k(X) = \sum_{(y^m, 1)} \left(\prod_{j=1}^{m+1} \Phi_j (X_j)^{y_j} (1 - \Phi_j (X_j))^{1-y_j} \right) \Psi_k (y^m, 1)$$

$$+ \sum_{(y^m, 0)} \left(\prod_{j=1}^{m+1} \Phi_j (X_j)^{y_j} (1 - \Phi_j (X_j))^{1-y_j} \right) \Psi_k (y^m, 0)$$

$$= \sum_{y^{m+1}} \left(\prod_{j=1}^{m+1} \Phi_j (X_j)^{y_j} (1 - \Phi_j (X_j))^{1-y_j} \right) \Psi_k (y^{m+1}) \tag{7.8}$$

即 $n_k = m + 1$ 成立。因此，$\forall n_k \in \mathbb{N}^*$，$(*)$ 式都成立。

证毕。

最后，由多任务体系的和联逻辑原理，容易得到式 (7.3)，定理 7.1 证毕。

相应地，根据相关系统 [1] 的概念，可以将其推广到相关体系。由于复杂体系的使命和任务目标的动态演化性，其结构要素的相关性也是动态演化的。即在某一特定目标下的体系相关要素（系统或装备等），在其他目标情形下未必是相关的。因此，相关体系的概念是相对的和有条件的。这里给出定义 7.4。

定义 7.4（相关体系）　若在某功能（任务）目标条件下，Ψ_k 在系统 $x_i (i = 1, 2, \cdots, n_k)$ 处为常量，即在所有 $(\cdot_i, X)$ 上，$\Psi_k (1_i, X) = \Psi_k (0_i, X)$，则第 i 个系统 x_i 对于功能（任务）Ψ_k 是不相关的，否则就是相关的。若系统 x_i 对于所有的功能（任务）Ψ_k 都是不相关的，则其对于体系 Ψ 是不相关的，否则就是相关的。若所有功能（任务）的结构函数为增函数，且所有系统对于体系都是相关的，则体系为相关体系。其中 $(\cdot_i, X) \equiv (x_1, \cdots, x_{i-1}, \cdot, x_{i+1}, \cdots, x_{n_k})$。

例 7.1　某复杂体系 Ψ 有两项任务 1 和 2，各任务的重要性分别为 $W_i (i = 1, 2)$。该体系中的单元（系统）因故障其性能受损或破坏时，指定单元（系统）可实现功能替补，其中 b_{11}、b_{21} 可以互相功能替补；b_{22} 可替补 b_{12}，且 b_{12} 还具有系统内部激发功能替补能力（具体情况见图 7.2）。求解该体系的结构函数并举例分析其相关性。

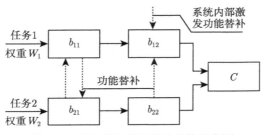

图 7.2　某和联体系可靠性结构示意图

首先确定各单元（系统）的替补系统集合。根据题意，对 b_{11} 而言，有 $X_{\mathrm{sub}b_{11}} = \{b_{21}\}$；对 b_{12} 而言，有 $X_{\mathrm{sub}b_{12}} = \{b'_{12}, b_{22}\}$，其中 b'_{12} 代表了系统内部激发功能替补；对 b_{21} 而言，有 $X_{\mathrm{sub}b_{21}} = \{b_{11}\}$；对 b_{22} 而言，有 $X_{\mathrm{sub}b_{22}} = \varnothing$；对 C 而言，有 $X_{\mathrm{sub}C} = \varnothing$。

根据定理 7.1，功能 1（任务 1）结构函数为

$$
\begin{aligned}
\Psi_1(X) &= \Psi_1 \left\{ [b_{11}, X_{\mathrm{sub}b_{11}}], [b_{12}, X_{\mathrm{sub}b_{12}}], [C, X_{\mathrm{sub}C}] \right\} \\
&= \Psi_1 \left\{ \max(b_{11}, b_{21}), \max(b_{12}, b'_{12}, b_{22}), C \right\} \\
&= \max(b_{11}, b_{21}) \times \max(b_{12}, b'_{12}, b_{22}) \times C \\
&= (1 - (1 - b_{11})(1 - b_{21})) (1 - (1 - b_{12})(1 - b'_{12})(1 - b_{22})) C \quad (7.9)
\end{aligned}
$$

类似地，功能 2（任务 2）结构函数为

$$
\begin{aligned}
\Psi_2(X) &= \Psi_2 \left\{ [b_{21}, X_{\mathrm{sub}b_{21}}], [b_{22}, X_{\mathrm{sub}b_{22}}], [C, X_{\mathrm{sub}C}] \right\} \\
&= \Psi_2 \left\{ \max(b_{21}, b_{11}), b_{22}, C \right\} \\
&= \max(b_{21}, b_{11}) \times b_{22} \times C \\
&= (1 - (1 - b_{11})(1 - b_{21})) b_{22} C \quad (7.10)
\end{aligned}
$$

体系结构函数为

$$
\begin{aligned}
\Psi(X) &= W_1 \Psi_1(X) + W_2 \Psi_2(X) \\
&= W_1 (1 - (1 - b_{11})(1 - b_{21})) (1 - (1 - b_{12})(1 - b'_{12})(1 - b_{22})) C
\end{aligned}
$$

$$+ W_2 \left(1 - (1 - b_{11})(1 - b_{21})\right) b_{22} C \tag{7.11}$$

根据定义 7.4，以功能 2（任务 2）为例，真值表如表 7.1 所示。

表 7.1　功能 2（任务 2）真值表

状态	b_{11}	b_{21}	b_{22}	C	Ψ_2	状态	b_{11}	b_{21}	b_{22}	C	Ψ_2
1	0	0	0	0	0	9	0	1	1	0	0
2	1	0	0	0	0	10	0	1	0	1	0
3	0	1	0	0	0	11	0	0	1	1	0
4	0	0	1	0	0	12	1	1	1	0	0
5	0	0	0	1	0	13	1	1	0	1	0
6	1	1	0	0	0	14	1	0	1	1	1
7	1	0	1	0	0	15	0	1	1	1	1
8	1	0	0	1	0	16	1	1	1	1	1

对于单元（系统）b_{11} 有状态 11：$\Psi_2(0_{b_{11}}, 0_{b_{21}}, 1_{b_{22}}, 1_C) = 0$；状态 14：$\Psi_2(1_{b_{11}}, 0_{b_{21}}, 1_{b_{22}}, 1_C) = 1$。因此 $\Psi_2(0_{b_{11}}, 0_{b_{21}}, 1_{b_{22}}, 1_C) \neq \Psi_2(1_{b_{11}}, 0_{b_{21}}, 1_{b_{22}}, 1_C)$，根据定义 7.5，单元（系统）$b_{11}$ 对于功能 2（任务 2）Ψ_2 是相关的，则对于体系 Ψ 也是相关的。

同理，对于单元（系统）b_{21} 有状态 11：$\Psi_2(0_{b_{11}}, 0_{b_{21}}, 1_{b_{22}}, 1_C) = 0$；状态 15：$\Psi_2(0_{b_{11}}, 1_{b_{21}}, 1_{b_{22}}, 1_C) = 1$，因此 $\Psi_2(0_{b_{11}}, 0_{b_{21}}, 1_{b_{22}}, 1_C) \neq \Psi_2(0_{b_{11}}, 1_{b_{21}}, 1_{b_{22}}, 1_C)$。

对于单元（系统）b_{22} 有状态 13：$\Psi_2(1_{b_{11}}, 1_{b_{21}}, 0_{b_{22}}, 1_C) = 0$；状态 16：$\Psi_2(1_{b_{11}}, 1_{b_{21}}, 1_{b_{22}}, 1_C) = 1$，因此 $\Psi_2(1_{b_{11}}, 1_{b_{21}}, 0_{b_{22}}, 1_C) \neq \Psi_2(1_{b_{11}}, 1_{b_{21}}, 1_{b_{22}}, 1_C)$。

对于单元（系统）C 有状态 12：$\Psi_2(1_{b_{11}}, 1_{b_{21}}, 1_{b_{22}}, 0_C) = 0$；状态 16：$\Psi_2(1_{b_{11}}, 1_{b_{21}}, 1_{b_{22}}, 1_C) = 1$，因此 $\Psi_2(1_{b_{11}}, 1_{b_{21}}, 1_{b_{22}}, 0_C) \neq \Psi_2(1_{b_{11}}, 1_{b_{21}}, 1_{b_{22}}, 1_C)$。

单元（系统）b_{21}、b_{22}、C 对于功能 2（任务 2）Ψ_2 都是相关的，对于体系 Ψ 也都是相关的。类似地可以证明体系 Ψ 为相关体系，这里不再赘述。

7.2　复杂体系可靠性 SoSR-GERT 网络建模

7.1 节中，通过结构函数可以对体系结构和相关性进行分析，但结构函数本身不具备解析求解能力，且无法体现出系统在发挥替补作用时可靠度可能无法完全达到原可靠度这一性质。因此本节采用 GERT 网络描述体系结构，通过 GERT 解析法计算体系可靠度，同时将其转化为 GERTS 以给出可靠度仿真结果，扩展了网络规模提升时的解决方案。

7.2.1 基于 GERT 网络的 SoSR-GERT 建模

根据随机网络原理[2]，对于任一客观体系过程，可以将其看作各系统之间基于任务目标的相互协作过程，一般情况下，这种协作大都属于工作任务的上、下游的纵向或者横向的合作。这种任务的协作过程可以运用 GAN 进行表征，并进一步转化为 GERT 网络。为了将 GERT 用于求解复杂体系可靠性，首先给出复杂体系 GERT 网络传递函数。

定义 7.5（复杂体系 GERT 网络传递函数） 在复杂体系 GERT 网络中，若单元（系统）i 实际可靠度为 R_i，则单元成功分支的传递函数为 $W_i = R_i$，单元失败分支的传递函数为 $W_{\bar{i}} = 1 - R_i$。单元（系统）i 转化为 GERT 节点的规则如图 7.3 所示。

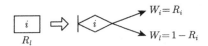

图 7.3 单元（系统）GERT 转化规则

对于功能替补单元（系统），其传递函数隐含了实际可靠度 $R_{\text{sub}}(t) = \alpha R(t)$ $(0 \leqslant \alpha \leqslant 1)$ 的条件。根据定义 7.5 和串联、并联以及备份逻辑，给出定义 7.6.1~定义 7.6.3。

定义 7.6 GERT 转化规则。

定义 7.6.1（串联单元（系统）GERT 转化规则） 串联单元（系统）转化为 GERT 网络的规则如图 7.4 所示。

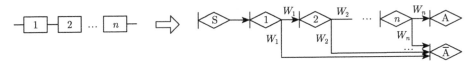

图 7.4 串联单元（系统）GERT 转化规则

图 7.4 左是一个 n 个单元（系统）的串联结构，右边的 GERT 网络表达了串联的逻辑，即单元（系统）1~n 中只要有一个不可靠，则整体不可靠。

定义 7.6.2（并联单元（系统）GERT 转化规则） 并联单元（系统）转化为 GERT 网络的规则如图 7.5 所示。

图 7.5 左上是一个 n 个单元（系统）的并联结构，首先运用"或型"节点 A 表达了并联的逻辑，即单元（系统）1~n 中只要有一个可靠则整体可靠，方便起见这里省略了不可靠的分支；接着将"或型"节点转化为两个"异或型"节点 A、$\bar{\text{A}}$，考虑其得以实现的所有可能途径；最后由 GERT 并联分支的传递函数等于各分支之和，化简得到最终的 GERT 网络。

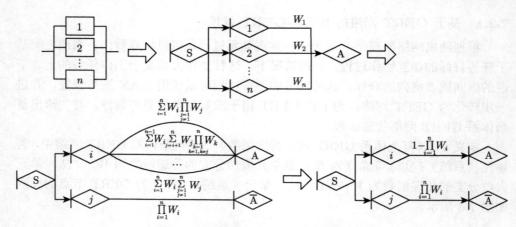

图 7.5　并联单元（系统）GERT 转化规则

定义 7.6.3（备份单元（系统）GERT 转化规则）　备份单元（系统）转化为 GERT 网络的规则如图 7.6（a）和（b）所示，其中图（a）假设转换装置完全可靠，图（b）假设转换装置不完全可靠。

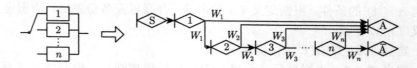

(a) 转换装置完全可靠时备份单元 (系统) GERT 转化规则

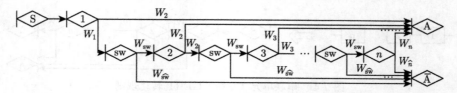

(b) 转换装置不完全可靠时备份单元 (系统) GERT 转化规则

图 7.6　备份单元（系统）GERT 转化规则

图 7.6（a）中，当单元（系统）1 工作正常时，无须转换，当其不可靠时，由备份的单元（系统）2 工作，同理，直至备份的单元（系统）n 工作，若其不可靠，没有剩余的备份单元（系统），则整体不可靠。

图 7.6（b）中，当单元（系统）1 工作正常时，无须转换，当其不可靠时，若转换装置正常，则由备份的单元（系统）2 工作；当单元（系统）2 工作正常时，无须转换，当其不可靠时，若转换装置正常，则备份的单元（系统）3 工作；如此下去，当单元（系统）$n-1$ 工作正常时，无须转换，当其不可靠时，若转换装置

正常, 则备份的单元 (系统) n 工作, 若其不可靠, 没有剩余的备份单元 (系统), 则整体不可靠。在这过程中, 若转换开关无法完成转换工作, 整体同样不再可靠。

对于网络结构, 可以通过网络分解将其简化为上述结构, 因此根据上述定理, 体系逻辑就可以转化为 GERT 网络。根据 GERT 解析法, 可以求得其中任意两节点间的等价传递函数, 也就可以求得各功能 (任务) 可靠度。

定理 7.2 (功能 (任务) 可靠度 GERT 求解)   在复杂体系 GERT 网络中, 功能 (任务) 可靠度等于功能 (任务) 可靠性等价传递函数。

证明   以图 7.4~ 图 7.6 中的串联、并联、备份结构为例进行证明。

(1) 串联。

根据图 7.4, 设各单元 (系统) 可靠度为 R_i $(i = 1, 2, \cdots, n)$, 有 $R_s = \prod\limits_{i=1}^{n} R_i$。

GERT 网络等价传递函数 $W_A = \prod\limits_{i=1}^{n} W_i$, 根据定义 7.6, $W_A = \prod\limits_{i=1}^{n} R_i$。则 $W_A = R_s$。

证毕。

(2) 并联。

根据图 7.5, 设各单元 (系统) 可靠度为 R_i $(i = 1, 2, \cdots, n)$, 有 $R_s = 1 - \prod\limits_{i=1}^{n}(1 - R_i)$。

GERT 网络等价传递函数 $W_A = 1 - \prod\limits_{i=1}^{n} W_{\hat{i}}$, 根据定义 7.6, $W_A = 1 - \prod\limits_{i=1}^{n}(1 - R_i)$。则 $W_A = R_s$。

证毕。

(3) 备份。

根据图 7.6 (a), 设各单元 (系统) 实际可靠度为 R_i $(i = 1, 2, \cdots, n)$, 根据备份逻辑, 有

$$R_s = \sum_{k=0}^{n-1} P\{N = k\} = 1 - P\{N = 0\} = 1 - \prod_{i=1}^{n}(1 - R_i).$$

GERT 网络等价传递函数为

$$W_A = W_1 + W_{\hat{1}} W_2 + W_{\hat{1}} W_{\hat{2}} W_3 + \cdots + W_{\hat{1}} W_{\hat{2}} \cdots W_{\widehat{n-1}} W_n$$

$$= W_1 + W_{\hat{1}} W_2 + W_{\hat{1}} W_{\hat{2}} W_3 + \cdots + W_{\hat{1}} W_{\hat{2}} \cdots W_{\widehat{n-1}} W_n$$

$$+ W_{\hat{1}} W_{\hat{2}} \cdots W_{\widehat{n-1}} W_{\hat{n}} - \prod_{i=1}^{n} W_{\hat{i}}$$

根据 $W_i + W_{\hat{i}} = 1$，有

$$W_A = W_1 + W_{\hat{1}} W_2 + W_{\hat{1}} W_{\hat{2}} W_3 + \cdots + W_{\hat{1}} W_{\hat{2}} \cdots W_{n-1}$$

$$+ W_{\hat{1}} W_{\hat{2}} \cdots W_{\widehat{n-1}} - \prod_{i=1}^{n} W_{\hat{i}} = 1 - \prod_{i=1}^{n} W_{\hat{i}}$$

而 $W_{\hat{i}} = 1 - R_i$，因此 $W_A = 1 - \prod_{i=1}^{n} (1 - R_i)$。则 $W_A = R_s$。

证毕。

根据图 7.6（b），设各单元（系统）实际可靠度为 $R_i \ (i = 1, 2, \cdots, n)$，转换装置可靠度为 R_{sw}，则

$$R_s = R_1 + R_{\mathrm{sw}} (1 - R_1) R_2 + R_{\mathrm{sw}}^2 (1 - R_1) (1 - R_2) R_3$$

$$+ \cdots + R_{\mathrm{sw}}^{n-1} (1 - R_1) (1 - R_2) \cdots (1 - R_{n-1}) R_n$$

$$= R_1 + \sum_{i=1}^{n-1} \left(R_{\mathrm{sw}}^i R_{i+1} \prod_{j=1}^{i} (1 - R_j) \right)$$

GERT 网络等价传递函数为

$$W_A = W_1 + W_{\mathrm{sw}} W_{\hat{1}} W_2 + W_{\mathrm{sw}}^2 W_{\hat{1}} W_{\hat{2}} W_3 + \cdots + W_{\mathrm{sw}}^{n-1} W_{\hat{1}} W_{\hat{2}} \cdots W_{\widehat{n-1}} W_n$$

$$= W_1 + \sum_{i=1}^{n-1} \left(W_{\mathrm{sw}}^i W_{i+1} \prod_{j=1}^{i} W_{\hat{j}} \right)$$

根据定义 7.6，$W_A = R_1 + \sum_{i=1}^{n-1} \left(R_{\mathrm{sw}}^i R_{i+1} \prod_{j=1}^{i} (1 - R_j) \right)$，则 $W_A = R_s$。

证毕。

定理 7.3（体系可靠度 GERT 和联模型） 在复杂体系 GERT 网络中，若有 K 个功能（任务），各功能（任务）重要度（权重）为 $W_i \ (i = 1, 2, \cdots, K)$，可靠度为 $R_{\Psi.i} \ (i = 1, 2, \cdots, K)$，则体系可靠度为

$$R_{\Psi} = \sum_{i=1}^{K} W_i R_{\Psi.i} \tag{7.12}$$

根据多任务和联体系可靠度函数，定理显然成立。

7.2.2 基于 GERTS 网络的 SoSR-GERT 建模

当网络的规模增大时，GERT 解析算法常常面临求解困难的问题，容易出现对网络节点和分支的遗漏和错判，此时可以采用 GERTS 仿真作为替代方法。GERTS 是 GERT 的仿真实现，在网络规模较大时求解效率更高。

定义 7.7（GERTS 节点）　表 7.2 给出了两种 GERTS 节点及其含义。

表 7.2　GERTS 节点

节点	节点含义
（节点图示）r_1 r_2 u	r_1 表示节点 u 第一次实现要求完成的引入活动数； r_2 表示节点 u 第二次以及以后各次实现要求完成的引入活动数； u 为节点编号； 肯定型输出
（节点图示）r_1 r_2 u	r_1 表示节点 u 第一次实现要求完成的引入活动数； r_2 表示节点 u 第二次以及以后各次实现要求完成的引入活动数； u 为节点编号； 概率型输出

在本节 GERTS 仿真运行中，每次只有一个终节点实现，通过统计体系任务成功终节点实现次数占比即可实现可靠度求解，且随着仿真次数的增加，结果将趋于稳定，见定理 7.4。

定理 7.4（GERTS 仿真收敛性）　设 GERTS 仿真次数为 N，设 S_N 为其中体系任务成功终节点 S 实现次数，则 $N - S_N$ 为体系任务失败终节点 F 实现次数。已知 GERT 求解体系任务可靠度为 $R(0 < R < 1)$，那么 $\dfrac{S_N}{N}$ 依概率收敛到 R，即 $\forall \varepsilon > 0$，有

$$\lim_{N \to \infty} P\left\{ \left| \frac{S_N}{N} - R \right| \geqslant \varepsilon \right\} = 0$$

证明　事实上，GERT 解得体系任务可靠度 R 即为体系任务成功终节点 S 实现概率，则根据伯努利定律[3]，定理显然成立。

7.3　案例研究

联合作战体系的典型反舰作战场景可描述为当探测平台探测到敌舰的目标信息时，将目标信息发送到地面指挥平台，地面指挥平台向探测平台及武器平台发送通道组织命令，探测平台根据收到的通道组织命令，组织通信预案，向武器平台发送目标指示命令，同时探测平台向武器平台发送处理过的远程指示信息，武器平台最后根据探测平台发送的目标指示信息以及地面指挥平台发送的处理后的

远程目标指示信息进行打击。由此将作战活动划分为 3 个部分：侦察、控制、打击。侦察是联合作战体系中一个非常重要的功能，侦察场景的主要组织角色有预警机、搜索雷达、侦察卫星等。侦察功能的作战体系如图 7.7 所示。根据作战场景梳理参战装备，有作为综合型武器装备的预警机和作为单一型武器装备的搜索雷达以及侦察卫星，该作战体系可简化为图 7.8。

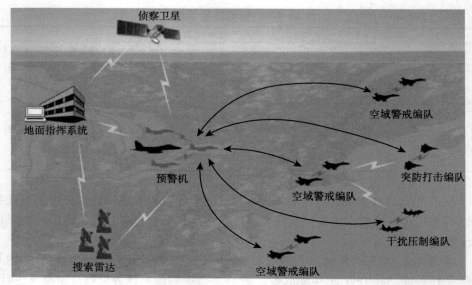

图 7.7　反舰侦察作战体系

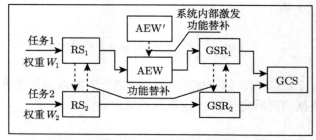

图 7.8　反舰侦察作战体系功能替补示意图

该体系中 RS 为侦察卫星，AEW 为预警机，GSR 为搜索雷达，GCS 为地面指挥系统。其中 RS_1 与 RS_2、GSR_1 与 GSR_2 可以互相功能替补，AEW 具有系统内部激发功能替补能力 AEW′。该体系共完成 2 项任务，侦察任务 1 为侦察空中目标，其基本功能路线为 RS ≫ AEW ≫ GSR ≫ GCS（其中，"≫" 表示任务流向），侦察任务 2 为侦察地面目标，其基本功能路线为 RS ≫ GSR ≫ GCS，任

务权重 $W_1 = 0.7, W_2 = 0.3$。根据定理 7.1，其体系结构函数可以表示为

$$
\begin{aligned}
\Psi(X) &= W_1\Psi_1(X) + W_2\Psi_2(X) \\
&= W_1\Psi_1\{[\mathrm{RS}_1, \mathrm{RS}_2], [\mathrm{AEW}, \mathrm{AEW}'], [\mathrm{GSR}_1, \mathrm{GSR}_2], \mathrm{GCS}\} \\
&\quad + W_2\Psi_2\{[\mathrm{RS}_2, \mathrm{RS}_1], [\mathrm{GSR}_2, \mathrm{GSR}_1], \mathrm{GCS}\} \\
&= W_1\left(1 - (1 - \mathrm{RS}_1)(1 - \mathrm{RS}_2)\right)\left(1 - (1 - \mathrm{AEW})(1 - \mathrm{AEW}')\right) \\
&\quad \times \left(1 - (1 - \mathrm{GSR}_1)(1 - \mathrm{GSR}_2)\right)\mathrm{GCS} \\
&\quad + W_2\left(1 - (1 - \mathrm{RS}_2)(1 - \mathrm{RS}_1)\right)\left(1 - (1 - \mathrm{GSR}_2)(1 - \mathrm{GSR1})\right)\mathrm{GCS}
\end{aligned}
$$

所有功能替补只能达到原可靠度的 50%，即功能替补系数 $\alpha = 0.5$。在完成功能替补时，转换装置完全可靠。系统 RS_1 与 RS_2 的可靠度均为 $R_{\mathrm{RS}} = 0.80$，系统 AEW 的可靠度为 $R_{\mathrm{AEW}} = 0.99$，系统 GSR_1 与 GSR_2 的可靠度均为 $R_{\mathrm{GSR}} = 0.85$，系统 GCS 的可靠度为 $R_{\mathrm{GCS}} = 0.95$。根据上述条件和体系结构函数，可构造出体系 GERT 网络进行计算，如图 7.9 所示。

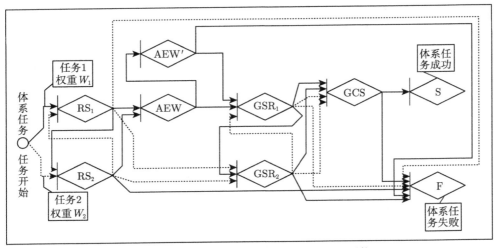

图 7.9 反舰侦察作战体系 SoSR-GERT 网络

首先，针对任务 1 和任务 2 分别求解其成功等价传递函数。

对任务 1 来说，有

$$
\begin{aligned}
W_{1s} &= R_{\mathrm{RS}}R_{\mathrm{AEW}}R_{\mathrm{GSR}}R_{\mathrm{GCS}}\left((1 + \alpha(1 - R_{\mathrm{RS}}))(1 + \alpha(1 - R_{\mathrm{AEW}}) + \alpha(1 - R_{\mathrm{GSR}})\right. \\
&\quad \left. + \alpha^2(1 - R_{\mathrm{AEW}})(1 - R_{\mathrm{GSR}}))\right)
\end{aligned}
$$

则根据定理 7.2，有

$$R_{\Psi.1} = W_{1s} = 0.76$$

对任务 2 来说，有

$$W_{2s} = R_{\text{RS}} R_{\text{GSR}} R_{\text{GCS}} (1 + \alpha (1 - R_{\text{RS}}) + \alpha (1 - R_{\text{GSR}})$$
$$+ \alpha^2 (1 - R_{\text{RS}}) (1 - R_{\text{GSR}}))$$

则根据定理 7.2，有

$$R_{\Psi.2} = W_{2s} = 0.7639$$

再由定理 7.3，有

$$R_{\Psi} = \sum_{i=1}^{2} W_i R_{\Psi.i} = 0.7612$$

下面利用 GERTS 进行求解，可构造为如图 7.10 所示的 GERTS 网络图，经过 10000 次仿真得到如图 7.11 所示结果，最终收敛到 0.7609，与 GERT 解析解相比误差为 0.04‰。

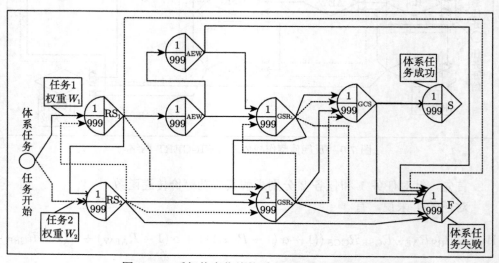

图 7.10   反舰侦察作战体系 SoSR-GERTS 网络

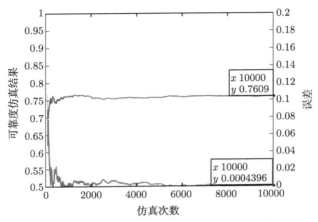

图 7.11 反舰侦察作战体系 GERTS 求解结果

若不考虑其体系特点，从系统角度计算可靠度，则最终可靠度结果为 0.6415，如表 7.3 所示，与本节所提方法相比结果低约 15%。这是因为系统可靠度方法忽略了体系特点，没有将体系内的系统在完成目标时的替补作用考虑在内，因此在较大程度上低估了体系可靠度。进一步分析功能替补系数 α 与体系可靠度的关系，如图 7.12 所示，其中 R_Ψ 表示体系可靠度，R 表示不考虑体系特点的系统可靠度，可以看出 α 对体系可靠度的显著提升作用。因此对体系设计者而言，在合理设置功能替补系数的基础上，可以通过设计系统间的功能替补环节来使体系可靠度达到目标要求，同时减少功能冗余以降低成本。另外，对体系使用者而言，以作战体系为例，本节所提方法能够更加精确地测定其实际完成任务的可靠度，避免指挥员在决策时以尽可能大的裕度来确保任务完成，从而减少作战资源浪费。

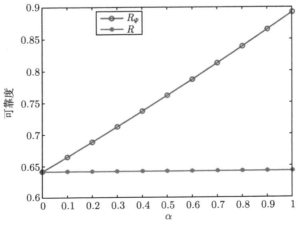

图 7.12 功能替补系数 α 与体系可靠度的关系

表 7.3　方法对比

方法		任务 1 可靠度	任务 2 可靠度	(体系) 可靠度	误差分析	备注
传统计算方法		0.6395	0.6460	0.6415	15.73%	不考虑功能替补
本节方法	GERT	0.76	0.7639	0.7612	—	解析解
	GERTS	0.7604	0.7619	0.7609	0.04%	仿真解

参 考 文 献

[1]　郭位, 朱晓岩. 系统重要性测度原理与应用 [M]. 北京: 国防工业出版社, 2014.

[2]　冯允成. 随机网络及其应用 [M]. 北京: 北京航空学院出版社, 1987.

[3]　茆诗松, 程依明, 濮晓龙. 概率论与数理统计教程 [M]. 2 版. 北京: 高等教育出版社, 2011.

第 8 章 基于失效机制的复杂装备 FM-GERT 网络故障分析模型

8.1 复杂装备故障信息扩充 FTA-GERT 网络模型

复杂装备的故障信息是宝贵的, 对复杂装备进行试验往往需要耗费大量资源, 还可能导致研制周期延长。要使产品高效且经济地达到预定的目标, 就需要尽可能地利用过程中各项试验的资源和信息, 充分挖掘这些信息的潜力。目前一般的做法是以信息融合的方式解决现场样本量不足的问题。谢红卫等 [1] 针对异总体试验数据的特征, 提出基本的变动统计方法, 以解决不同阶段、不同来源的数据处理问题。Okamura[2] 针对功能数据特征, 提出基于共轭型先验分布的 Bayes 信息融合方法, 以处理复杂装备在故障原因信息不易得的问题。周忠宝等 [3] 针对长寿命产品的数据特征, 提出融合性能退化数据和寿命数据的 Bayes 方法以提高可靠性评估精度。上述这些学者对复杂系统故障信息的开发利用方式是具有一定价值和意义的。

实际上, 复杂装备按物理结构来分是多层次的。上述的信息融合方式均是基于同一层级的系统或零部件, 不存在不同层级的信息折合及传递关系。因此我们构建一个能够描述故障信息在复杂装备间传递情况的 FTA-GERT 模型, 可以将组件级的试验数据进行参数传递得到系统级数据, 从而弥补系统级试验数据量不足的缺陷, 扩充复杂装备的故障信息数据库, 助推复杂装备的故障分析及预防的发展。

8.1.1 FTA-GERT 网络模型构建

FTA 是一种表明系统中各事件因果关系的逻辑图, 描述了系统组成部分的故障、外界事件的故障或两者组合将导致系统发生的故障。它把系统故障作为顶事件, 按照树状结构由总体至部分进行逐层细化, 分析可能造成系统故障的所有因素及其逻辑关系, 直到找出故障的基本原因作为底事件为止。GERT 是一种对随机事件的发生进行演绎分析的有效方法, 描述了系统中的部件随时间推移从一种状态转移到另一种状态的过程。它能够清晰地演绎系统中部件的状态和传递关系, 用节点表示状态, 用连接节点的箭线表示传递关系, 而且能够对事件中的多个特征参量进行求解。二者可以描述系统中部件的故障状态, 用于发现可靠性和安全性的薄弱环节, 作为提高产品可靠性和安全性的有效手段。

定义 8.1　根据 FTA 分析后找到的基本故障原因，将其状态转移过程运用 GERT 进行描述，那么称此随机网络为 FTA-GERT 网络。

定理 8.1　串联系统中，如果事件 A_1 和事件 B_1 的状态相互独立，则逻辑"或"门的 FTA(p, t) 可以转化为等价的 GERT 网络，即构建出串联 FTA-GERT 网络模型，如图 8.1 所示。

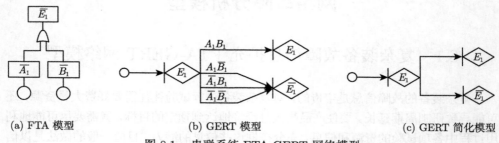

(a) FTA 模型　　　　　　(b) GERT 模型　　　　　　(c) GERT 简化模型

图 8.1　串联系统 FTA-GERT 网络模型

证明　图 8.1（a）所示的含有逻辑"或"门的 FTA 是对事件 E_1 发生的演绎法分析，它所描述的是这样一个过程：如果事件 A_1 失败或事件 B_1 失败或事件 A_1、B_1 均失败，则事件 E_1 失败，换言之则为无法执行活动 E_1。图 8.1（b）所示的 GERT 网络描述的是这样一个过程：首节点到末节点 $O\text{-}E_1$ 表示事件 A_1 和事件 B_1 都成功完成，则事件 E_1 成功；首节点到末节点 $O\text{-}\overline{E_1}$ 表示事件 A_1 和 B_1 中至少有一个失败，则无法完成事件 E_1，即事件 E_1 失败。图 8.1（b）所示的 GERT 模型揭示了串联系统的内在逻辑关系，图 8.1（c）所示的 GERT 简化模型描述了串联系统的传递结果。

因此图 8.1（a）的 FTA 与图 8.1（c）的 GERT 网络所描述的是一个相同的过程，在串联系统中可以将 FTA 转化为 GERT 网络。

证毕。

定理 8.2　并联系统中，如果事件 A_2 和事件 B_2 的状态相互独立，则逻辑"与"门的 FTA$(p.t)$ 可以转化为等价的 GERT 网络，即构建出并联 FTA-GERT 网络模型，如图 8.2 所示。

证明　图 8.2（a）所示的含有逻辑"与"门的 FTA 是对事件 E_2 发生的演绎法分析，它所描述的是这样一个过程：如果事件 A_2 失败或事件 B_2 失败或事件 A_2、B_2 均失败，则事件 E_2 失败，换言之则为无法执行活动 E_2。图 8.2（b）所示的 GERT 网络描述的是这样一个过程：首节点到末节点 $O\text{-}E_2$ 表示事件 A_2 和事件 B_2 都成功完成，则事件 E_2 成功；首节点到末节点 $O\text{-}\overline{E_2}$ 表示事件 A_2 和 B_2 中至少有一个失败，则无法完成事件 E_2，即事件 E_2 失败。图 8.2（b）所示的 GERT 模型揭示了并联系统的内在逻辑关系，图 8.2（c）所示的 GERT 简化模型描述了并联系统的传递结果。

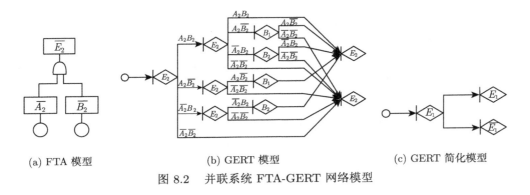

(a) FTA 模型	(b) GERT 模型	(c) GERT 简化模型

图 8.2　　并联系统 FTA-GERT 网络模型

因此图 8.2（a）的 FTA 与图 8.2（c）的 GERT 网络所描述的是一个相同的过程，在并联系统中可以将 FTA 转化为 GERT 网络。

证毕。

由上述两个定理可以得出，无论串联系统还是并联系统，FTA 均可转化为 GERT 网络，且得到的 GERT 简化网络形式一致，如图 8.3 所示。其中，p_E 代表成功率，t_E 代表状态转移到成功的时间，$p_{\overline{E}}$ 代表失败率，$t_{\overline{E}}$ 代表状态转移到失败的时间。

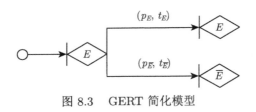

图 8.3　　GERT 简化模型

性质 8.1　　串联系统中，$p_E = p_{A \cap B} = p_A \cdot p_B$，$p_{\overline{E}} = 1 - p_E = 1 - p_A \cdot p_B$，$t_E = t_{\overline{E}} = \min(t_A, t_B)$。

性质 8.2　　并联系统中，$p_{\overline{E}} = p_{\overline{A} \cap \overline{B}} = (1 - p_A)(1 - p_B) = 1 - p_A - p_B + p_A \cdot p_B$，$p_E = 1 - p_{\overline{E}} = p_A + p_B - p_A \cdot p_B$，$t_E = t_{\overline{E}} = \max(t_A, t_B)$。

8.1.2　FTA-GERT 网络模型在可靠性增长中的应用

可靠性增长试验是产品研制后期的一项重要工作，是整个可靠性领域中极为重要的组成部分。然而，在复杂装备的研制过程中，由于其复杂度高、可靠性要求高的特点，单纯依靠可靠性增长试验往往消耗大量人力物力，还可能造成研制周期的延长。因此，综合利用复杂装备研制过程中各项试验的信息进行可靠性增长管理意义重大。本节运用 FTA-GERT 模型对复杂装备进行可靠性增长管理，不仅可以节省研制费用、缩短研制周期，还可以提高产品的可靠性水平。

定理 8.3　在 FTA-GERT 网络中，成功率 $p_E = 1 - N(t)/t$，失败率 $p_{\bar{E}} = N(t)/t$，状态转移时间 $t_E = t_{\bar{E}} = t$。

证明　一个系统由若干元件组成，每一个元件的失效与否都对系统产生影响。如果已知一个元件的失效率 $\lambda(t)$，则可以知道元件不失效的概率 $1 - \lambda(t)$，其中 $\lambda(t) = N(t)/t$，而不失效等同于成功，失效等同于失败。因此，在 FTA-GERT 网络中，$p_E = 1 - \lambda(t) = 1 - N(t)/t$，$P_{\bar{E}} = \lambda(t) = N(t)/t$。由常识可知，状态转移时非成功即失败，因此状态转移时间相同，均为 t。

证毕。

下面以图 8.4 所示的系统为例，说明 FTA-GERT 在可靠性增长中的应用方法。

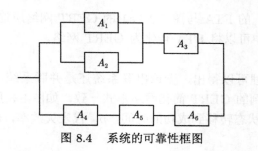

图 8.4　系统的可靠性框图

为方便描述方法，不考虑元件间的复杂失效状态和模式以及相互影响，假设图 8.4 中的每一个元件只有成功和失败两种状态，且彼此相互无影响。根据可靠性框图分析可以得出 FTA，如图 8.5 所示。

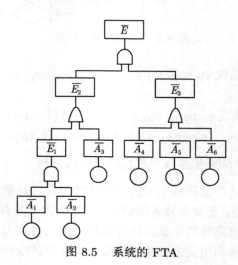

图 8.5　系统的 FTA

根据 FTA 得出的 GERT 网络如图 8.6 所示。

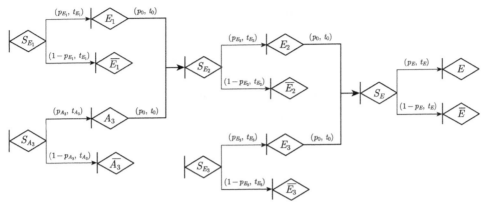

图 8.6　系统的 GERT 网络

系统中每一个元件 $A_1 \sim A_6$ 的可靠性增长累积失效数据见表 8.1。

表 8.1　单个元件累积失效数据表 [4]

t/h	$N(t)$	$t/N(t)$	t/h	$N(t)$	$t/N(t)$
10	1	10	380	12	31.667
30	2	15	430	13	33.077
101	4	25.25	540	15	36
128	5	25.6	610	16	38.125
150	6	25	660	17	38.824
202	7	28.857	740	18	41.111
230	8	28.75	801	19	42.158
270	9	30	830	20	41.5
301	10	30.1	870	21	41.429
330	11	30	920	22	41.818

结合实际的可靠性试验数据，根据定理 8.3 和 FTA-GERT 的性质，计算得出图 8.6 中的参数，详见表 8.2。

由于参数众多，计算繁杂，而篇幅有限，因此以 $t = 10\mathrm{h}$ 为例，说明 (p_{E2}, t_{E2}) 的计算过程，其他参数按照该思想均可以计算得出。

由表 8.2 可以得出，元件 $A_1 \sim A_6$ 的失效率为 $p_{\overline{A_1}} = P_{\overline{A_2}} = \cdots = P_{\overline{A_6}} = N(t)/t = 1/10 = 0.1$。

由 FTA 可以看出，E_2 向下细化得到 E_1 和 A_3，E_1 向下细化得到 A_1 和 A_2，因此，要得到 p_{E_2} 则先要得到 p_{E_1} 和 p_{A_3}，而 p_{E_1} 由 p_{A_1} 和 p_{A_2} 计算得出，计算过程如下：

$$p_{\overline{A_1}} = P_{\overline{A_2}} = P_{\overline{A_3}} = 0.1, \quad p_{A_1} = P_{A_2} = P_{A_3} = 1 - 0.1 = 0.9$$

$$p_{\overline{E_1}} = p_{\overline{A_1}} \cdot p_{\overline{A_2}} = 0.1 \times 0.1 = 0.01, \quad p_{E_1} = 1 - 0.01 = 0.99$$

$$p_{E_2} = p_{A_3} \cdot p_{E_1} = 0.9 \times 0.99 = 0.891, \quad p_{\overline{E_2}} = 1 - 0.891 = 0.109$$

表 8.2　GERT 网络参数表

t/h	(p_0, t_0)	(p_{A_3}, t_{A_3})	(p_{E_1}, t_{E_1})	(p_{E_2}, t_{E_2})	(p_{E_3}, t_{E_3})	(p_E, t_E)	$(1-p_{E_1}, T_{E_1})$
10	(1, 0)	(0.9, 10)	(0.99, 10)	(0.891, 10)	(0.729, 10)	(0.97046, 10)	(0.02954, 10)
30	(1, 0)	(0.93333, 30)	(0.99556, 30)	(0.92919, 30)	(0.81304, 30)	(0.98696, 30)	(0.01324, 30)
60	(1, 0)	(0.95, 60)	(0.9975, 60)	(0.94763, 60)	(0.85738, 60)	(0.99253, 60)	(0.00747, 60)
101	(1, 0)	(0.96040, 101)	(0.99843, 101)	(0.95889, 101)	(0.88583, 101)	(0.99531, 101)	(0.00469, 101)
128	(1, 0)	(0.96094, 128)	(0.99847, 128)	(0.95947, 128)	(0.88733, 128)	(0.99543, 128)	(0.00457, 128)
150	(1, 0)	(0.96, 150)	(0.9984, 150)	(0.99846, 150)	(0.88474, 150)	(0.99521, 150)	(0.00479, 150)
202	(1, 0)	(0.96535, 202)	(0.99880, 202)	(0.96419, 202)	(0.89960, 202)	(0.99640, 202)	(0.00360, 202)
230	(1, 0)	(0.96522, 230)	(0.99879, 230)	(0.96405, 230)	(0.89924, 230)	(0.99638, 230)	(0.00362, 230)
270	(1, 0)	(0.96667, 270)	(0.99889, 270)	(0.96559, 270)	(0.90330, 270)	(0.99667, 270)	(0.00333, 270)
301	(1, 0)	(0.96678, 301)	(0.99890, 301)	(0.96571, 301)	(0.90361, 301)	(0.99669, 301)	(0.00331, 301)
330	(1, 0)	(0.96667, 330)	(0.99889, 330)	(0.96559, 330)	(0.90330, 330)	(0.99667, 330)	(0.00333, 330)
380	(1, 0)	(0.96842, 380)	(0.99900, 380)	(0.96746, 380)	(0.90822, 380)	(0.99701, 380)	(0.00299, 380)
430	(1, 0)	(0.96977, 430)	(0.99909, 430)	(0.96888, 430)	(0.91202, 430)	(0.99726, 430)	(0.00274, 430)
502	(1, 0)	(0.97211, 502)	(0.99922, 502)	(0.97136, 502)	(0.91865, 502)	(0.99767, 502)	(0.00233, 502)
540	(1, 0)	(0.97222, 540)	(0.99923, 540)	(0.97147, 540)	(0.91896, 540)	(0.99769, 540)	(0.00231, 540)
610	(1, 0)	(0.97377, 610)	(0.99931, 610)	(0.97310, 610)	(0.92336, 610)	(0.99794, 610)	(0.00206, 610)
660	(1, 0)	(0.97424, 660)	(0.99934, 660)	(0.97360, 660)	(0.92470, 660)	(0.99801, 660)	(0.00199, 660)
740	(1, 0)	(0.9768, 740)	(0.99941, 740)	(0.97510, 740)	(0.92879, 740)	(0.99823, 740)	(0.00177, 740)
801	(1, 0)	(0.97628, 801)	(0.99944, 801)	(0.97573, 801)	(0.93051, 801)	(0.99831, 801)	(0.00169, 801)
830	(1, 0)	(0.97590, 830)	(0.99942, 830)	(0.97534, 830)	(0.92944, 830)	(0.99826, 830)	(0.00174, 830)
870	(1, 0)	(0.97586, 870)	(0.99942, 870)	(0.97529, 870)	(0.92932, 870)	(0.99825, 870)	(0.00175, 870)
920	(1, 0)	(0.97609, 920)	(0.99943, 920)	(0.97553, 920)	(0.92996, 920)	(0.99829, 920)	(0.00171, 920)

因此，当 $t = 10\text{h}$ 时，$(p_{E2}, t_{E2}) = (0.891, 10)$。

根据 GERT 网络参数表和经验，给出图 8.6 中 GERT 网络的活动参数表，详见表 8.3。

表 8.3　系统 GERT 网络的活动参数表

活动	p_{ij}	分布类型	t/h	矩母函数 M_{ij}
(S_{E_1}, E_1)	0.99	常数分布	10	e^{10s}
(E_1, S_{E_2})	1	常数分布	0	1
(S_{A_3}, A_3)	0.9	常数分布	10	e^{10s}
(A_3, S_{E_2})	1	常数分布	0	1
(S_{E_2}, E_2)	0.891	常数分布	10	e^{10s}
(E_2, S_E)	1	常数分布	0	1
(S_{E_3}, E_3)	0.729	常数分布	10	e^{10s}
(E_3, S_E)	1	常数分布	0	1
(S_E, E)	0.97046	常数分布	10	e^{10s}

根据梅森公式和活动参数表 8.3，分别计算系统 GERT 网络中 S_{E_1}-S_E、S_{A_3}-S_E、S_{E_3}-S_E 的传递函数，得 S_{E_1}-S_E 的传递函数 $W_{E_1\text{-}E}(s) = W_{1\text{-}10} = W_{12}W_{25}W_{56}W_{69}W_{9\text{-}10} = p_{12}M_{12}\cdots p_{9\text{-}10}M_{9\text{-}10} = 0.95603\mathrm{e}^{50s}$。

S_{A_3}-S_E 的传递函数为

$$W_{A_3\text{-}E}(s) = W_{3\text{-}10} = W_{34}W_{45}W_{56}W_{69}W_{9\text{-}10}$$

$$= p_{34}M_{34}\cdots p_{9\text{-}10}M_{9\text{-}10} = 0.77821\mathrm{e}^{50s}$$

S_{E_3}-S_E 的传递函数为

$$W_{E3\text{-}E}(s) = W_{7\text{-}10} = W_{78}W_{89}W_{9\text{-}10}$$

$$= p_{78}M_{78}p_{89}M_{89}p_{9\text{-}10}M_{9\text{-}10} = 0.70747\mathrm{e}^{50s}$$

所以 $p_{E_1\text{-}E} = W_{E_1\text{-}E}(0) = 0.95603$，$p_{A_3\text{-}E} = W_{A_3\text{-}E}(0) = 0.77821$，$p_{E_3\text{-}E} = W_{E_3\text{-}E}(0) = 0.70747$。

从系统 GERT 网络中可以看出，一共有 3 个源节点，而系统中每一个元件的好坏都影响系统最终的成败，因此，需要从这 3 个源节点出发到终节点均实现，这个系统的运行情况才能完整地体现出来。从上述计算得出，系统成功的概率为 $p_E = p_{E_1\text{-}E}p_{A_3\text{-}E}p_{E_3\text{-}B} = 0.47130$，系统的失效率为 $p_{\overline{E}} = 1 - p_E = 0.52870$。

仿照以上计算过程，可以得出当 $t = 10\mathrm{h}, 30\mathrm{h}, 60\mathrm{h}, \cdots, 920\mathrm{h}$ 时，p_E 和 $p_{\overline{E}}$ 的值，详见表 8.4。

表 8.4　系统的成功率和失效率表

t/h	p_E	$p_{\overline{E}}$	t/h	p_E	$p_{\overline{E}}$
10	0.47130	0.52870	380	0.81506	0.18494
30	0.62669	0.37331	430	0.82270	0.17730
60	0.71336	0.28664	502	0.83607	0.16393
101	0.77007	0.22993	540	0.83670	0.16330
128	0.77307	0.22693	610	0.84558	0.15442
150	0.76787	0.23213	660	0.84829	0.15171
202	0.79770	0.20230	740	0.85654	0.14346
230	0.79698	0.20302	801	0.86003	0.13997
270	0.80514	0.19486	830	0.85786	0.14214
301	0.80576	0.19424	870	0.85762	0.14238
330	0.80514	0.19486	920	0.85892	0.14108

利用上述模型，可充分利用产品研制过程中各项试验的资源与信息，缩短研制周期、节省研制费用及避免不必要的损失，经济高效地促使产品达到预定的可靠性目标。

8.2　复杂装备共因失效下故障间隔期预测 GERT 模型

共因失效（common cause failures，CCF）是一种相依失效，表现为在同一原因的作用下，系统内多个部件同时或在很短的时间间隔内相继失效。在航空工业、电子工业及核电工业等领域，共因失效是导致系统失效的重要原因，成为可靠性分析中不可忽略的因素。因此，学者对共因（或称冲击应力）的发生率、共因对元件的影响程度等问题作了大量的研究。

共因失效的分析模型主要从 20 世纪 70 年代开始出现，经典的分析方法包括 β 因子模型、α 因子模型、多希腊字母（MGL）模型等，在此基础上也有很多研究成果 [5-8]。随着系统结构越来越复杂，对共因失效的研究也进入了新的阶段。近年来，学者的研究对象逐渐从单一状态系统转变为多状态系统，而当前，许多研究都是在随机过程和随机网络的基础上进行的。邵延君等 [9] 以排队维修系统的故障装备数量预测为背景，利用 GERT 网络模型对故障装备数量进行预测。李翀等 [10] 在分析元件与系统可靠性关系的基础上，通过构建 GERT 随机网络模型，给出了多元件复杂系统可靠度的解析算法。Lin 等 [11] 则在模糊数学的框架内，运用 GERT 网络来分析可修系统的可靠性。

当系统结构复杂、故障模式众多时，会给系统失效网络的构建带来困难。特别是当每个元件在冲击应力下的失效概率不同时，会使多重失效率的表达式变得极为复杂，不利于计算和推广。当前利用 GERT 研究系统故障预测问题的文献中，少有基于时间视角的研究。鉴于此，本节提出一种 GERT 网络模型来研究环境冲击应力下系统的平均无故障时间（MTBF）预测问题。

8.2.1　冲击应力下的共因失效系统可靠性模型

复杂装备等系统在运行过程中，通常会遇到外界环境产生的应力冲击，这种冲击反应了环境的严苛程度。例如，高温、高压、电磁辐射、海水腐蚀等都将造成系统的可靠度下降，甚至直接造成失效。一般来说，由于各种随机因素的作用，我们可将冲击应力的到达看作一个泊松过程，即一段时间内发生应力冲击的次数服从泊松分布。那么相邻两次共因发生的时间间隔 Δt 服从指数分布，记为 $\Delta t \sim \exp(\mu)$。

若系统中共有 m 个元件，且都受同一种冲击应力的影响，则称它们为共因失效组。由于元件自身的固有可靠性能够抵抗冲击失效，所以每种元件受到冲击后仅以一定概率失效令 $\lambda_{c_1,c_2,\cdots,c_i}$ 表示发生共因时，系统中指定 i 个元件同时失效的失效率，例如，$\lambda_{2,3,4}$ 表示 2，3，4 号元件同时失效的失效率；λ_{iVm} 表示发生共因时，系统中任意 i 个元件同时失效的失效率，则有

$$\lambda_{c_1,c_2,\cdots,c_i} = \mu \left(\prod_{j=1}^{i} p_j \right) \left(\prod_{k=i+1}^{m} (1 - p_k) \right) \tag{8.1}$$

$$\lambda_{iVm} = \mu \sum_{F_i \in U_i} \left\{ \left(\prod_{j \in F_i} p_j \right) \left(\prod_{k \in S_i} (1 - p_k) \right) \right\} \tag{8.2}$$

其中，$p_j\,(j = 1, 2, \cdots, m)$ 表示 j 号元件受到应力冲击后发生失效的概率。式 (8.2) 中的各个集合分别表示如下。U_i：有 i 个元件失效时，所有可能的失效组的集合（含 C_m^i 个元素）；F_i：发生失效的元件集合（含 i 个元素）；S_i：未发生失效的元件集合（含 $(m - i)$) 个元素。

每次共因到来时，同时发生失效的元件数目 i 是一个随机变量。令 λ_+^q 表示 q 重以上失效的失效率，即

$$\lambda_+^q = \sum_{i=q}^{m} \lambda_{iVm} \tag{8.3}$$

例如，当 $q = 2$ 时，λ_+^2 表示二重以上失效率。λ_+^q 还可以通过式 (8.4) 求得：

$$\lambda_+^q = \mu C_q\,(p) \tag{8.4}$$

其中，$p = (p_1, p_2, \cdots, p_m)$，是系统中 m 个元件在冲击应力下的失效概率向量；$C_q\,(p)$ 则表示系统在冲击应力下发生 q 重以上失效的概率，即

$$C_q\,(p) = \sum_{i=q}^{m} \sum_{F_i \in U_i} \left\{ \left(\prod_{j \in F_i} p_j \right) \left(\prod_{k \in S_i} (1 - p_k) \right) \right\} \tag{8.5}$$

由式 $\lambda_+^q = \mu C_q\,(p)$ 可得 $\mu = \dfrac{\lambda_+^q}{C_q\,(p)}$。特别地，当 $q = 0$ 时，$C_0\,(p) = 1$，于是 $\mu = \lambda_+^0$。由此可知，为了根据统计数据对共因的发生率 μ 进行估计，可以以各重失效发生的次数为依据进行统计推断。

令 N_+^q 表示系统中 q 个以上元件同时失效的总次数，s 表示系统发生多重失效的元件数总和，于是可得下列关系：

$$N_+^q = \sum_{i=q}^{m} N_{iVm} \tag{8.6}$$

$$s = \sum_{i=q}^{m} i N_{iVm} \tag{8.7}$$

其中，N_{iVm} 表示系统中 i 个元件同时失效的次数。可知 N_{iVm} 是一个服从泊松分布的变量，参数为 $\lambda_{iVm}T$。易知它们叠加后的结果 N_+^q 也是一个泊松变量，参数为 $\lambda_+^q T$。λ_+^q 的最大似然估计值 $\hat{\lambda}_+^q$ 是

$$\hat{\lambda}_+^q = \frac{N_+^q}{T} = \frac{\sum_{i=q}^{m} N_{iVm}}{T} \tag{8.8}$$

当 $q = 0$ 时，由于 $\mu = \lambda_+^0$，故可得 μ 的最大似然估计值 $\hat{\mu} = \dfrac{N_+^0}{T} = \dfrac{\sum_{i=0}^{m} N_{iVm}}{T}$。因此，可以根据各重失效发生的次数 N_{iVm} 对 μ 进行估计。然而，通常情况下，共因发生时无元件发生失效的次数 N_{0Vm} 不能或很难观测到，并且共因引起的一重失效也难以与元件本身的独立失效相区分，因此一般可通过观察 q 重以上失效的次数 N_+^q 来对参数 λ_+^q 进行估计 $(q \geqslant 2)$，再通过式 $\lambda_+^q = \mu C_q(p)$ 来获得 μ 的估计值 $\hat{\mu} = \dfrac{\hat{\lambda}_+^q}{C_q(p^*)}$。

8.2.2 共因失效下故障间隔期预测 GERT 网络的构建和解析性质

冲击应力的发生具有随机性，因此系统中各部件在其作用下发生失效的过程是一个典型的随机过程。为了描述系统的共因失效过程，本节构建了一种系统可靠性评价 GERT 网络。

定义 8.2 系统可靠性评价 GERT 网络模型包含节点、有向弧和状态转化流 3 个要素。节点代表系统的各种状态；有向弧表示系统的状态在两个节点之间的转移关系；转化流则是对转移关系的定量描述。最基本的网络构成如图 8.7 所示。

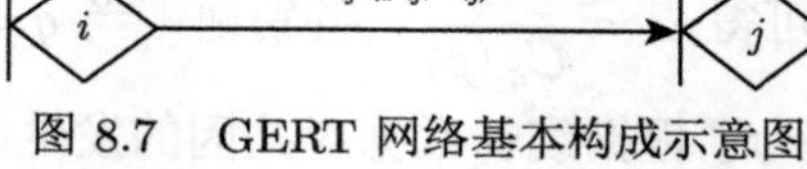

图 8.7 GERT 网络基本构成示意图

其中，ω_{ij} 是系统从状态 i 到状态 j 的有向弧；p_{ij} 是转移的概率；t_{ij} 是状态转移所需的时间。本节假设元件受到冲击后发生失效，则 $t_{ij} = 0$，即发生瞬时失效。

定义 8.3 对于随机变量 X 和任意实数 s，定义 $M_X(s)$ 为随机变量 X 的矩母函数，则有

$$M_X(s) = E(e^{sX}) = \begin{cases} \displaystyle\int_R e^{sx} f(x) \mathrm{d}x, & X \text{ 为连续随机变量} \\ \displaystyle\sum_{x \in \Theta} e^{sx} p(x), & X \text{ 为离散随机变量} \end{cases}$$

在本节的 GERT 网络中，假设相邻两次冲击应力到达的时间间隔 t_{ij} 服从某种密度函数为 $f(t_{ij})$ 的概率分布，那么有向弧 ω_{ij} 的矩母函数可定义为

$$M_{ij}(s) = \int_0^\infty e^{st_{ij}} f(t_{ij}) \, dt_{ij} \tag{8.9}$$

对于失效弧，由于瞬时失效，$t_{ij} = 0$ 是离散变量，因此其矩母函数为 $M_{ij}(s) = e^{st_{ij}} p(t_{ij}) = 1$。

定义 8.4 令 $W_{ij}(s)$ 为有向弧 ω_{ij} 的传递函数，其计算式为

$$W_{ij}(s) = p_{ij} \cdot M_{ij}(s) \tag{8.10}$$

因此，对于一个含有两项参数 p_{ij} 和 t_{ij} 的网络，可以用传递函数 $W_{ij}(s)$ 来等价表示有向弧 ω_{ij}。根据信号流图的原理，对具有 $W_{ij}(s)$ 函数的网络求解等效传递函数 $W_E(s)$，便可反演出网络的等价参数 p_E 和 t_E。

性质 8.3 有向弧 ω_{ij} 上的时间参数 t_{ij} 的期望值 $E(t_{ij})$ 是矩母函数的一阶导数在 $s = 0$ 处的值。

由性质 8.3 可知，$E(t_{ij}^2) = \left. \dfrac{\partial^2 M_{ij}(s)}{\partial s^2} \right|_{s=0}$，那么 t_{ij} 的方差 $V(t_{ij})$ 可以通过 $V(t_{ij}) = E(t_{ij}^2) - E^2(t_{ij})$ 计算得到。$E(t_{ij})$ 和 $V(t_{ij})$ 的实际意义分别是期望寿命和寿命方差。

性质 8.4 有向弧 ω_{ij} 上的转移概率参数 p_{ij} 是传递函数 $W_{ij}(s)$ 在 $s = 0$ 处的值。

由性质 8.4 可知，当 GERT 网络的等价矩母函数 $M_E(s)$ 较难求得或表达式复杂，而等价传递函数 $W_E(s)$ 较易求解时，可以得到等价矩母函数 $M_E(s) = \dfrac{W_E(s)}{W_E(0)}$。

8.2.3 共因失效下复杂装备 GERT 网络在某民航客机上的应用

1. 系统 GERT 网络的构建

某民航客机上搭载的飞行数据记录系统由 7 个元件组成，其可靠性框图如图 8.8 所示。其中 1～2 号元件是弹射触发系统的一部分，由同一个电路控制，若出现电压异常，则可能导致元件失效，因此 1～2 号元件组成共因失效组 1；3～7 号元件是数据传输系统的一部分，由另一个电路控制，电压异常同样会导致元件失效，因此它们组成共因失效组 2。

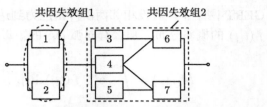

图 8.8　系统可靠性框图及共因失效组

　　寻找该系统失效路径的方法不止一种。本节利用最小割集法确定系统的失效路径。该系统的最小割集为 {1, 2}，{3, 4, 5}，{3, 4, 7}，{4, 5, 6}，{6, 7}，每个最小割集代表一种失效模式。那么以最小割集表示的 GERT 总网络如图 8.9 所示。其中节点 1 ~ 5 分别对应一个最小割集，节点 E_i 对应的是第 i 个最小割集的失效状态 $(i = 1, 2, \cdots, 5)$。

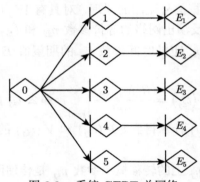

图 8.9　系统 GERT 总网络

　　当任意一个最小割集失效时，图 8.9 的网络就从对应节点转移到节点 E。每个最小割集中包含若干元件，这些元件构成了 GERT 子网络。例如，节点 1 包含 1、2 号元件，对应的 GERT 子网络如图 8.10 所示。

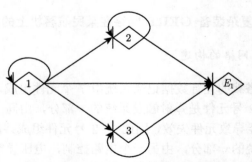

图 8.10　1 号割集对应的 GERT 网络

其中节点 1 表示 1、2 号元件均不发生失效；节点 2 表示仅有 1 号元件失效；节点 3 表示仅有 2 号元件失效。图中的有向弧表示状态之间的转移。本节首先以 2 号割集为例，说明该系统的共因失效可靠性评价方法。图 8.11 所示为 2 号割集，即元件 {3, 4, 5} 所对应的 GERT 子网络。表 8.5 为各节点代表的状态。

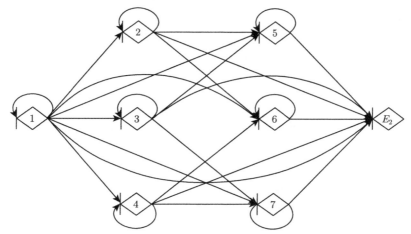

图 8.11　2 号割集对应的 GERT 子网络

表 8.5　2 号割集 GERT 子网络节点状态

节点序号	状态	节点序号	状态
1	所有元件不失效	5	3，4 号元件失效，5 号元件不失效
2	仅 3 号元件失效	6	3，5 号元件失效，4 号元件不失效
3	仅 4 号元件失效	7	4，5 号元件失效，3 号元件不失效
4	仅 5 号元件失效	E_2	所有元件失效

2. GERT 网络的求解

共因失效组 1 和 2 各自受到不同的环境应力冲击，为了估计各自的冲击应力发生率 $\hat{\mu}_B^{(1)}$ 和 $\hat{\mu}_B^{(2)}$，分别对两个共因失效组进行失效观察，统计二重以上失效次数，并将相关数据记录在表 8.6 中。

表 8.6　多重失效次数和总试验时间

共因失效组	后验数据		先验数据		$\widehat{\lambda_B}/$（次/h）
	失效次数 N_+^2	每小时总试验次数	失效次数 a	每小时总试验次数 b	
共因失效组 1	7	47769	15	94458	1.55×10^{-4}
共因失效组 2	13	35294	20	54152	3.69×10^{-4}

另外，根据元件的冲击试验结果，得到两个共因失效组内的元件在冲击应力下的失效概率向量 $P_1^* = (0.57, 0.62)$，$P_2^* = (0.54, 0.4, 0.61, 0.63, 0.57)$。

对于共因失效组 1 和共因失效组 2，其二重以上失效概率分别为 $C_2(P_1^*) = 0.353$，$C_2(P_2^*) = 0.873$。

由式 (8.4) 可得共因发生率的 Bayes 估计值 $\hat{\mu}_B^{(1)} = 4.39 \times 10^{-4}$，$\hat{\mu}_B^{(2)} = 4.23 \times 10^{-4}$。

现以 2 号割集 (由 3、4、5 号元件构成) 为例说明本节模型用于计算系统平均无故障时间的方法。该割集所对应的 GERT 子网络已由图 8.11 给出。该网络共有 26 条有向弧，具体信息如表 8.7 所示。

表 8.7　有向弧参数表

序号	源节点	终节点	转移概率 p_{ij}	时间分布 t_{ij}	序号	源节点	终节点	转移概率 p_{ij}	时间分布 t_{ij}
1	1	1	0.108	$\exp(\mu)$	14	3	5	0.211	0
2	1	2	0.126	0	15	3	7	0.281	0
3	1	3	0.072	0	16	3	E	0.329	0
4	1	4	0.168	0	17	4	4	0.276	$\exp(\mu)$
5	1	5	0.084	0	18	4	6	0.324	0
6	1	6	0.198	0	19	4	7	0.184	0
7	1	7	0.112	0	20	4	E	0.216	0
8	1	E	0.132	0	21	5	5	0.390	$\exp(\mu)$
9	2	2	0.234	$\exp(\mu)$	22	5	E	0.610	0
10	2	5	0.156	0	23	6	6	0.600	$\exp(\mu)$
11	2	6	0.366	0	24	6	E	0.400	0
12	2	E	0.244	0	25	7	7	0.460	$\exp(\mu)$
13	3	3	0.179	$\exp(\mu)$	26	7	E	0.540	0

设有向弧 ω_{ij} 表示从节点 i 到节点 j 的状态转移。由式 (8.10) 可知，有向弧的传递函数为 $W_{ij}(s) = p_{ij} \cdot M_{ij}(s)$。由于有向弧数目较多，若利用传统的梅森公式求解网络的等价传递函数，计算量较大且容易出错，因此，本节采用一种 GERT 网络的矩阵求解方法进行模型计算。在图 8.11 中，源节点 1 上存在自环，因此需要增加一个虚拟源节点 0 作为源节点，如图 8.12 所示。

由于节点 1 的初始时刻是冲击应力发生的时刻，而本节要计算的是系统平均无故障时间，那么 GERT 网络的初始时刻 (即节点 0 的初始时刻) 应是上次冲击应力结束的时刻，因此，节点 0~1 的有向弧 ω_{01} 上，转移概率 $p_{01} = 1$，而时间 $t_{01} \sim \exp(\hat{\mu}_B^{(2)})$。于是可得图 8.12 的流图增益矩阵：

$A =$

$$\begin{bmatrix} W_{11}-1 & 0 & 0 & 0 & 0 & 0 & 0 & 0 \\ W_{12} & W_{22}-1 & 0 & 0 & 0 & 0 & 0 & 0 \\ W_{13} & 0 & W_{33}-1 & 0 & 0 & 0 & 0 & 0 \\ W_{14} & 0 & 0 & W_{44}-1 & 0 & 0 & 0 & 0 \\ W_{15} & W_{25} & W_{35} & 0 & W_{55}-1 & 0 & 0 & 0 \\ W_{16} & W_{26} & 0 & W_{46} & 0 & W_{66}-1 & 0 & 0 \\ W_{17} & 0 & W_{37} & W_{47} & 0 & 0 & W_{77}-1 & 0 \\ W_{1E} & W_{2E} & W_{3E} & W_{4E} & W_{5E} & W_{6E} & W_{7E} & -1 \end{bmatrix}$$

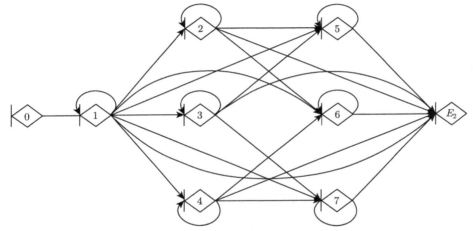

图 8.12 增加虚拟源节点后的 GERT 子网络

矩阵 A 中的元素 W_{ij} 是指节点 i 到节点 j 的传递函数。由于源节点 0 只直接作用于节点 1，因此它对矩阵的增益值为 $b_1 = -W_{01}(s) = \hat{\mu}_B^{(2)}/\left(s - \hat{\mu}_B^{(2)}\right)$。最后可得 GERT 子网络的等价传递函数为

$$W_E(s) = \frac{\sum_{j=1}^{8} A_{ji} b_1}{|A|} = \frac{A_{18} b_1}{|A|}$$

其中，A_{18} 是矩阵元素 a_{18} 的代数余子式；$|A|$ 是矩阵 A 的行列式。根据上面公式的计算结果，再由性质 8.2 可以求解该 GERT 子网络从节点 1 到节点 E_2 的传递时间的期望值：

$$E(t_E) = \frac{\partial M_E(s)}{\partial s}\bigg|_{s=0} = 4.91 \times 10^3$$

这也就是该子网络的平均无故障时间。通过编程对该网络进行仿真分析，仿真次数为 10000 次，可以得到平均失效时间为 4918h，这与上面公式的结果是接近的，从而证明了本节所提 GERT 网络计算结果的正确性。图 8.13 是 10000 次仿真的统计直方图，可以看到，超过 55% 的失效时刻都在 3910h 之前，而 80% 的失效时刻都在 7820h 之前。类似地，可以得到图 8.9 中其他各最小割集的平均无故障时间，计算结果如表 8.8 所示。在系统中各个最小割集是串联关系，因此系统的平均无故障时间取决于期望寿命最短的那条失效路径，即 1 号割集所代表的路径。由此可见，1 号最小割集是系统中最敏感的失效路径，它使得系统的平均无故障时间为 3632h。因此，若要提高系统的期望寿命，应首先关注平均无故障时间最短的最小割集，并提高其中元件的可靠性。

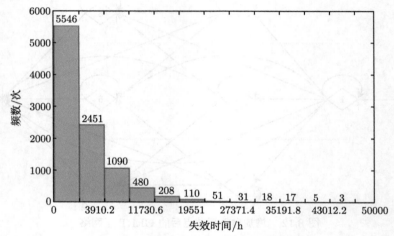

图 8.13　GERT 子网络仿真失效时间直方图

表 8.8　各最小割集平均无故障时间

序号	平均无故障时间/h
1 号割集	3632
2 号割集	4910
3 号割集	5000
4 号割集	4693
5 号割集	3734

8.3　复杂装备退化型失效可靠性评估隐 GERT 模型

随着科技的发展和制造工艺的不断进步，对产品的性能和可靠性要求也越来越高。复杂装备故障演化的实质就是其在使用过程中由于元器件的磨损、疲劳等原因造成性能逐渐下降,最终超出材料可承受的范围而导致故障现象的发生,即退化型失效在装备故障比例中占有越来越大的比重 [12]。此类故障往往具有一定的规律性,可以通过对产品状态的监测和可靠性的评估来进行预防 [13]。自从 Gertsbakh 等 [14] 以产品的性能退化数据建立可靠性模型以来,众多学者围绕退化模型的研究展开了丰富的探索。目前对器件(电子产品和机械零部件统称为器件)进行可靠性预计的方法主要有相似产品法、评分预计法、应力分析法、马尔可夫法、故障物理法、蒙特卡罗法、支持向量机回归法、故障树分析法、经验模型法、神经网络预计法、递推滤波算法等,这些方法为退化型失效产品可靠性的提高和维修策略的制定提供了大量有益的参考价值。

对性能退化产品系统可靠性的研究,概括起来主要有以下三个方面:① 基于性能退化数据概率统计的可靠性评估模型;② 基于产品退化规律和退化轨道的可靠性经验评估模型;③ 基于对故障发生机理和根本原因进行解析的故障物理模型。然而,以上各类退化模型都有各自的缺陷和不足,如概率统计模型对故障发生原因认识不深刻,无法对故障发生位置、故障原因、发生机理等进行细致的刻画,经验模型和故障物理模型过度依赖对已有故障规律的认知且未考虑实际应用时质量特性的随机性和复杂性,导致应用可靠性退化模型解决实际问题时常常与工程实践存在较大的偏差。事实上,装备结构的复杂性和所处工作环境(如温度、振动、湿度等)的多样性,使得对系统可靠性的评估越来越难以用简单的模型及状态进行描述。

我们在考虑系统内部结构复杂性及所处外界应力条件多样性的基础上,提出一种基于隐性 GERT(HGERT)模型来进行系统可靠性预计和评估的方法。装备故障发生过程实质是由正常状态到故障状态的隐性状态变迁,用 GERT 随机网络对劣化状态节点进行描述。通过传感器将系统性能特征参数进行量化输入,从而将 GERT 网络中的各个劣化状态节点进行展开。引入隐马尔可夫模型(hidden Markov model, HMM)中的 Viterbi 算法对模型参数进行解码学习,最终可得到节点之间的状态转移概率。设计系统性能指标的退化量作为 GERT 网络节点间传递的随机变量,建立产品性能退化的一般控制模型。通过监测与分析装备处于不同状态时性能劣化程度的变动情况,对系统在运行阶段的可靠性进行预计,进而根据系统所处状态及时安排预防维修,提高装备质量水平,延长使用寿命。

8.3.1　HGERT 网络模型及算法

GERT 网络与关键路径法(critical path method, CPM)和计划评审技术(program evaluation and review technique, PERT)相比,由于存在概率分支并允许网络回路现象存在,自 Elmaghraby 等提出以来,就被广泛应用于项目管理、质量控制、排队问题和交通运输等众多领域。1970 年，Whitehouse[15] 首次将 GERT 网络技术用于可靠性问题分析中，运用信号流图理论和矩母函数性质证明了所提设想的可行性。随后，Shankar 等 [16,17] 在带维修机制的两单元冷储备系统和带维修机制的两单元热储备系统上，成功地运用 GERT 网络进行描述，推导了系统的有效度、MTBF、MTTR 等可靠性参数。

　　HGERT 网络与一般的广义活动网络类似，也是由节点传递概率和活动间传递变量构成的。所不同的是，HGERT 网络活动中节点的状态转移是一个包含隐性与显性的双重随机过程，隐性状态是系统的内在转移，表明状态真实的变迁；显性状态是与隐性状态相对应的可观测序列。

　　定义 8.5（HGERT 网络模型及其基本表示形式）　在 GERT 网络中，若用异或型节点 $i(i = 1, 2, \cdots, N)$ 表示系统在不同时刻所处的隐性不可见状态，圆形节点 $v_{i1}, v_{i2}, \cdots, v_{iM_i}$ 为节点 i 所对应的可观测序列，则称此 GERT 网络为 HGERT 网络模型。HGERT 网络的基本表示形式如图 8.14 所示。

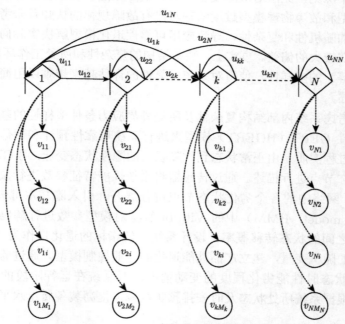

图 8.14　HGERT 网络模型的基本表示形式

　　图 8.14 中，实线 u_{ij} 表示活动 $ij(i = 1, 2, \cdots, N; j = 1, 2, \cdots, N)$ 之间的传递关系，包含实现概率 p_{ij} 和传递变量 x_{ij} 等基本参数；虚线表示第 $a(1 \leqslant a \leqslant N)$ 个性能状态所对应的第 $b(1 \leqslant b \leqslant M_a)$ 个观测序列值。从图 8.14 可以看出，HGERT

网络模型其实是一个含有隐含未知参数的随机网络，其基本构成单元为

$$\psi = (N, M, P, B; X) \tag{8.11}$$

其中，N 为隐含不可见状态数，记 N 个隐状态为 $S_1, S_2, \cdots, S_N$，则任意时刻 t 时系统所处状态 $k \in \{S_1, S_2, \cdots, S_N\}$；$M$ 为可观测显性状态数，每个隐状态 k 的可观测序列为 $v_{k1}, v_{k2}, \cdots, v_{kM_k}$，则 $M = \max\limits_{1 \leqslant k \leqslant N} M_k$，记 t 时刻的状态 k 的观测值为 $o_t \in \{v_{k1}, v_{k2}, \cdots, v_{kM_k}\}$；$P$ 为系统状态间的转移概率矩阵，$P = [p_{ik}]_{N \times N}$，$p_{ik} = p(S_k | S_i)$；$B$ 为可观测序列 $v_{k1}, v_{k2}, \cdots, v_{kM_k}$ 之间的传递概率矩阵，$B = [b_{kj}]_{N \times M}$，$b_{kj} = p(o_t = v_{kj} | X(t) = k)$；$X$ 为节点间的随机传递变量。由概率定义可知

$$\begin{cases} 0 \leqslant p_{ik} \leqslant 1, \quad 0 \leqslant b_{kj} \leqslant 1 \\ \sum\limits_{k} p_{ik} = 1, \quad \sum\limits_{j} b_{kj} = 1 \end{cases} \tag{8.12}$$

由以上的分析可知，HGERT 网络中，系统状态隐含且节点间转移概率未知，可通过对状态性能参数的监测，去感知隐性状态的存在，进而根据反映状态信息的特征向量识别出系统目前所处的状态，实现对系统故障模式的预测和控制。HGERT 网络模型状态转移的基本原理如图 8.15 所示。

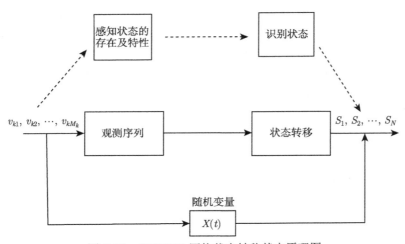

图 8.15　HGERT 网络状态转移基本原理图

将 HGERT 网络模型用于工程实际中时，常常需要对可观测序列 $v_{i1}, v_{i2}, \cdots,$ v_{iM_i} 进行解码，即已知模型 ψ 和观测序列 M，求解给定序列条件概率 $p(N | M)$

下最可能的状态向量 $N = \{S_1, S_2, \cdots, S_N\}$。由于近似算法不能保证序列整体最优且可能出现转移概率为 0 的情况，可借助于 HMM 中的 Viterbi 算法[18] 进行求解。Viterbi 算法是根据观察序列得到最优可能隐藏状态序列的有效方法，和 Forward 算法类似，可通过递归运算降低复杂度。定义 Viterbi 变量 $\delta_t(i)$，则输出序列为 $o_1, o_2, \cdots, o_t$ 时输出状态为 S_i 的概率最大。为了记录输出状态概率最大时的到达路径，设置 $\phi_t(i)$ 用来记录到达 S_i 的前一个状态，则问题转化为

$$\begin{cases} \delta_t(i) = \max p(S_i, o_1, o_2, \cdots, o_t \,|\, \psi) \\ \text{s.t.} \begin{cases} \delta_{t+1}(i) = \max_k (\delta_t(i) p_{ki}) b_i(o_{t+1}) \\ \phi_t(i) = \arg \max_{1 \leqslant k \leqslant N} (\delta_{t-1}(k) p_{ki}) \\ i = 1, 2, \cdots, N \end{cases} \end{cases} \tag{8.13}$$

8.3.2　基于性能退化量的可靠性评估

1. 退化型失效的多状态描述

系统在经受磨损、腐蚀、风化等外界条件影响时会发生性能的退化或劣化，当关键性能退化到一定的临界值时，便失去正常功能而发生失效，如半导体器件的门槛电压最大漂移量一般不超过 20%，铝电解电容的等效串联电阻其电阻值增大量不能超过初始值的 1.78 倍等。因此，装备从完全正常状态到故障状态之间要经过一系列的劣化状态，用 $S = \{S_i\}$ ($i = 1, 2, \cdots, n$) 表示系统状态空间，其中 1 为正常状态，n 为故障状态，则装备性能变迁的拓扑网络结构如图 8.16 所示。假设装备在故障发生时立即安排维修人员进行维修，且维修策略为不完全维修，则系统状态的变迁过程为可以向左也可以向右的双向状态转移。向右侧转移表示装备因磨损、腐蚀等造成性能的下降，向左侧转移则表示装备因维修而得到状态的恢复。

2. 基于性能退化量的一般控制模型

在一定的环境条件和工作应力影响下，装备性能指标不仅仅是时间的函数，其性能退化量往往还与外部各类载荷相关。装备性能退化的广义数学模型为

$$X = f(t, T, V, E, \cdots) \tag{8.14}$$

其中，X 表示系统性能退化量；T、V、E 表示任务剖面内承受的温度、湿度、振动等外界应力。若以 D_f 代表系统性能退化量的失效阈值，则装备在任务期间内的寿命即为工作时间从 0 到性能指标 X 达到失效阈值 D_f 的时间 t_n。

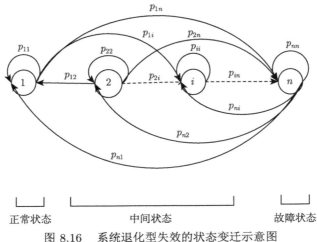

图 8.16 系统退化型失效的状态变迁示意图

由退化理论可知，随工作时间 t 的增大，系统性能退化量逐渐加剧。按照一般控制理论，假设将温度、湿度、振动等外界应力 $T, V, E, \cdots$ 作为控制模型的总输入，用 $g(t)$ 来统一表示，性能退化量 $X(t)$ 作为控制模型的总输出。设计比例算子 k、微分算子 D 和先导算子 E 等基本线性算子，无论系统内部连接结构为串联、并联还是网络，都可以将变换关系用总算子 S 表示。无论系统如何复杂，按照可靠性控制理论基本公式，将性能退化量 $X(t)$ 与外界载荷的关系表示为

$$X(t) = \frac{\left(\sum_{\alpha}\sum_{\beta} k_{\alpha\beta} D^{\alpha} E^{\vartheta_s}\right)^{-1}}{1 - \left(\sum_{\alpha}\sum_{\beta} k_{\alpha\beta} D^{\alpha} E^{\vartheta_s}\right)^{-1} \left(\sum_{r\neq\alpha}\sum_{s\neq\beta} k_{\alpha\beta} D^{\alpha} E^{\vartheta_s}\right)} g(t) \tag{8.15}$$

将该性能退化控制模型分解成被控系统和控制器，则系统性能退化量 $X(t)$ 与机械应力、化学环境、工作载荷等一系列输入影响因素 $g(t)$ 的关系框图如图 8.17 所示。

3. 装备可靠性评估

可靠性评估就是通过对系统可靠性水平进行定量的评估，找出影响可靠性增长的主要因素和薄弱环节，及时安排维修制度，保证装备在任务期间完成规定的功能。基于 HGERT 网络的装备可靠性退化模型如图 8.18 所示，其中 W_{ij}（$i = 1, 2, \cdots, n; j = 1, 2, \cdots, n$）为各个状态之间的传递函数。

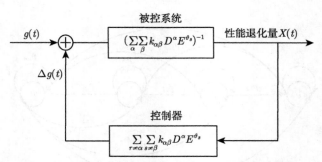

图 8.17　装备性能退化的一般控制系统结构示意图

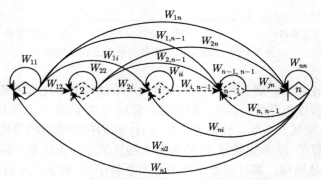

图 8.18　HGERT 网络描述的装备性能退化模型

在图 8.18 中，GERT 网络的源节点 1 和终节点 n 分别表示装备的完好状态和故障状态，这里的故障指系统完全丧失规定的功能，不与失效区分，且这两个状态均为显性状态，节点类型用实线表示。节点 2 到节点 $n-1$ 表示性能劣化状态，节点类型用虚线表示。装备性能退化量如式 (8.16) 所示，它是一个与工作时间 t 相关的随机变量。由文献 [19] 可知，节点间的状态转移概率 p_{ij} 可根据到达节点的等待时间解得。例如，在状态 1 到任意状态 $j(1 < j \leqslant n)$ 的转移过程中，令 $T_{12}, T_{13}, \cdots, T_{1n}$ 分别表示节点 1 到节点 n 的故障时间，则

$$p_{1j} = P(T_{1j} < T_{11}, T_{1j} < T_{12}, \cdots, T_{1j} < T_{1n}) \tag{8.16}$$

对于退化装备的可靠性分析，在引入维修机制前，性能劣化只存在从前到后的转移。对于节点 1 到节点 $n-1$，$p_{21} = 0, \cdots, p_{n-1,1} = 0, \cdots, p_{n-1,n-2} = 0$。根据条件概率公式：

$$P(\min \{T_{12}, T_{13}, \cdots, T_{1n}\} \leqslant t) = P(T_{11} \leqslant t \,|\, T_{11} < T_{12},$$

$$T_{11} < T_{13}, \cdots, T_{11} < T_{1n})p_{11} + \cdots + P(T_{1n} \leqslant t \,|\, T_{1n} < T_{12},$$

$$T_{1n} < T_{13}, \cdots, T_{1n} < T_{1,n-1})p_{1n} = \sum_{k=1}^{n} P(T_{1k} \leqslant t \,|\, T_{1k} < T_{12},$$

$$\cdots, T_{1k} < T_{1,k-1}, T_{1k} < T_{1,k+1}, \cdots, T_{1k} < T_{1n})p_{1k} \tag{8.17}$$

可求解出装备各性能状态节点间的传递概率。

对累积的装备性能退化量求偏导, 可得到等价性能退化量 $X(t)$ 的概率密度函数 $f_X(x)$。根据信号流图基本理论, 装备不同状态 $ij(1 \leqslant i \leqslant j < n)$ 之间等价性能退化量的矩母函数为

$$M_X(s) = \int_{-\infty}^{+\infty} \mathrm{e}^{sX} f_X(x)\mathrm{d}x \tag{8.18}$$

状态 i 到状态 j 的传递函数为

$$W_{ij} = p_{ij}M_{X(i\to j)}(s) = p_{ij}\int_{-\infty}^{+\infty} \mathrm{e}^{sX} f_X(x)\mathrm{d}x \tag{8.19}$$

根据图 8.18 所示的网络拓扑结构, 对各阶环进行分类, 分类结果如表 8.9 所示。

表 8.9　装备劣化状态 HGERT 网络的各阶环

一阶环	传递函数	二阶环	传递函数	$\cdots$	n 阶环	传递函数
1-1	W_{11}	1-1, 2-2	$W_{11}W_{22}$	$\cdots$	1-1, 2-2, $\cdots$, n-n	$W_{11}W_{22}$ $\cdots W_{nn}$
2-2	W_{22}	1-1, 3-3	$W_{11}W_{33}$	$\cdots$		
$\vdots$	$\vdots$	$\vdots$	$\vdots$	$\cdots$		
n-n	W_{nn}	1-1, n-n	$W_{11}W_{nn}$	$\cdots$		
1-n-1	$W_{1n}W_{n1}$	1-1, 2-n-2	$W_{11}W_{2n}$ W_{n2}	$\cdots$		
2-n-2	$W_{2n}W_{n2}$	1-1, 3-n-3	$W_{11}W_{3n}$ W_{n3}	$\cdots$		
$\vdots$	$\vdots$	$\vdots$	$\vdots$	$\cdots$		
n-1-n-n-1	$W_{n-1,n}$ $W_{n,n-1}$	1-1, $(n$-1$)$-n-$(n$-1$)$	$W_{11}W_{n-1,n}$ $W_{n,n-1}$	$\cdots$		
$\vdots$	$\vdots$	$\vdots$	$\vdots$	$\cdots$		

根据梅森公式 [15] 基本理论, 系统从初始完好状态到任意状态的传递函数为

$$W_E(s) = \frac{\sum\limits_{k=1}^{n} p_k \left(1 - \sum\limits_{m}\sum\limits_{i}(-1)^m \overline{W}_i(L_m)\right)}{1 - \sum\limits_{m}\sum\limits_{i}(-1)^m W_i(L_m)} \tag{8.20}$$

根据矩母函数的性质，可求解出装备某状态区间内等价性能退化量 $X(t)$ 的期望为

$$E(X(t)) = \frac{\partial}{\partial s}\left(\frac{W_E(s)}{W_E(0)}\right)\bigg|_{s=0} \tag{8.21}$$

通过对系统关键性能特征参数的监测，实现对装备运行状态的管控，及时安排技术人员进行维修，提高装备持续运行能力。

综上，总结出基于 HGERT 网络模型进行装备可靠性评估的步骤如下。

步骤 1：将装备的性能退化过程用 HGERT 网络进行描述，正向箭线表示系统功能的衰退，逆向箭线表示系统处于故障状态时引入维修机制。

步骤 2：对系统性能特征参数进行数据采集，通过编码和量化处理，得到 HGERT 网络状态概率转移基本参数。

步骤 3：通过 Viterbi 算法进行求解，得到系统从初始完好状态到任意劣化状态间的转移概率。

步骤 4：建立性能退化量随时间变化的数学模型，通过对参数的估计和检验，拟合出性能退化量的分布函数。

步骤 5：运用信号流图理论和梅森公式求出从初始完好状态到任意劣化状态间性能指标的期望退化量。

步骤 6：根据系统本身特性对关键特征参数进行监控，对系统可靠性、可维修性等性能进行评价，对于异常状态采取必要措施。

8.3.3　HGERT 模型在数控铣床故障监测中的应用

使用本节提出的基于 HGERT 网络的可靠性评估模型进行系统可靠性水平的预计。根据铣床的加工工艺要求，将其状态划分为正常、轻微劣化、严重劣化和故障四种，分别用 1、2、3、4 表示，用 GERT 网络进行描述，如图 8.19 所示。

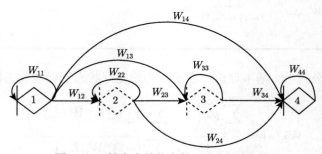

图 8.19　铣床失效状态的 GERT 网络图

对反映装备性能状态的特征参数最大半径偏差 $F_{\max}$、最小半径偏差 $F_{\min}$、圆滞后 L、圆偏差 G 进行矢量量化，可得到各个参数的观测序列矩阵 M。根据式 (8.13)，用 Viterbi 算法对性能退化状态转移概率矩阵进行求解，最终得到装备性能状态的状态转移概率为

$$P = \begin{array}{c} \\ 1 \\ 2 \\ 3 \\ 4 \end{array} \begin{array}{cccc} 1 & 2 & 3 & 4 \\ \left[\begin{array}{cccc} 0.9443 & 0.0455 & 0.0102 & 0 \\ 0 & 0.6142 & 0.3857 & 0.0001 \\ 0 & 0 & 0.9665 & 0.0335 \\ 0 & 0 & 0 & 1 \end{array}\right] \end{array}$$

铣床的退化过程常常受到切削材料、切削深度以及走刀量等多种应力作用的影响，其退化轨迹呈现出整体递增的趋势。假设退化模型为

$$X = D(t_i, \theta, v) + \varepsilon$$

其中，θ 表示随即向量效应；v 表示和系统无关的参数向量；ε 表示测量误差。则 t 时刻系统的可靠度函数为

$$R(t) = P(T > t) = P_\theta(D(t_i, \theta, v) < D_f)$$

其中，D_f 为性能退化量的阈值，在本例中为初始性能值 X_0 的 80%。退化模型中的参数可通过先确定其先验分布，再利用 MCMC（Markov chain Monte Carlo）方法从联合后验分布中生成，最终可得到性能退化量 $X(t)$ 随时间的变化过程。由于未考虑维修机制的引入带来的节点间的逆向传递过程，根据式 (8.18) 和式 (8.19)，设计状态之间的传递函数 $W_{ij}(1 \leqslant i \leqslant j \leqslant 4)$。进而可求解出铣床从状态 1 退化至状态 4 的等价传递函数为

$$W_{14}(s) = \frac{p_1 \Delta_1 + p_2 \Delta_2 + p_3 \Delta_3 + p_4 \Delta_4}{\Delta}$$

其中，p_1 为从节点 1 到节点 4 的第一条路径 1-2-3-4 上的传递关系，即 $p_1 = W_{12} W_{23} W_{34}$；$\Delta_1 = 1 - W_{11} - W_{44} + W_{11} W_{44}$；$p_2$ 为从节点 1 到节点 4 的第二条路径 1-2-4 上的传递关系，即 $p_2 = W_{12} W_{24}$；$\Delta_2 = 1 - W_{11} - W_{33} - W_{44} + W_{11} W_{33} + W_{11} W_{44} + W_{33} W_{44} - W_{11} W_{33} W_{44}$；$p_3$ 为从节点 1 到节点 4 的第三条路径 1-3-4 上的传递关系，即 $p_3 = W_{13} W_{34}$；$\Delta_3 = 1 - W_{11} - W_{22} - W_{44} + W_{11} W_{22} + W_{11} W_{44} + W_{22} W_{44} - W_{11} W_{22} W_{44}$；$p_4$ 为从节点 1 到节点 4 的第四条路径 1-4 上的传递关系，即 $p_4 = W_{14}$；$\Delta_4 = \Delta$；Δ 为整个信号流图的特征式，$\Delta =$

$1-(W_{11}+W_{22}+W_{33}+W_{44})+(W_{11}W_{22}+W_{11}W_{33}+W_{11}W_{44}+W_{22}W_{33}+W_{22}W_{44}+$
$W_{33}W_{44})-(W_{11}W_{22}W_{33}+W_{22}W_{33}W_{44}+W_{11}W_{33}W_{44})+W_{11}W_{22}W_{33}W_{44}$。

由式 (8.21) 得到从初始状态 1 到任意状态 $j(2 \leqslant j \leqslant 4)$ 的期望性能退化比例，如图 8.20 所示。

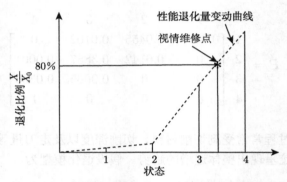

图 8.20　铣床不同状态时的性能退化量变化示意图

文献 [19] 中建立在马尔可夫过程上的铣床可靠度随时间变化关系为

$$R(t)=1+8.28\mathrm{e}^{0.9443t}-7.74\mathrm{e}^{0.9397t}+0.0141\mathrm{e}^{0.6142t}+0.5556\mathrm{e}^{t}$$

可靠度函数 $R(t)$ 随铣床运行时间的变动趋势如图 8.21 所示。

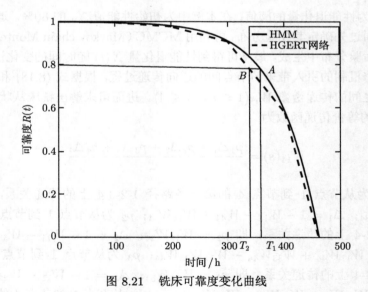

图 8.21　铣床可靠度变化曲线

设定系统可靠度阈值为 0.8，由图 8.21 可知，如果根据 HMM 进行系统可靠性的评估，铣床大约运行 $T_1 = 355\mathrm{h}$（A 点对应时刻）后，可靠度开始降至 0.8 以下，此时系统处于严重故障状态。而根据 HGERT 网络模型得到的系统性能退化水平大约在 $T_2 = 340\mathrm{h}$（B 点对应时刻）就已下降至初始性能的 80% 以下。由于状态 3 对应铣床的严重劣化状态，因此当检测到装备处于劣化状态时，再持续运行 40h 就应及时安排预防维修，从而提高装备整体运行稳定性。可见，基于 HGERT 网络模型得到的系统视情维修点比 HMM 提前预警了 15h，对于及时安排预防维修、延长设备使用寿命、减少替换成本、提高设备利用率具有重要意义。

8.4 复杂装备多元异构不确定信息情形的 MU-GERT 网络模型

受限于认知局限和客观随机性，复杂装备中普遍存在不确定信息情形。考虑到复杂装备研制过程中各项参数只是一个范围且呈现多元异构的特点，将多元异构不确定信息图示评审技术（MU-GERT 网络技术）应用其中可以得到较好的结果，为研制周期提供定量参数支持。因此，本节将多元异构不确定参数进行统一表征，构建 MU-GERT 网络模型。

8.4.1 MU-GERT 网络模型构建

在 MU-GERT 网络中，如果参数形式不一致，会导致计算困难，因此本节采用广义标准区间灰数对参数形式（灰数、概率数、模糊数、区间数）进行统一，方便后续的解析计算。多元异构不确定信息背景的 MU-GERT 网络共有六种逻辑节点，其中异或型、或型、与型构成输入侧的逻辑关系，确定型、概率型构成输出侧的逻辑关系。MU-GERT 网络模型中允许存在回路和自环，包含的节点具有不同的逻辑特征，变量的概率分布允许所有类型存在，使该网络可以完整准确地表示各种不同的活动。

定义 8.6 将灰数 $G(x)$、概率数 $P(x)$、模糊数 $F(x)$、区间数 $I(x)$ 用标准区间灰数统一形式后，称为广义标准区间灰数，记为 $\otimes(x_i) = a_i + c_i\gamma_i$，简记为 $\otimes$。其中，a_i 称为 $\otimes(x_i)$ 的白部，$c_i\gamma_i$ 称为 $\otimes(x_i)$ 的灰部，$(c_i = b_i - a_i)$ 称为灰系数，γ_i 称为灰数单位。

定理 8.4 灰数、概率数、模糊数、区间数 $\otimes(x) \in \{G(x) \cup P(x) \cup F(x) \cup I(x)\}$ $\in \bigcup\limits_{i=1}^{n} [a_i, b_i] \in D\,[0, 1]$ 进行转化后，均可以用广义标准区间灰数 $\otimes(x_i) = a_i + c_i\gamma_i$ 进行表示。其中，x 表示特征指标，$G(x)$、$P(x)$、$F(x)$、$I(x)$ 表示属性值的不同类型。

证明 （1）一般灰数 $G(x)$，令任意区间灰数 $\otimes_i = [a_i, b_i]$，$a_i \leqslant b_i$，对其进

行变换，得到

$$\otimes_i = [a_i, b_i] = [a_i, b_i] + a_i - a_i = a_i + (b_i - a_i)[0, 1] = a_i + (b_i - a_i)\gamma_i = a_i + c_i\gamma_i$$

其中，$c_i = b_i - a_i$；$\gamma_i \in [0, 1]$；$i = 1, 2, 3, \cdots$。

（2）概率数 $P(x)$，令任意概率数 $\tau_i = a_i$，对其进行变换，得到

$$\tau_i = a_i = [a_i, a_i] + a_i - a_i = a_i + (a_i - a_i)[0, 1] = a_i + (a_i - a_i)\gamma_i = a_i + c_i\gamma_i = \otimes_i$$

其中，$c_i = a_i - a_i$；$\gamma_i \in [0, 1]$；$i = 1, 2, 3, \cdots$。

由于 $c_i = 0$，所以概率数是广义区间灰数的退化形式，广义区间灰数是概率数的一般形式。

（3）模糊数 $F(x)$，在值域 D 为 $[0, 1]$ 时，模糊数即为概率数，则根据 $P(x)$ 的证明，可得 $\mu(x) = \delta(x) = a_i + c_i\gamma_i = \otimes_i$。

（4）（连续区间）区间数 $I(x)$，令任意区间值模糊数 $\tau_i = [\mu_i^L, \mu_i^U]$，$\mu_i^L \leqslant \mu_i^U$，对其进行变换，得到

$$\tau_i = [\mu_i^L, \mu_i^U] = [a_i, b_i] = [a_i, b_i] + a_i - a_i = a_i + (b_i - a_i)[0, 1] = a_i + (b_i - a_i)\gamma_i$$
$$= a_i + c_i\gamma_i = \otimes_i$$

其中，$c_i = b_i - a_i$；$\gamma_i \in [0, 1]$；$i = 1, 2, 3, \cdots$。

证毕。

定义 8.7（MU-GERT 网络）　在 GERT 网络中，若活动参数的类型多元化且数值不确定，则称该网络为 MU-GERT 网络。其基本构成单元如图 8.22 所示。

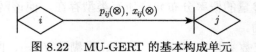

图 8.22　MU-GERT 的基本构成单元

图 8.22 中，$p_{ij}(\otimes)$ 表示节点 i 实现时活动 ij 实现的概率，且此概率为不确定数；$x_{ij}(\otimes)$ 表示实现活动 ij 所需要的参量，如时间、费用等。

定义 8.8　对于随机变量 $X(\otimes)$ 和任意实数 s，令 $M_{X(\otimes)}(s)$ 为随机变量 $X(\otimes)$ 的矩母函数，则

$$M_{X(\otimes)}(s) = E\left(e^{sX(\otimes)}\right) = \begin{cases} \displaystyle\int_{-\infty}^{\infty} e^{sX(\otimes)} f(x)\mathrm{d}x, & \text{连续随机变量} \\ \varSigma e^{sX(\otimes)} p\left(X(\otimes)\right), & \text{离散随机变量} \end{cases} \tag{8.22}$$

其中，随机变量 $X(\otimes)$ 为带有不确定信息的参量，当 $X(\otimes)$ 有界时，其矩母函数对于所有 s 均存在。

定义 8.9 设 x_{ij} 为 MU-GERT 网络随机过程中 ij 的一个参量，实现概率为 $p_{ij}(\otimes)$，已知随机变量 x_{ij} 的特征函数 $\phi_{x_{ij}}(s)$，则称 $W_{ij}(\otimes, s) = p_{ij}(\otimes) \cdot \phi_{x_{ij}}(s)$ 为传递函数。

推论 8.1（串联结构） 多元异构不确定信息背景的 MU-GERT 网络串联结构的等价传递函数（图 8.23）是各串联部分的传递函数之积，用公式表示为

$$W_{ij}(\otimes, s) = \prod_{m=1}^{n} W_{mij}(\otimes, s) \tag{8.23}$$

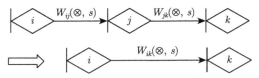

图 8.23　MU-GERT 网络串联结构等价参数图

推论 8.2（并联结构） 多元异构不确定信息背景的 MU-GERT 网络并联结构的等价传递函数（图 8.24）是各并联部分的传递函数之和，用公式表示为

$$W_{ij}(\otimes, s) = \sum_{m=1}^{n} W_{mij}(\otimes, s) \tag{8.24}$$

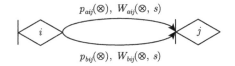

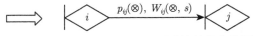

图 8.24　MU-GERT 网络并联结构等价参数图

推论 8.3（自环结构） 多元异构不确定信息背景的 MU-GERT 网络自环结构的等价传递函数见图 8.25，用公式表示为

$$W_{ij}(\otimes, s) = \frac{W_{ij}(\otimes, s)}{1 - W_{ii}(\otimes, s)} \tag{8.25}$$

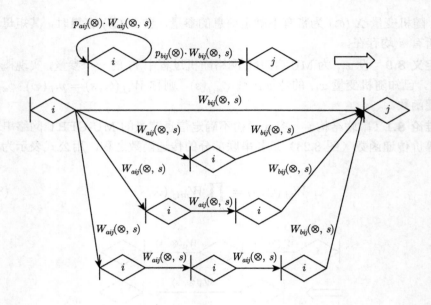

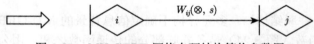

图 8.25　MU-GERT 网络自环结构等价参数图

从以上推论可以得出，MU-GERT 网络模型的等价传递参数与经典 GERT 网络模型及信号流图所描述的线性关系完全相同，用公式表示如下。

等价传递概率：

$$p_E\left(\otimes\right) = W_E\left(\otimes, s\right)\big|_{s=0} \tag{8.26}$$

等价矩母函数：

$$M_E\left(\otimes, s\right) = \frac{W_E\left(\otimes, s\right)}{p_E\left(\otimes\right)} = \frac{W_E\left(\otimes, s\right)}{W_E\left(\otimes, 0\right)} \tag{8.27}$$

随机变量的数学期望：

$$E\left(X\left(\otimes\right)\right) = \frac{\partial}{\partial s}\left(M_E\left(\otimes, s\right)\right)\bigg|_{s=0} = \frac{\partial}{\partial s}\left(\frac{W_E\left(\otimes, s\right)}{W_E\left(\otimes, 0\right)}\right)\bigg|_{s=0} \tag{8.28}$$

随机变量的方差：

$$V\left(X\left(\otimes\right)\right) = \frac{\partial^2}{\partial s^2}\left(\frac{W_E\left(\otimes, s\right)}{W_E\left(\otimes, 0\right)}\right)\bigg|_{s=0} - \left(\frac{\partial}{\partial s}\left(\frac{W_E\left(\otimes, s\right)}{W_E\left(\otimes, 0\right)}\right)\bigg|_{s=0}\right)^2 \tag{8.29}$$

8.4.2 MU-GERT 网络模型的矩阵式求解

GERT 网络模型的求解算法有解析式算法、蒙特卡罗模拟法和矩阵式算法。以梅森公式为基础的解析式算法需要对随机网络的拓扑结构进行分析，在处理多节点、多回路的网络时十分不便；以仿真为基础的蒙特卡罗模拟法只能得出频率分布图，不能反演导出随机网络的其他基本参数。因此，本节研究 MU-GERT 网络模型的矩阵式算法，既可以有效避免解析算法的庞杂分析工作，减少分析中的错判现象，节省工作时间；又可以避免陷入只有概率分布图而无函数表达式的境地，得出网络中的基本参数值，利于进行下一步的解析计算和分析。本节提出 MU-GERT 网络模型的矩阵式算法。

定义 8.10 在 MU-GERT 网络模型的矩阵式表达中，基本单元如图 8.26 所示。

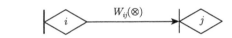

图 8.26 MU-GERT 网络模型的矩阵式表达基本单元

定义 8.11 在 MU-GERT 网络模型的矩阵式表达中，两个活动间的传递函数 $W_{ij}(\otimes)$ 用元素 a_{ji} 表示，得到传递矩阵 A。若两活动节点间不存在箭线，则 $a_{ji} = 0$。

定义 8.12 传递矩阵 A 中，行向量为 0 所对应的节点称为源节点，行向量不为 0 所对应的节点称为非源节点。

利用信号流图线性系统的基本特性对其传递函数进行求解，具体步骤如下。

步骤 1：将 MU-GERT 网络表示成传递矩阵 A，$A = \begin{array}{c} \\ i \\ j \end{array} \begin{matrix} i & \quad j \\ \left[\begin{matrix} 0 & 0 \\ W_{ij}(\otimes) & 0 \end{matrix} \right] \end{matrix}$。

步骤 2：找出 A 中的 m 个源节点组成向量 $B_{m \times 1}$，剩余 n 个非源节点组成向量 $C_{n \times 1}$。

步骤 3：删除源节点所在行与列，获得矩阵 $Q_{n \times n}$。

步骤 4：将矩阵 A 中的非源节点行向量和源节点列向量组成矩阵 $P_{n \times n}$。

步骤 5：运用 MATLAB 程序，计算增益矩阵 $G_{n \times m} = C_{n \times 1}/B_{m \times 1} = (I_{n \times n} - Q_{n \times n})^{-1} \cdot P_{n \times m}$。

步骤 6：找到增益矩阵 $G_{n \times m}$ 中的元素 a_{vu}，获得活动 u 到活动 v 的等价传递函数 a_{vu}。

8.4.3　MU-GERT 网络模型在卫星伸展机构中的应用

卫星伸展机构的生产首先需要进行产品设计和可行性分析,然后设计修改,再进行各零件粗加工、精加工、调试检验等过程,最终实现调姿功能。某卫星伸展机构设计生产的 MU-GERT 网络模型如图 8.27 所示,其中节点 5 表示合格成品,节点 6 表示不合格成品,其余各节点表示伸展机构的生产状态。箭线表示各生产状态间的概率和时间关系,自环表示该节点所代表生存状态不合格时的返工修整。各子项目的活动概率、时间参量的分布类型均可依据经验及相关统计数据给出,现在想知道平均需要多长时间可以做出一个合格的伸展机构。

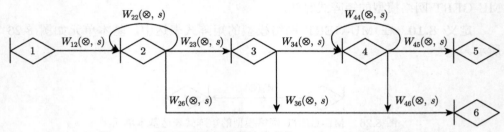

图 8.27　某卫星伸展机构设计生产的 MU-GERT 网络模型

1. 概率不确定

本案例中,产品修改(2-2)的概率为区间数,粗加工(2-3)和精加工(3-4)的概率均为灰数,精加工返修(4-4)的概率为模糊数。此时,经典 GERT 无法适用,以往文献中只包含一种不确定数的方法也不适用,于是,需要运用 MU-GERT 网络模型对该案例进行计算。将表示概率的不确定数统一表征为广义标准区间灰数,详见表 8.10。

表 8.10　某卫星伸展机构系统设计生产参数表（一）

活动名称	概率	时间分布	完成时间/天	矩母函数
(1-2) 产品设计	1	常数	20	e^{20s}
(2-2) 产品修改	$\otimes_{22} \in [0.2, 0.3]$	常数	7	e^{7s}
(2-3) 粗加工	$\otimes_{23} \in [0.6, 0.7]$	正态分布	25	$e^{25s+0.08s^2}$
(2-6) 粗加工失败	p_{26}	常数	5	e^{5s}
(3-4) 精加工	$\otimes_{34} \in [0.75, 0.9]$	正态分布	50	$e^{50s+0.125s^2}$
(3-6) 精加工失败	p_{36}	常数	10	e^{10s}
(4-4) 精加工返修	$\otimes_{44} \in [0.1, 0.15]$	正态分布	10	$e^{10s+0.02s^2}$
(4-5) 终检合格	0.8	常数	6	e^{6s}
(4-6) 终检不合格	p_{46}	常数	1	e^{s}

根据 MU-GERT 网络模型的矩阵式求解算法, 计算该卫星伸展机构设计生产过程的传递函数。首先将 MU-GERT 网络表示成矩阵形式, 得到传递矩阵:

$$A = \begin{array}{c} 1 \\ 2 \\ 3 \\ 4 \\ 5 \\ 6 \end{array} \begin{bmatrix} 0 & 0 & 0 & 0 & 0 & 0 \\ W_{12} & W_{22} & 0 & 0 & 0 & 0 \\ 0 & W_{23} & 0 & 0 & 0 & 0 \\ 0 & 0 & W_{34} & W_{44} & 0 & 0 \\ 0 & 0 & 0 & W_{45} & 0 & 0 \\ 0 & W_{26} & W_{36} & W_{46} & 0 & 0 \end{bmatrix}$$

A 中的 1 个源节点组成向量 $B_{1\times1} = [x_1]$, 剩余 5 个非源节点组成向量 $C_{5\times1} = [x_2, x_3, x_4, x_5, x_6]$, 删除源节点 x_1 所在行与列。

获得矩阵:

$$Q_{5\times5} = \begin{array}{c} \\ 2 \\ 3 \\ 4 \\ 5 \\ 6 \end{array} \begin{array}{ccccc} 2 & 3 & 4 & 5 & 6 \\ \begin{bmatrix} W_{22} & 0 & 0 & 0 & 0 \\ W_{23} & 0 & 0 & 0 & 0 \\ 0 & W_{34} & W_{44} & 0 & 0 \\ 0 & 0 & W_{45} & 0 & 0 \\ W_{26} & W_{36} & W_{46} & 0 & 0 \end{bmatrix} \end{array}$$

组成矩阵:

$$P_{5\times1} = \begin{array}{c} \\ 2 \\ 3 \\ 4 \\ 5 \\ 6 \end{array} \begin{array}{c} 1 \\ \begin{bmatrix} W_{12} \\ 0 \\ 0 \\ 0 \\ 0 \end{bmatrix} \end{array}$$

按照

$$G_{n\times m} = C_{n\times1}/B_{m\times1} = (I_{n\times n} - Q_{n\times n})^{-1} P_{n\times m}$$

运用 MATLAB 计算增益矩阵, 结果为

$G =$

$$
\begin{array}{c}
2 \\
3 \\
4 \\
5 \\
6
\end{array}
\left[
\begin{array}{c}
1 \\
\dfrac{W_{12}}{1 - W_{22}} \\
\dfrac{-W_{12}W_{23}}{1 - W_{22}} \\
\dfrac{W_{12}W_{23}W_{34}}{1 - W_{22} - W_{44} + W_{22}W_{44}} \\
\dfrac{W_{12}W_{23}W_{34}W_{45}}{1 - W_{22} - W_{44} + W_{22}W_{44}} \\
\dfrac{-W_{12}W_{26} + W_{12}W_{23}W_{36} - W_{12}W_{23}W_{34}W_{46} + W_{12}W_{26}W_{44} - W_{12}W_{23}W_{36}W_{44}}{1 - W_{22} - W_{44} + W_{22}W_{44}}
\end{array}
\right]
$$

从增益矩阵 G 中读取源节点 1 到终节点 5 的等价传递函数：

$$
W_{15} = \frac{W_{12}W_{23}W_{34}W_{45}}{1 - W_{22} - W_{44} + W_{22}W_{44}} \text{。}
$$

从以上计算结果可以得出，做出合格产品的传递函数为

$$
\begin{aligned}
W_E\left(\otimes, s\right) = W_{15} &= \frac{W_{12}W_{23}W_{34}W_{45}}{1 - W_{22} - W_{44} + W_{22}W_{44}} \\
&= \frac{p_{12}p_{23}p_{34}p_{45}M_{12}M_{23}M_{34}M_{45}}{1 - p_{22}M_{22} - p_{44}M_{44} + p_{22}p_{44}M_{22}M_{44}} \\
&= \frac{\otimes_{23} \cdot \otimes_{34} \cdot 0.8\mathrm{e}^{101s + 0.205s^2}}{1 - \otimes_{22} \cdot \mathrm{e}^{7s} - \otimes_{44} \cdot \mathrm{e}^{10s + 0.02s^2} + \otimes_{22} \cdot \otimes_{44} \cdot \mathrm{e}^{17s + 0.02s^2}}
\end{aligned}
$$

因此，等价传递概率为

$$
p_E\left(\otimes\right) = W_E\left(\otimes, s\right)\big|_{s=0} = \frac{\otimes_{23} \cdot \otimes_{34} \cdot 0.8}{1 - \otimes_{22} - \otimes_{44} + \otimes_{22} \cdot \otimes_{44}}
$$

因为

$$
\otimes_{23} \in [0.6, 0.7], \quad \otimes_{34} \in [0.75, 0.9]
$$

所以

$$
\otimes_{23} \cdot \otimes_{34} \cdot 0.8 \in [0.36, 0.504]
$$

因为

$$
\otimes_{22} \in [0.2, 0.3], \quad \otimes_{44} \in [0.1, 0.15]
$$

所以

$$1 - \otimes_{22} - \otimes_{44} + \otimes_{22} \cdot \otimes_{44} \in [0.57, 0.745]$$

因此

$$p_E(\otimes) = W_E(\otimes, s)|_{s=0} = \frac{\otimes_{23} \cdot \otimes_{34} \cdot 0.8}{1 - \otimes_{22} - \otimes_{44} + \otimes_{22} \cdot \otimes_{44}} p_E(\otimes) \in [0.483, 0.884]$$

等价矩母函数为

$$M_E(\otimes, s) = \frac{W_E(\otimes, s)}{W_E(\otimes, 0)} = \frac{e^{101s + 0.205s^2} \cdot (1 - \otimes_{22} - \otimes_{44} + \otimes_{22} \cdot \otimes_{44})}{1 - \otimes_{22} \cdot e^{7s} - \otimes_{44} \cdot e^{10s + 0.02s^2} + \otimes_{22} \cdot \otimes_{44} \cdot e^{17s + 0.02s^2}}$$

随机变量的期望值为

$$E(X(\otimes)) = \frac{\partial}{\partial s}(M_E(\otimes, s))|_{s=0} = \frac{\partial}{\partial s}\left(\frac{W_E(\otimes, s)}{W_E(\otimes, 0)}\right)\Bigg|_{s=0} \in [103.86, 105.76]$$

随机变量的方差为

$$V(X(\otimes)) = \frac{\partial^2}{\partial s^2}\left(\frac{W_E(\otimes, s)}{W_E(\otimes, 0)}\right)\Bigg|_{s=0} - \left\{\frac{\partial}{\partial s}\left(\frac{W_E(\otimes, s)}{W_E(\otimes, 0)}\right)\Bigg|_{s=0}\right\}^2 = [28.07, 51.18]$$

原案例的参数只存在灰数这一种不确定数，而本案例存在多种形式的不确定数，更符合实际情况。本节将概率设置为多元异构的形式，计算得到做出一个合格伸展机构天数的范围，符合现实生活中的情况，也为其他多元异构形式的参数计算提供了有效且正确的思路和方法。

2. 完成时间不确定

各活动的概率已知，完成时间不确定，粗加工（2-3）的完成时间为 a 天，精加工（3-4）的完成时间为 $2a$ 天，详见表 8.11。

表 8.11　某卫星伸展机构系统设计生产参数表（二）

活动名称	概率	时间分布	完成时间/天	矩母函数
（1-2）产品设计	1	常数	20	e^{20s}
（2-2）产品修改	0.2	常数	7	e^{7s}
（2-3）粗加工	0.75	正态分布	a	$e^{as + 0.08s^2}$
（2-6）粗加工失败	0.05	常数	5	e^{5s}
（3-4）精加工	0.9	正态分布	$2a$	$e^{2as + 0.125s^2}$
（3-6）精加工失败	0.1	常数	10	e^{10s}
（4-4）精加工返修	0.1	正态分布	10	$e^{10s + 0.02s^2}$
（4-5）终检合格	0.8	常数	6	e^{6s}
（4-6）终检不合格	0.1	常数	1	e^{s}

由增益矩阵 G 可得

$$W_{15} = \frac{W_{12}W_{23}W_{34}W_{45}}{1 - W_{22} - W_{44} + W_{22}W_{44}}$$

则

$$W_E(s) = W_{15} = \frac{W_{12}W_{23}W_{34}W_{45}}{1 - W_{22} - W_{44} + W_{22}W_{44}} = \frac{p_{12}p_{23}p_{34}p_{45}M_{12}M_{23}M_{34}M_{45}}{1 - p_{22}M_{22} - p_{44}M_{44} + p_{22}p_{44}M_{22}M_{44}}$$

$$= \frac{0.54e^{26s+3as+0.205s^2}}{1 - 0.2e^{7s} - 0.1e^{10s+0.02s^2} + 0.02e^{17s+0.02s^2}}$$

因此，等价传递概率为

$$p_E = W_E(0) = 0.75$$

等价矩母函数为

$$M_E(s) = \frac{W_E(s)}{W_E(0)} = \frac{0.72e^{26s+3as+0.205s^2}}{1 - 0.2e^{7s} - 0.1e^{10s+0.02s^2} + 0.02e^{17s+0.02s^2}}$$

随机变量的期望值为

$$E(X) = \frac{\partial}{\partial s}(M_E(s))|_{s=0} = \frac{\partial}{\partial s}\left(\frac{W_E(s)}{W_E(0)}\right)\bigg|_{s=0} = 28.86 + 3a$$

随机变量的方差为

$$V(X(\otimes)) = \frac{\partial^2}{\partial s^2}\left(\frac{W_E(\otimes, s)}{W_E(\otimes, 0)}\right)\bigg|_{s=0} - \left\{\frac{\partial}{\partial s}\left(\frac{W_E(\otimes, s)}{W_E(\otimes, 0)}\right)\bigg|_{s=0}\right\}^2 = 28.07$$

根据计算结果可以得出，平均需要 $28.86 + 3a$ 天可以做出一个合格的伸展机构，其方差为 28.07。现在只需知道 a 的概率分布，就可以得到做出合格产品的时间。

a 是广义灰数，假设 $a \sim N(25, 0.4^2)$，运用 MATLAB 编程进行仿真。

做出一个合格伸展机构的期望值 $E(X)$ 仿真结果如图 8.27 所示，最大值 104.6 天，最小值 103.1 天，均值 103.86 天，方差 1.2 天。

做出一个合格伸展机构的时间小于等于 104 天的机会 $\text{Ch}(E(X) \leqslant 104)$ 仿真结果如图 8.29 所示，最大值 1，最小值 0，均值 0.5416，方差 0.0034。

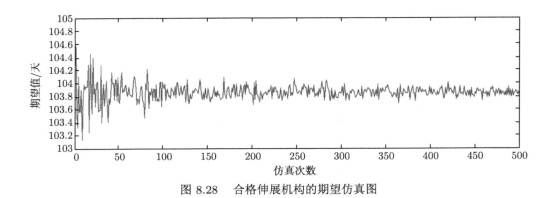

图 8.28　合格伸展机构的期望仿真图

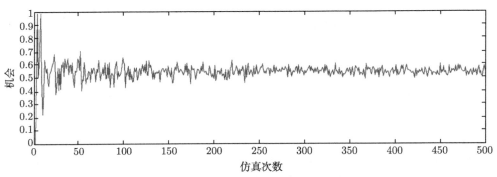

图 8.29　合格伸展机构时间小于等于 104 天的机会仿真图

　　根据仿真结果可以得出，平均需要 103.86 天可以做出一个合格的伸展机构，方差为 1.2 天。如果要求做出合格伸展机构的天数低于某一值，还可以根据图 8.28 的原理进行仿真。

　　本节第 1 部分中，活动参数中概率为不同形式的不确定数，每项活动的完成时间为确定值，最后计算得到做出一个合格伸展机构的时间范围以及方差，为项目的完成进度提供定量支持。本节第 2 部分中，活动参数中概率为确定值，每项活动的完成时间为确定值或设置为不确定数 a 的倍数，最后计算得到做出一个合格伸展机构的时间，便于 MATLAB 仿真；还可为项目完成时间设定上限，得到按时完成任务的仿真结果，为项目的完成进度提供定量参考。

参 考 文 献

[1]　谢红卫，闫志强，蒋英杰，等. 装备试验中的变动统计问题与方法 [J]. 宇航学报，2010，31(11): 2427-2437.

[2]　Okamura H. Software reliability growth models with normal failure time distributions[J]. Reliability Engineering and System Safety, 2013, 116: 135-141.

[3]　周忠宝, 厉海涛, 刘学敏, 等. 航天长寿命产品可靠性建模与评估的 Bayes 信息融合方法 [J]. 系统工程理论与实践, 2012, 32(11): 2517-2522.

[4]　梅文华. 可靠性增长试验 [M]. 北京: 国防工业出版社, 2003.

[5]　Chae K C, Clark G M. System reliability in the presence of common-cause failures[J]. IEEE Transactions on Reliability, 1986, 35(1): 32-35.

[6]　Mankamo T, Kosonen M. Dependent failure modeling in highly redundant structures— Application to BWR safety valves[J]. Reliability Engineering & System Safety, 1992, 35(3): 235-244.

[7]　DhillonB S, Anude O C. Common-cause failure analysis of a parallel system with warm standby[J]. Microelectronics Reliability, 1993, 33 (9): 1321-1342.

[8]　Vaurio J K. An implicit method for incorporating common- cause failures in system analysis[J]. IEEE Transactions on Reliability, 1998, 47(2): 173-180.

[9]　邵延君, 马春茂, 潘宏侠, 等. 基于排队系统的 GERT 模型的故障装备数量预测 [J]. 火力与指挥控制, 2015, 40(1): 16-18.

[10]　李翀, 刘思峰, 方志耕. 多元件复杂系统可靠性的 GERT 随机网络模型研究及其应用 [J]. 系统工程, 2011, 29(9): 23-29.

[11]　Lin K P, Wen W, Chou C C, et al. Applying fuzzy GERT with approximate fuzzy arithmetic based on the weakest t-norm operations to evaluate repairable reliability[J]. Applied Mathematical Modelling, 2011, 35(11): 5314-5325.

[12]　翟亚利, 张志华, 邵松世. 退化产品失效规律分析及其应用 [J]. 系统工程与电子技术, 2017, 39(6): 1420-1424.

[13]　Zeng Z, Kang R, Chen Y. Using PoF models to predict system reliability considering failure collaboration[J]. Chinese Journal of Aeronautics, 2016, 29(5): 1294-1301.

[14]　Gertsbakh I B, Kordonskiy K B. Models of Failure[M]. Berlin: Springer-Verlag, 1969.

[15]　Whitehouse G E. GERT, A useful technique for analyzing reliability problems[J]. Technometrics, 1970, 12(1): 33-48.

[16]　Shankar G, Sahani V. GERT analysis of a two-unit cold standby system with repair[J]. Microelectronics Reliability, 1995, 35(5): 837-840.

[17]　Shankar G, Sahani V. GERT analysis of a two-unit warm standby system with repair[J]. Microelectronics Reliability, 1996, 36(9): 1275-1278.

[18]　肖柳青, 周石鹏. 随机模拟方法与应用 [M]. 北京: 北京大学出版社, 2014.

[19]　吴军, 邵新宇, 邓超. 隐马尔可夫链模型在装备运行可靠性预测中的应用 [J]. 中国机械工程, 2010, 21(19): 2345-2349.

第 9 章　复杂体系过程 GERT 网络参数配置与反问题分析模型

复杂装备项目，如飞机、船舶、大型专有高端设备等对国家安全和国民经济有着重要的影响。它们的研制过程往往表现出多重复杂性和不确定性的特征，如产品结构复杂，工艺过程复杂，供应商多、利益关系复杂，多品种、小批量，研制风险大等；加之研制需要经过立项论证、可行性分析、设计、预发展、试制等诸多环节，这些均对研制项目的质量管理、成本及时间的控制提出了很高的要求。同时，随着信息技术的深入发展和现代制造技术的广泛应用，复杂装备的生命周期显著缩短，用户需求日趋多样化，产品的交付日期日益严格，这使得复杂装备研制周期成为更为重要的竞争因素。因此，如何在满足复杂装备研制项目交付时限约束的前提下，合理分配和规划各研制阶段的时间，减少项目失败的概率，是复杂装备研制项目管理面临的重要问题。对传统项目进度规划方法技术的优化和进度规划新方法的探求，一直以来是国内外学者广泛关注的问题之一 [1-4]。有大量的国内外学者从不同的层面和角度对其进行了阐述和研究。

9.1　GERT 网络反问题模型构建

9.1.1　分析步骤

凭借专家的知识、经验和相关项目实施过程的知识，我们可以对设想中的复杂装备研制项目的重要标志性事件进行辨识，依据随机网络技术与方法 [5]，可以方便地依据这些标志性事件构造出该复杂装备研制过程的 GERT 网络模型。需要说明的是，该 GERT 网络模型是由若干个子系统构成的，每个子系统中至少有一个标志性事件。

在建立了复杂装备研制 GERT 网络模型之后，如果该模型的各项活动参数已知，那么利用该模型方法，人们可以方便求得该复杂装备研制任务的完成时间、概率等各项重要的管理决策参数。然而，复杂装备研制计划的本质问题是要在已知该项目计划战略目标的前提下，探索完成该计划的一些重要子系统中的一些重要标志性事件的完成时间、概率及其对总计划的影响等许多问题的答案。由此可见，若要将经典的 GERT 网络模型的求解问题看成"正问题"，那么，我们应该把利用 GERT 网络工具对项目进度计划进行规划看成该"正问题"的"反问题"。

依据以上分析思路，针对复杂装备研制项目主要工作完成时间（进度）规划问题，根据 GERT 网络的构建原理，可用异或型节点对该过程的标志性事件进行描述，用相关箭线对其演化逻辑关系进行描述，由此构建复杂装备研制项目 GERT 网络模型。

9.1.2　网络参数配置

定义 9.1（复杂装备研制项目 GERT 网络基本单元）　对于任意复杂装备研制项目，若用箭线表示研制过程中某项特定工作，用异或型节点表示箭线之间的连接状态，则复杂装备研制项目 GERT 网络基本单元如图 9.1 所示。其中，$W_{s,i}$ 表示网络箭线 (s,i) 的传递矩母函数，$P_{s,i}$ 表示网络箭线 (s,i) 的状态转移概率。

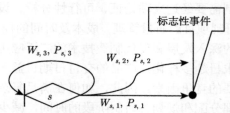

图 9.1　复杂装备研制项目 GERT 网络基本单元示意图

定义 9.2（复杂装备研制项目 GERT 网络协同单元）　对于任意复杂装备研制项目，若用箭线表示研制过程中某项特定工作，用异或型节点表示箭线之间的连接状态，则复杂装备研制项目 GERT 网络协同单元如图 9.2 所示，其中节点 F 表示研制项目的失败。

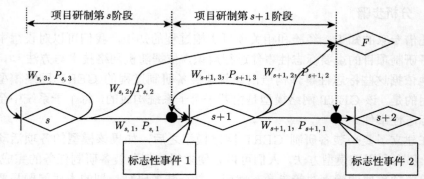

图 9.2　复杂装备研制项目 GERT 网络协同单元示意图

定理 9.1　若用箭线表示复杂装备研制项目某项特定工作，用异或型节点表示箭线之间的连接状态，则任一基于标志性事件的 GERT 网络结构都可以通过基本单元和协同单元来表示。由此可以构造复杂装备研制项目的 GERT 网络模型。

定义 9.3（复杂装备研制进度规划 GERT 反问题模型）　是指一类研究如何在已知复杂装备项目进度总目标前提下，求解完成该计划的一些重要事件完成时间、概率等问题的 GERT 模型。GERT 反问题模型单元示意图如图 9.3 所示，其中 $M_{s-1,s}$, $P_{s-1,s}$ 分别是已知的活动 $(s-1,s)$ 的矩母函数和转移概率。$X_{s,s+1}$, $Y_{s,s+1}$ 皆是未知变量，分别代表活动 $(s,s+1)$ 的矩母函数和转移概率。T_E, P_E, V_E 分别是节点 s 到节点 $s+1$ 的期望完成时间、完成概率、方差。GERT 反问题模型可以理解为在已知 T_E, P_E, V_E 和 $M_{s-1,s}, P_{s-1,s}$ 的前提下，求解 $X_{s,s+1}, Y_{s,s+1}$ 的模型。

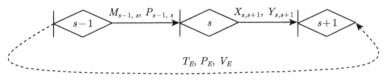

图 9.3　GERT 反问题模型基本单元示意图

9.2　GERT 网络反问题求解思路

定理 9.2（研制项目流程进度闭合 GERT 网络）　对于任意项目工作进度流程 GERT 网络，其传递函数为 $W_E(S)$，假设 $W_A(S)$ 为其外部串联网络的传递函数，则 $W_E(S)$ 与 $W_A(S)$ 可构造成一个闭合网络，且 $W_A(S) = \dfrac{1}{W_E(S)}$。

证明　令项目工作进度流程 GERT 网络传递函数为 $W_E(S)$，与其相连的外部串联网络传递函数为 $W_A(S)$，如图 9.4 所示。

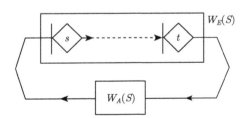

图 9.4　项目流程进度闭合 GERT 网络示意图

由具有传递参数 W 的闭合 GERT 网络特征性质 H 可得

$$H = 1 - W_E(S) \cdot W_A(S) = 0 \tag{9.1}$$

则由式 (9.1) 可得

$$W_A(S) = \frac{1}{W_E(S)} \ \text{或} \ W_E(S) = \frac{1}{W_A(S)} \tag{9.2}$$

证毕。

定理 9.3（研制项目完成时间规划）　对于任意含最终标志性成果 B 的项目流程进度闭合 GERT 网络，其等价传递函数为 $W_E(S)$，若给定（目标要求）完成该标志性成果所需要的时间为 $t_E = t_E(C)$，则完成某项特定工作所需要的时间应规划为 $t_{ij} = F_{W|_{S=0}}^{-1}\{t_E(C)\}$ $(i,j = 1,2,\cdots,M)$，其中，$F_{W|_{S=0}}^{-1}\{\cdot\}$ 表示 $F_W\{\cdot\}$ 在 $S = 0$ 时的反函数。

证明　由 GERT 网络的传递函数与矩母函数的性质可知，$M_E(S) = \dfrac{W_E(S)}{P_E(B)} = \dfrac{W_E(S)}{W_E(0)}$。

利用矩母函数的基本性质，即矩母函数的 n 阶导数在 $S = 0$ 处的数值，就是随机变量的 n 阶原点矩，因此有式 (9.3) 成立：

$$E(t) = t_E = \frac{\partial}{\partial S} M_E(S)\Big|_{S=0} = \frac{\partial}{\partial S}\left(\frac{W_E(S)}{W_E(0)}\right)\Big|_{S=0} \tag{9.3}$$

根据式 (9.3)，在函数 $M_E(S) = \dfrac{W_E(S)}{W_E(0)}$ 中，$W_E(S)$ 与 $W_E(0)$ 的值完全由该 GERT 网络中各节点间的工作流程时间 t_{ij} $(i,j = 1,2,\cdots,M)$ 决定，因此有式 (9.4) 成立，其中 $F_W\{\cdot\}$ 表示传递函数 $W_E(S)$ 是 $S, t_{ij}(i,j = 1,2,\cdots,M)$ 的一个映射。

$$\begin{cases} W_E(S) = F_W\{S, t_{ij}; i,j = 1,2,\cdots,M\} \\ W_E(0) = F_W\{S, t_{ij}; i,j = 1,2,\cdots,M\}|_{S=0} \end{cases} \tag{9.4}$$

综合式 (9.3) 和式 (9.4) 可得

$$\begin{aligned} t_E &= \frac{\partial}{\partial S} M_E(S)\Big|_{S=0} = \frac{\partial}{\partial S}\left(\frac{W_E(S)}{W_E(0)}\right)\Big|_{S=0} \\ &= F_W\{S, t_{ij}; i,j = 1,2,\cdots,M\}|_{S=0} \end{aligned} \tag{9.5}$$

对式 (9.5) 进行等量变换，可得

$$\begin{aligned} t_E &= F_W\{S, t_{ij}; i,j = 1,2,\cdots,M\}|_{S=0} \\ &= F_W|_{S=0}\{0, t_{ij}; i,j = 1,2,\cdots,M\} \end{aligned} \tag{9.6}$$

若 $t_E = t_E(C)$ 已知, 则对式 (9.6) 进行反函数变换, 可得

$$t_{ij} = F_W^{-1}|_{S=0} \{t_E(C)\}, \quad i,j = 1,2,\cdots,M \tag{9.7}$$

所以, 定理得证。

证毕。

在这里, 需要指出的是, 式 (9.7) 只是一种形式的表达, 若要求解出某个 (些) 特定的 t_{ij}, 还需要给出相关的关系方程和约束条件。

定理 9.4(期望完成时间的方差规划) 对于任意含最终标志性成果 B 的项目流程进度闭合 GERT 网络, 其等价传递函数为 $W_E(S)$, 若给定(目标要求)完成该标志性成果所需要的时间方差为 $V(t) = V(C)$, 则完成某项特定工作所需要的时间应规划为 $t_{ij} = F_{V(t)}^{-1} \{V(C)\}$ $(i,j = 1,2,\cdots,M)$, 其中 $F_{V(t)}^{-1} \{\cdot\}$ 表示 t_{ij} $(i,j = 1,2,\cdots,M)$ 是 $V(C)$ 的反函数。

证明 由 GERT 网络的传递函数与矩母函数的性质可得

$$V(t) = E(t^2) - (E(t))^2 \tag{9.8}$$

利用随机网络原理的概率理论, 可得

$$\begin{cases} E(t^2) = \dfrac{\partial^2}{\partial S^2} M_E(S)\Big|_{S=0} = \dfrac{\partial^2}{\partial S^2} \left(\dfrac{W_E(S)}{W_0(S)}\right)\Big|_{S=0} \\ E(t) = \dfrac{\partial}{\partial S} M_E(S)\Big|_{S=0} = \dfrac{\partial}{\partial S} \left(\dfrac{W_E(S)}{W_0(S)}\right)\Big|_{S=0} \end{cases} \tag{9.9}$$

对式 (9.8) 和式 (9.9) 进行合并与化简, 可得

$$\begin{aligned} V(t) &= E(t^2) - (E(t))^2 \\ &= \dfrac{\partial^2}{\partial S^2} \left(\dfrac{W_E(S)}{W_0(S)}\right)\Big|_{S=0} - \left\{\dfrac{\partial}{\partial S} \left(\dfrac{W_E(S)}{W_0(S)}\right)\Big|_{S=0}\right\}^2 \end{aligned} \tag{9.10}$$

利用式 (9.8), 可将式 (9.10) 改写成式 (9.11) 的形式, 其中, $F_{E(t^2)} \{\cdot\}$ 表示 $E(t^2)$ 是 t_{ij} $(i,j = 1,2,\cdots,M)$ 的映射; $F_{(E(t))^2} \{\cdot\}$ 表示 $(E(t))^2$ 是 t_{ij} $(i,j = 1,2,\cdots,M)$ 的映射。

$$\begin{aligned} V(t) &= F_{E(t^2)} \{t_{ij}; i,j = 1,2,\cdots,M\} \\ &\quad - F_{(E(t))^2} \{t_{ij}; i,j = 1,2,\cdots,M\} \end{aligned} \tag{9.11}$$

对式 (9.11) 进行变换, 可得式 (9.12), $F_{E(t)} \{\cdot\}$ 表示 $V(t)$ 是 t_{ij} $(i,j = 1,2,$ $\cdots,M)$ 的映射。

$$V(t) = F_{V(t)} \{t_{ij}; i,j = 1,2,\cdots,M\} \tag{9.12}$$

若 $V(t)$ 为已知，$V(t)=V(C)$，则由式 (9.12) 可得式 (9.13)，其中，$F_{V(t)}^{-1}\{\cdot\}$ 表示 t_{ij}（$i,j=1,2,\cdots,M$）是 $V(C)$ 的反函数。

$$t_{ij}=F_{V(t)}^{-1}\{V(C)\},\quad i,j=1,2,\cdots,M \tag{9.13}$$

所以，定理得证。

证毕。

在这里，需要指出的是，式 (9.13) 只是一种形式的表达，若要求解出某个（些）特定的 t_{ij}，还需要给出相关的关系方程和约束条件。

利用以上 4 个定理搭建起了复杂装备研制项目完成时间规划问题的模型框架与求解体系，其具体求解方法利用案例来进行说明。

9.3　案 例 研 究

依据飞机研制项目中可行性分析报告、预发展评审报告、首架交付等标志性事件，将研制过程分为可行性论证阶段、预发展阶段、工程发展阶段等三个阶段。在第 1 个阶段，若可行性论证报告得以通过，则项目进入第 2 个阶段；若可行性论证报告存在部分问题，需要进行修改，则项目可行性需论证，即进入第 1 个阶段的自环；如可行论证报告未通过，则认为第 1 个阶段项目失败。对第 2、3 个阶段也用类似的方法进行描述，则可以构造某大型飞机研制项目过程 GERT 网络示意图（见图 9.5）。假设某大型飞机研制项目计划完成时间为 120 个月，项目活动概率已知，时间参数分布已知，网络中活动参数如表 9.1 所示。那么，如何在飞机研制项目的各个阶段分配计划完成时间，使得期望完成时间的方差最小，是需要解决的问题。

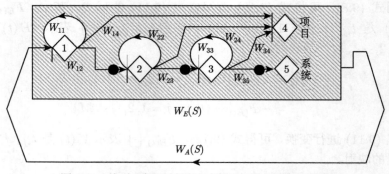

图 9.5　某型飞机研制项目过程 GERT 网络示意图

表 9.1　某型飞机研制过程 GERT 网络的各项活动参数

阶段	活动 (i, j)	概率 $(p_{i,j})$	分布类型	参数 （时间） /天	矩母函数 $\{M_{ij}(S)\}$	传递函数 $\{W_{ij}(S)\}$
可行性 论证阶段	(1, 1) 可行 性论证修订	$p_{11} = 0.1$	常数	t_{11}	$\exp(t_{11}s)$	$p_{11} \cdot \mathrm{e}^{t_{11}s}$
	(1, 2) 可行 性论证成功	$p_{12}^s = 0.7$	常数	t_{12}	$\exp(t_{12}s)$	$p_{12}^s \cdot \mathrm{e}^{t_{12}s}$
	(1, 4) 可行 性论证失败	$p_{14}^l = 0.2$	常数	t_{14}	$\exp(t_{14}s)$	$p_{14}^l \cdot \mathrm{e}^{t_{14}s}$
预发展 阶段	(2, 2) 预发 展再研	$p_{22} = 0.2$	常数	t_{22}	$\exp(t_{22}s)$	$p_{22} \cdot \mathrm{e}^{t_{22}s}$
	(2, 3) 预发 展研制成功	$p_{23}^s = 0.7$	常数	t_{23}	$\exp(t_{23}s)$	$p_{23} \cdot \mathrm{e}^{t_{23}s}$
	(2, 4) 预发 展研制失败	$p_{24}^l = 0.1$	常数	t_{24}	$\exp(t_{24}s)$	$p_{24} \cdot \mathrm{e}^{t_{24}s}$
工程发展 阶段	(3, 3) 工程 发展再研	$p_{33} = 0.1$	正态分布	$\bar{t}_{33}, \sigma_{33}$	$\exp\left(\bar{t}_{33}s + \frac{1}{2}\sigma_{33}^2 s\right)$	$p_{33} \cdot \mathrm{e}^{(\bar{t}_{33}s + \frac{1}{2}\sigma_{33}^2 s^2)}$
	(3, 4) 工程发 展研制失败	$p_{34}^l = 0.1$	常数	t_{34}	$\exp(t_{34}s)$	$p_{34} \cdot \mathrm{e}^{t_{34}s}$
	(3, 5) 工程发 展研制成功	$p_{35}^s = 0.8$	正态分布	$\bar{t}_{35}, \sigma_{35}$	$\exp\left(\bar{t}_{35}s + \frac{1}{2}\sigma_{35}^2 s\right)$	$p_{35} \cdot \mathrm{e}^{(\bar{t}_{35}s + \frac{1}{2}\sigma_{35}^2 s^2)}$

通过分析图 9.5，可得到某型飞机研制过程 GERT 网络存在 4 个一阶环分别为 W_{11}，W_{22}，W_{33} 和 $W_{12} \cdot W_{23} \cdot W_{35} \cdot \dfrac{1}{W_E(s)}$，3 个二阶环 $W_{11} \cdot W_{22}$，$W_{22} \cdot W_{33}$，$W_{11} \cdot W_{33}$，1 个三阶环 $W_{11} \cdot W_{22} \cdot W_{33}$。

由梅森公式可得式 (9.1) 成立：

$$H = 1 - W_{11} - W_{22} - W_{33} - W_{12} \cdot W_{23} \cdot W_{35} \cdot \frac{1}{W_E(s)}$$

$$+ W_{11} \cdot W_{22} + W_{22} \cdot W_{33} + W_{11} \cdot W_{33} - W_{11} \cdot W_{22} \cdot W_{33} = 0$$

由此可得

$$W_E(s) = \frac{W_{12} \cdot W_{23} \cdot W_{35}}{1 - A + B - C} \tag{9.14}$$

其中，$A = W_{11} + W_{22} + W_{33}$；$B = W_{11} \cdot W_{22} + W_{22} \cdot W_{33} + W_{11} \cdot W_{33}$；$C = W_{11} \cdot W_{22} \cdot W_{33}$。

对式 (9.14) 进行参数代入，并化简可得

$$W_E(s) = \frac{R}{1 - P + Q - S} \tag{9.15}$$

其中，$P = 0.1\mathrm{e}^{(t_{11}s)} + 0.2\mathrm{e}^{(t_{22}s)} + 0.1\mathrm{e}^{\left(\bar{t}_{33}s + 0.5\sigma_{33}^2 s^2\right)}$；$Q = 0.02\mathrm{e}^{(t_{11} + t_{22})s} + 0.01\mathrm{e}^{\left(t_{11}s + \bar{t}_{33}s + 0.5\sigma_{33}^2 s^2\right)} + 0.02\mathrm{e}^{\left(t_{22}s + \bar{t}_{33}s + 0.5\sigma_{33}^2 s^2\right)}$；$R = 0.392\mathrm{e}^{\left(t_{12}s + t_{23}s + \bar{t}_{35}\,s + 0.5\sigma_{35}^2 s^2\right)}$；$S = 0.002\mathrm{e}^{\left(t_{11}s + t_{22}s + \bar{t}_{33}s + 0.5\sigma_{33}^2 s^2\right)}$。

根据随机网络等价传递概率的性质，可得该项目网络的成功概率 p_E (Succed) 应等于 $W_E(0)$，如式 (9.16) 所示：

$$p_E\,(\text{Succed}) = W_E\,(s)|_{s=0} = \frac{0.392}{0.648} \tag{9.16}$$

由式 (9.15) 和式 (9.16) 可得该项目网络的等价矩母函数 $M_E(s)$ 如式 (9.17) 所示：

$$M_E\,(s) = \frac{0.648\mathrm{e}^{\left(t_{12} + t_{23} + \bar{t}_{35}\, + 0.5\sigma_{35}^2\right)s}}{1 - T + U + V} \tag{9.17}$$

其中

$$T = 0.1\mathrm{e}^{(t_{11}s)} + 0.2\mathrm{e}^{(t_{22}s)} + 0.1\mathrm{e}^{\left(\bar{t}_{33}s + 0.5\sigma_{33}^2 s^2\right)}$$

$$U = 0.02\mathrm{e}^{(t_{11} + t_{22})s} + 0.01\mathrm{e}^{\left(t_{11}s + \bar{t}_{33}s + 0.5\sigma_{33}^2 s^2\right)}$$

$$V = 0.02\mathrm{e}^{\left(t_{22}s + \bar{t}_{33}s + 0.5\sigma_{33}^2 s^2\right)} - 0.002\mathrm{e}^{\left(t_{11}s + t_{22}s + \bar{t}_{33}s + 0.5\sigma_{33}^2 s^2\right)}$$

研制的平均时间为

$$E(T) = \left.\frac{\partial M_E\,(s)}{\partial s}\right|_{s=0} = t_{12} + t_{23} + \bar{t}_{35} + \frac{1}{9}t_{11} + \frac{1}{4}t_{22} + \frac{1}{9}t_{33}$$

研制时间的方差为

$$V(T) = \left.\frac{\partial^2 M_E\,(s)}{\partial s^2}\right|_{s=0} - (E(T))^2 = \frac{10}{81}t_{11}^2 + \frac{5}{16}t_{22}^2 + \frac{10}{81}t_{33}^2 + \frac{1}{9}\sigma_{33}^2 + \sigma_{35}^2$$

$V(T)$ 由时间 t_{ij} 与方差两部分构成，而时间 t_{ij} 与方差之间没有必然的联系。本案例是为了分配时间，因此在优化模型中可以将方差忽略，只考虑时间 t_{ij}。假如给定方差，优化模型如下：

$$\min \quad \delta^2$$

$$\text{s.t.} \begin{cases} t_{12} + t_{11} \leqslant 12 \\ t_{23} + t_{22} \leqslant 36 \\ t_{35} + t_{33} \leqslant 90 \\ t_{12} + t_{23} + t_{35} + \dfrac{1}{9}t_{11} + \dfrac{1}{4}t_{22} + \dfrac{1}{9}t_{33} + \delta = 120 \\ \dfrac{10}{81}t_{11}^2 + \dfrac{5}{16}t_{22}^2 + \dfrac{10}{81}t_{33}^2 = 3 \\ t_{11}, t_{22}, t_{33}, t_{12}, t_{23}, t_{35} \geqslant 0 \end{cases}$$

$$t_{11} = 1, \quad t_{22} = 2.2, \quad t_{33} = 3.3, \quad t_{12} = 11, \quad t_{23} = 33.8, \quad t_{35} = 74.2$$

即在期望完成时间方差最小的情况下，为保证研制项目成功，项目可行性论证阶段需分配 12 个月、预发展阶段需分配 36 个月、工程发展阶段需分配 77.5 个月，项目期望完成时间为 120.03 个月。

参 考 文 献

[1] Jose K P. GERT analysis of a three unit cold standby system with single repair facility[J]. Journal of Computer and Mathematical Sciences, 2012, 3(1): 55-62.

[2] León H C M, Farris J A, Letens G. Improving product development performance through iteration front-loading[J]. IEEE Transactions on Engineering Management, 2013, 60(3): 552-565.

[3] 马国丰, 尤建新. 关键链项目群进度管理的定量分析 [J]. 系统工程理论与实践, 2007, 9: 54-61.

[4] 陈勇强, 宋莹, 龚辰. 基于分支定界法的多资源约束下项目进度规划 [J]. 北京理工大学学报, 2009, 4: 41-46.

[5] 冯允成, 吕春莲. 随机网络及其应用 [M]. 北京: 北京航空学院出版社, 1987.

第 10 章 基于投入产出表的区域产业发展分析 IOT-GERT 网络模型

在现实的系统中，尤其是复杂的宏观经济系统中，往往不只包含时间参量甚至完全不包含时间参量，而是存在着多传递参量的情况，且网络活动间的各传递参量具有各自不同的分布形式，GERT 网络的研究领域受到较大限制。

因此，本章着手构建多传递参量 GERT 网络模型，研究网络活动间多传递参量之间相关参数的函数关系及其运算法则，并根据经典 GERT 网络解析算法研究多传递参量形式的 GERT 网络的解析算法及算法扩展问题 [1,2]。将多传递参量 GERT 网络模型应用到宏观经济领域，结合投入产出表，基于价值增值过程定量研究国民经济系统多部门间的价值流动及价值增值情况，利用价值增值 IOT-GERT 网络模型充分反映国民经济系统中企业与企业、产业与产业、部门与部门、地区与地区之间发展的交互影响关系，求解模型的解析解，得到科学合理的量化结论以充分反映部门间动态投入产出情况，并为国家的宏观调控提供有效的定量支持 [3-6]。

10.1 多传递参量 IOT-GERT 网络模型构建

10.1.1 多传递参量 IOT-GERT 网络模型构建及相关参数确定

多传递参量 IOT-GERT 网络模型由箭线、节点和流三个要素组成。箭线是从一个节点出发到另一个节点结束的有向线段，通常用来表示活动；节点是箭线的连接点，用来表示各箭线之间的逻辑关系；流反映多传递参量 IOT-GERT 网络中各传递参量之间以及和节点 (或箭线) 间的相互定量的制约关系。

定义 10.1 在 IOT-GERT 网络中，若某两项活动之间具有至少两个不同的活动参量 $x_{ij}(1), x_{ij}(2), \cdots, x_{ij}(n), i = 1, 2, \cdots, m; j = 1, 2, \cdots, l; n \geqslant 2$，则称该 GERT 网络为多传递参量 IOT-GERT 网络。多传递参量 IOT-GERT 网络基本构成单元如图 10.1 所示。

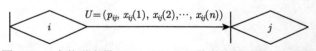

图 10.1 多传递参量 IOT-GERT 网络基本构成单元示意图

图中，U 表示从节点 i 到节点 j 的流；p_{ij} 表示节点 j 实现的概率；$x_{ij}(1)$，$x_{ij}(2), \cdots, x_{ij}(n)$ 分别表示箭线实现时的 n 种参量；$i = 1, 2, \cdots, m; j = 1, 2, \cdots, l; n \geqslant 2$。

定义 10.2　若多传递参量 IOT-GERT 网络活动间的等价参量为各参量的线性组合，即 $y_{ij} = a_{ij}(1)x_{ij}(1) + a_{ij}(2)x_{ij}(2) + \cdots + a_{ij}(n)x_{ij}(n), i = 1, 2, \cdots, m; j = 1, 2, \cdots, l; n \geqslant 2$，则称该多传递参量 IOT-GERT 网络为多传递参量线性组合形式的 IOT-GERT 网络。

例 10.1　在经济系统中，各利益主体构成了价值流动 IOT-GERT 网络的顶点，其价值流动关系构成了网络的边，资源、产品、资金等价值载体的流动构成网络中的流。若商品在流通过程中的生产成本、劳动者报酬、生产税净额、营业盈余分别为 C, R, I, D，且商品价值增值为生产成本、劳动者报酬、生产税净额、营业盈余的线性加和 $V(C, R, I, D) = C + R + I + D$，则商品价值增值多传递参量 IOT-GERT 网络的基本构成单元如图 10.2 所示。

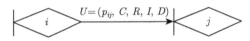

图 10.2　商品价值增值多传递参量 IOT-GERT 网络的基本构成单元示意图

多传递参量 IOT-GERT 网络的逻辑节点包括输入侧和输出侧。输入侧有异或型、或型和与型三种逻辑关系，输出侧有确定型和概率型两种逻辑关系，因此共可构成六种逻辑节点。在多传递参量 IOT-GERT 模型中，可以包含具有不同逻辑特征的节点，节点的引出端允许多个概率分支的存在；同时，多传递参量 IOT-GERT 中也允许存在回路和自环；每项活动的多个参量均可选取任何种类的分布，始点和终点也可以不是唯一的。

定理 10.1　设 $x_{ij}(1), x_{ij}(2), \cdots, x_{ij}(n)$ 为网络流动过程 ij 中相互独立的 n 个参量，$i = 1, 2, \cdots, m; j = 1, 2, \cdots, l; n \geqslant 2$，各参量的矩母函数均存在，且活动间等价参量为 $x_{ij}(1), x_{ij}(2), \cdots, x_{ij}(n)$ 的线性组合，即 $y_{ij} = a_{ij}(1)x_{ij}(1) + a_{ij}(2)x_{ij}(2) + \cdots + a_{ij}(n)x_{ij}(n)$，若这个过程实现的概率为 p_{ij}，则活动 ij 的传递函数 W_{ij} 为 $x_{ij}(1), x_{ij}(2), \cdots, x_{ij}(n)$ 传递函数之积与 p_{ij}^{n-1} 的商，如式 (10.1) 所示：

$$W_{ij}(s_1, s_2, \cdots, s_n) = \frac{\prod\limits_{k=1}^{n} W_{x_{ij}(k)}(a(k)s_k)}{p_{ij}^{n-1}} \tag{10.1}$$

证明　若 $y_{ij} = a_{ij}(1)x_{ij}(1) + a_{ij}(2)x_{ij}(2) + \cdots + a_{ij}(n)x_{ij}(n)$，且 $x_{ij}(1), x_{ij}(2), \cdots, x_{ij}(n)$ 相互独立，则

$$W_{ij}(s_1, s_2, \cdots, s_n) = p_{ij}M_y(s_1, s_2, \cdots, s_n)$$

$$= p_{ij}E\left(e^{s_1 a_{ij}(1)x_{ij}(1)+s_2 a_{ij}(2)x_{ij}(2)+\cdots+s_n a_{ij}(n)x_{ij}(n)}\right)$$

$$= p_{ij}E\left(\prod_{k=1}^{n}e^{s_k a_{ij}(k)x_{ij}(k)}\right) = p_{ij}\prod_{k=1}^{n}E\left(e^{s_k a_{ij}(k)x_{ij}(k)}\right)$$

$$= p_{ij}\prod_{k=1}^{n}M_{x_{ij}(k)}(a(k)s_k)$$

$$= \frac{\prod_{k=1}^{n}W_{x_{ij}(k)}(a(k)s_k)}{p_{ij}^{n-1}}$$

证毕。

10.1.2　多传递参量 IOT-GERT 网络模型的解析求解

定理 10.2　若 $W_r(s_1, s_2, \cdots, s_n)$ 为由节点 u 到节点 v 的第 r 条直达路径的等价传递函数，$r = 1, 2, \cdots, R; R \geqslant 1$，$W_i(L_m)$ 为 m 阶环中第 i 个环的等价传递函数，则由节点 u 到节点 v 的等价传递函数为 $W_{uv}(s_1, s_2, \cdots, s_n)$，如式 (10.2) 所示：

$$W_{uv}(s_1, s_2, \cdots, s_n) = \frac{\sum_{r=1}^{n}W_r(s_1, s_2, \cdots, s_n)\left(1 - \sum_{m}\sum_{i \neq r}(-1)^m W_i(L_m)\right)}{1 - \sum_{m}\sum_{i}(-1)^m W_i(L_m)}$$

(10.2)

证明　由于 $W_i(L_m)$ 为 m 阶环中第 i 个环的等价传递函数，则多传递参量 IOT-GERT 网络的特征式为 $\Delta = 1 - \sum_{m}\sum_{i}(-1)^m W_i(L_m)$，则消去与第 r 条路径有关的全部节点和箭线后剩余子图的特征式为 $\Delta_r = 1 - \sum_{m}\sum_{i \neq r}(-1)^m W_i(L_m)$，且由于 $W_r(s_1, s_2, \cdots, s_n)$ 为由节点 u 到节点 v 的第 r 条直达路径的等价传递函数（$r = 1, 2, \cdots, R, R \geqslant 1$），则根据信号流图的梅森公式可知由节点 u 到节点 v 的等价传递函数为

$$W_{uv}(s_1, s_2, \cdots, s_n) = \frac{\sum_{r=1}^{n}W_r(s_1, s_2, \cdots, s_n)\left(1 - \sum_{m}\sum_{i \neq r}(-1)^m W_i(L_m)\right)}{1 - \sum_{m}\sum_{i}(-1)^m W_i(L_m)}$$

证毕。

定理 10.3 若节点 u 到节点 v 的等价传递函数为 $W_{uv}(s_1, s_2, \cdots, s_k, \cdots, s_n)$，$u = 1, 2, \cdots, m; v = 1, 2, \cdots, l; k = 1, 2, \cdots, n, n \geqslant 2$，则从节点 u 到节点 v 的等价传递概率 P_{uv} 等于 $W_{uv}(s_1, s_2, \cdots, s_k, \cdots, s_n)$ 将所有 s_k 置 0 的值，如式 (10.3) 所示。且从节点 u 到节点 v 的等价矩母函数为其等价传递函数与其等价传递概率的比值，如式 (10.4) 所示。

证明 由多传递参量矩母函数的特征可知，当 $s_k = 0$ 时，$P_{uv} = W_{uv}(s_1, s_2, \cdots, s_n)|_{s_k=0}$，则网络的等价传递概率为

$$P_{uv} = W_{uv}(s_1, s_2, \cdots, s_n)|_{s_k=0} \tag{10.3}$$

根据梅森公式，节点 u 到节点 v 的等价矩母函数为

$$M_{uv}(s) = \frac{W_{uv}(s_1, s_2, \cdots, s_k, \cdots, s_n)}{p_{uv}} = \frac{W_{uv}(s_1, s_2, \cdots, s_k, \cdots, s_n)}{W_{uv}(0, 0, \cdots, 0, \cdots, 0)} \tag{10.4}$$

证毕。

定理 10.4 若节点 u 到节点 v 的等价传递函数为 $W_{uv}(s_1, s_2, \cdots, s_k, \cdots, s_n)$，$u = 1, 2, \cdots, m; v = 1, 2, \cdots, l; k = 1, 2, \cdots, n, n \geqslant 2$，则从节点 u 到节点 v 的参量 $x(k)$ 的一阶矩 $E(X(k))$ 等于 $W_{uv}(s_1, s_2, \cdots, s_n)$ 对参量 $x(k)$ 对应的 s_k 求偏导后置所有 s_k 为 0 的值，如式 (10.5) 所示：

$$E(X(k)) = \frac{\partial}{\partial S_k} \left(\frac{W_{uv}(s_1, s_2, \cdots, s_k, \cdots, s_n)}{W_{uv}(0, 0, \cdots, 0, \cdots, 0)} \right) \Bigg|_{\substack{s_1=s_2=\cdots=s_k \\ =\cdots=s_n=0}} \tag{10.5}$$

证明

$$\frac{\partial}{\partial S_k} \left(\frac{W_{uv}(s_1, s_2, \cdots, s_k, \cdots, s_n)}{W_{uv}(0, 0, \cdots, 0, \cdots, 0)} \right) \Bigg|_{s_1=s_2=\cdots=s_k=\cdots=s_n=0}$$

$$= \int_{-\infty}^{+\infty} f(x_{ij}(1)) \mathrm{d}x_{ij}(1) \cdot \int_{-\infty}^{+\infty} f(x_{ij}(2)) \mathrm{d}x_{ij}(2)$$

$$\cdots \frac{\partial}{\partial S_i} \left(\int_{-\infty}^{+\infty} \mathrm{e}_{ij}^{s_k x_{ij}(k)} f(x_{ij}(k)) \mathrm{d}x_{ij}(k) \right) \Bigg|_{s_k=0} \cdots \int_{-\infty}^{+\infty} f(x_{ij}(n)) \mathrm{d}x_{ij}(n)$$

$$= \frac{\partial}{\partial S_k} \left(\int_{-\infty}^{+\infty} \mathrm{e}_{ij}^{s_k x_{ij}(k)} f(x_{ij}(k)) \mathrm{d}x_{ij}(k) \right) \Bigg|_{s_k=0}$$

$$= \left(\int_{-\infty}^{+\infty} x_{ij}(k) \mathrm{e}_{ij}^{s_i x_{ij}(k)} f(x_{ij}(k)) \mathrm{d}x_{ij}(k) \right) \Bigg|_{s_k=0}$$

$$= \int_{-\infty}^{+\infty} x_{ij}(k) f(x_{ij}(k)) \mathrm{d}x_{ij}(k)$$

$$= E(x_{ij}(k))$$

证毕。

推论 10.1　若节点 u 到节点 v 的等价传递函数为 $W_{uv}(s_1, s_2, \cdots, s_k, \cdots, s_n)$，$u = 1, 2, \cdots, m; v = 1, 2, \cdots, l; k = 1, 2, \cdots, n, n \geqslant 2$，则从节点 u 到节点 v 的参量 $x(k)$ 的 n 阶矩 $E((X(k))^n)$ 等于 $W_{uv}(s_1, s_2, \cdots, s_k, \cdots, s_n)$ 对参量 $x(k)$ 对应的 s_k 求 n 阶偏导后置所有 s_k 为 0 的值，如式 (10.6) 所示。

证明　由定理 10.4 同理可以证明推论 10.1 成立，即

$$E((X(k))^n) = \frac{\partial^n}{\partial S_k^n} \left(\frac{W_{uv}(s_1, s_2, \cdots s_k \cdots, s_n)}{W_{uv}(0, 0, \cdots, 0, \cdots, 0)} \right) \Bigg|_{\substack{s_1 = s_2 = \cdots = s_k \\ = \cdots = s_n = 0}} \tag{10.6}$$

证毕。

定理 10.5　若节点 u 到节点 v 的 n 个传递参数一阶矩分别为 $E(X(1))$，$E(X(2)), \cdots, E(X(k)), \cdots, E(X(n))$，$u = 1, 2, \cdots, m; v = 1, 2, \cdots, l; k = 1, 2, \cdots, n, n \geqslant 2$，则各传递参数线性组合随机变量的一阶矩为各传递参数一阶矩的线性组合，如式 (10.7) 所示：

$$E(Y = A(1)X(1) + A(2)X(2) + \cdots + A(n)X(n)) = \sum_{i=1}^{n} A(k)E(X(k)) \tag{10.7}$$

其中，$A(k)$ 为常数，$k = 1, 2, \cdots, n, n \geqslant 2$。

证明　若 $Y = A(1)X(1) + A(2)X(2) + \cdots + A(n)X(n)$，则

$$E(Y) = E(A(1)X(1) + A(2)X(2) + \cdots + A(n)X(n))$$

$$= A(1)E(X(1)) + A(2)E(X(2)) + \cdots + A(n)E(X(n))$$

$$= \sum_{k=1}^{n} A(k)E(X(k))$$

证毕。

定理 10.6　若节点 u 到节点 v 的等价传递函数为 $W_{uv}(s_1, s_2, \cdots, s_k, \cdots, s_n)$，$u = 1, 2, \cdots, m; v = 1, 2, \cdots, l; k = 1, 2, \cdots, n, n \geqslant 2$，则从节点 u 到节点 v 的参量 $x(k)$ 的增值量波动方差 $V(X(k))$ 等于 $W_{uv}(s_1, s_2, \cdots, s_k, \cdots, s_n)$ 对参量 $x(k)$ 对应的 s_k 求二阶偏导后置所有 s_k 为 0 后与增值量 $E(X(k))$ 的平方的差，如式 (10.8) 所示。

证明　根据推论 10.1 容易证明：

$$E\left(X(k)^2\right) = \frac{\partial^2}{\partial s_k^2} \left(\frac{W_{uv}(s_1, s_2, \cdots, s_k, \cdots, s_n)}{W_{uv}(0, 0, \cdots, 0, \cdots, 0)} \right) \Bigg|_{s_1 = s_2 = \cdots = s_k = \cdots = s_n = 0}$$

则

$$V_{uv}(X(k)) = E(X(k)^2) - (E(X(k)))^2$$

$$V_{uv}(X(k)) = \frac{\partial^2}{\partial s_k^2}\left(\frac{W_{uv}(s_1, s_2, \cdots, s_k, \cdots, s_n)}{W_{uv}(0, 0, \cdots, 0, \cdots, 0)}\right)\Bigg|_{\substack{s_1 = s_2 = \cdots \\ = s_k = \cdots = s_n = 0}}$$

$$- \left(\frac{\partial}{\partial s_k}\left(\frac{W_{uv}(s_1, s_2, \cdots s_k \cdots, s_n)}{W_{uv}(0, 0, \cdots 0 \cdots, 0)}\right)\Bigg|_{\substack{s_1 = s_2 = \cdots \\ = s_k = \cdots = s_n = 0}}\right)^2 \quad (10.8)$$

证毕。

定理 10.7 若节点 u 到节点 v 的 n 个相互独立传递参数方差分别为 $V(X(1))$, $V(X(2))$, $\cdots$, $V(X(k))$, $\cdots$, $V(X(n))$, $u = 1, 2, \cdots, m; v = 1, 2, \cdots, l; k = 1, 2,$ $\cdots, n, n \geqslant 2$, 则各传递参数线性组合随机变量的方差为各传递参数方差与常系数平方的乘积之和，如式 (10.9) 所示：

$$V(Y = A(1)X(1) + A(2)X(2) + \cdots + A(n)X(n)) = \sum_{k=1}^{n}(A(k))^2 V(X(k)) \quad (10.9)$$

其中，$A(k)$ 为常数，$k = 1, 2, \cdots, n, n \geqslant 2$。

证明 若 $Y = A(1)X(1) + A(2)X(2) + \cdots + A(n)X(n)$，且 $X(1), X(2), \cdots,$ $X(n)$ 相互独立，则

$$V(Y) = V(A(1)X(1) + A(2)X(2) + \cdots + A(n)X(n))$$

$$= A(1)^2 V(X(1)) + A(2)^2 V(X(2)) + \cdots + A(n)^2 V(X(n))$$

$$= \sum_{k=1}^{n} A(k)^2 V(X(k))$$

证毕。

综上所述，多传递参量 IOT-GERT 网络解析法求解过程，可以归纳成以下运算步骤。

(1) 根据实际系统或者实际问题的基本特征，分析网络的参数构成，构造多传递参量 IOT-GERT 网络。

(2) 收集多传递参量 IOT-GERT 网络中各项活动的基本参数，以便用多传递参量 W 函数来描述各项活动的传递函数。

(3) 应用信号流图的拓扑方程来确定多传递参量 IOT-GERT 网络的等价传递函数和等价概率。

(4) 根据 W 函数的定义，将等价传递函数转换为等价矩母函数。

(5) 通过等价矩母函数的反推导多传递参量 IOT-GERT 网络的各项基本参数，并计算各参数的解析解。

10.2　多传递参量 IOT-GERT 网络 c 标记模型解析算法设计

10.2.1　c 标记矩母函数及其解析

定义 10.3（c 标记）　设随机变量 T 的矩母函数为 $M_T(c) = E(\mathrm{e}^{cT})$，$c$ 为实数，则当 $T=1$ 时随机变量 T 的矩母函数 $M_T(c) = \mathrm{e}^c$，称为网络要素重复执行次数的矩母函数，简称 c 标记矩母函数或 c 标记。

性质 10.1　若对活动 ij 的矩母函数乘以一个重复执行次数的矩母函数 $M_T(c) = \mathrm{e}^c$，而其余活动保持原参数不变，则对原 IOT-GERT 网络的参数而言并没有任何改变，它相当于仅在活动 ij 的参数上乘以 1。

证明

$$M_{ij}(c; s_1, s_2, \cdots, s_n) = M_T(c) \cdot M_{ij}(s_1, s_2, \cdots, s_n) = \mathrm{e}^c \cdot M_{ij}(s_1, s_2, \cdots, s_n)$$

当 $c=0$ 时，有

$$M_{ij}(0; s_1, s_2, \cdots, s_n) = M_{ij}(s_1, s_2, \cdots, s_n) \cdot 1$$

证毕。

性质 10.2　若令等价矩母函数 $M_E(c; s_1, s_2, \cdots, s_n)$ 中 $s_k = 0, k = 1, 2, \cdots, n$，$n \geqslant 2$ 则得到以 c 为实变量的等价矩母函数 $M_E(c; 0, 0, \cdots, 0)$，这相当于将原 IOT-GERT 网络中所有价值参数均置 0，唯有活动 k 的价值参数保持为 1 和一个 c 标记，使得仅对活动实现次数进行统计，而并不累加该次活动实现的价值参数。

证明　根据矩母函数的定义，对任何分布的随机变量 T，若置 $s_k = 0, k = 1, 2, \cdots, n, n \geqslant 2$，则其矩母函数为 1。则

$$M_{ij}(c; s_1, s_2, \cdots, s_n) = M_T(c) \cdot M_{ij}(s_1, s_2, \cdots, s_n)|_{s_k=0} = \mathrm{e}^c$$

$$\cdot M_{ij}(s_1, s_2, \cdots, s_n)|_{s_k=0} = \mathrm{e}^c \cdot 1$$

则

$$W_E(c; s_1, s_2, \cdots, s_n) = \frac{\displaystyle\sum_{r=1}^n W_r(c) \cdot \left(1 - \sum_m \sum_{i \neq r} (-1)^m W_i(L_m(c))\right)}{1 - \displaystyle\sum_m \sum_i (-1)^m W_i(L_m(c))}$$

证毕。

定义 10.4　若令等价传递矩母函数 $M_E(c; s_1, s_2, \cdots, s_n)$ 中 $s_k = 0, k = 1, 2, \cdots, n, n \geqslant 2$，在仅有的活动 (ij) 中进行 c 标记时的网络的期望执行次数为 $T_{ij} = E(T) = \left. \dfrac{\partial M_E(c)}{\partial c} \right|_{c=0}$，则称 T_{ij} 为活动 ij 被执行的平均次数。

定义 10.5　若令等价传递矩母函数 $M_E(c; s_1, s_2, \cdots, s_n)$ 中 $s_k = 0, k = 1, 2, \cdots, n, n \geqslant 2$，在引入节点 j 的所有活动上都进行 c 标记时的网络的期望执行次数为 $T_j = E(T) = \left. \dfrac{\partial M_E(c)}{\partial c} \right|_{c=0}$，则称 T_j 为节点 j 被执行的平均次数。

定义 10.6　若令等价传递矩母函数 $M_E(c; s_1, s_2, \cdots, s_n)$ 中 $s_k = 0, k = 1, 2, \cdots, n, n \geqslant 2$，在所有活动上都进行 c 标记时的网络的期望执行次数为 $T_A = E(T) = \left. \dfrac{\partial M_E(c)}{\partial c} \right|_{c=0}$，则称 T_A 为源节点出发到达终节点的平均转移次数，即网络的平均转移次数。

c 标记矩母函数求解算法如下所述。

步骤 1：设置相应的标记矩母函数矩阵，对活动（节点）的矩母函数乘以标记矩母函数 $M_T(c) = \mathrm{e}^c$。

步骤 2：按 IOT-GERT 网络解析法，求得该网络的等价传递函数 $W_E(c, s)$ 及等价矩母函数 $M_E(c, s)$。

步骤 3：置等价矩母函数 $M_E(c, s)$ 中 $s = 0$，得到以 c 为实变量的等价矩母函数 $M_E(c, 0)$。

步骤 4：对 c 求一阶导数，求出期望执行次数 $E(T) = \left. \dfrac{\partial W_E(c)}{\partial c} \right|_{c=0}$，对 c 求二阶导数得到二阶矩，继而求得方差。

10.2.2　组合 c 标记矩母函数及其解析

由于网络中的活动、节点、网络在进行 c 标记时需要分别对相应的参数部分进行标记，构建不同的 c 标记矩母函数，得到不同的等价传递函数，当需要同时得到多个活动、节点或者网络执行情况时，单 c 标记矩母函数的求解的适用性大为降低，且不适用于计算机的自动求解，因此构建组合 c 标记矩母函数，由一个等价传递函数同时求得各活动、各节点以及网络的执行情况，便于计算机进行求解与分析。

定义 10.7（组合 c 标记矩母函数）　设随机变量 T 的矩母函数为 $M_{ij}(c_{ij}, c_j, c_A) = E(\mathrm{e}^{(c_{ij}+c_j+c_A)T})$，$c_{ij}, c_j, c_A$ 为实数，且 c_{ij} 标记活动 (ij) 被执行的平均次数，c_j 标记节点 j 被执行的平均次数，c_A 标记网络的平均转移次数，则当 $T = 1$ 时随机变量 T 的矩母函数 $M_{ij}(c_{ij}, c_j, c_A) = E(\mathrm{e}^{(c_{ij}+c_j+c_A)})$，称为网络要素重复执行次数的组合矩母函数，简称组合 c 标记矩母函数或组合 c 标记。

设 $M_{ij}(c_{ij}, c_j, c_A)$ 为活动 (ij) 组合 c 标记矩母函数，则网络各要素的组合 c 标记矩母函数矩阵为

$$(M_{ij}(c_{ij}, c_j, c_A))_{n \times n} = c_A \cdot \begin{bmatrix} e^{c_{11}} & e^{c_{12}} & \cdots & e^{c_{1n}} \\ e^{c_{21}} & e^{c_{22}} & \cdots & e^{c_{2n}} \\ \vdots & \vdots & e^{c_{ij}} & \vdots \\ e^{c_{n1}} & e^{c_{n2}} & \cdots & e^{c_{nn}} \end{bmatrix} \cdot \begin{bmatrix} e^{c_1} & 0 & \cdots & 0 \\ 0 & e^{c_2} & \cdots & 0 \\ \vdots & \vdots & e^{c_j} & \vdots \\ 0 & 0 & \cdots & e^{c_n} \end{bmatrix}$$

$$(10.10)$$

定义 10.8　若 $M_{ij}(c_{ij}, c_j, c_A) = E(e^{(c_{ij}+c_j+c_A)})$ 为活动 (ij) 的网络要素重复执行次数的组合矩母函数，则活动 (ij) 实现的概率 p_{ij} 与 $M_{ij}(c_{ij}, c_j, c_A)$ 的乘积称为组合 c 标记传递函数，即 $W_{ij}(c_{ij}, c_j, c_A) = p_{ij} M_{ij}(c_{ij}, c_j, c_A)$。

定理 10.8　若 $M_{ij}(c_{ij}, c_j, c_A)$ 为活动 (ij) 的网络要素重复执行次数的组合矩母函数，当仅关心网络中活动 (ij) 的实现次数时，将所有 s_k 置 0，且活动的等价传递函数等于其等价组合 c 标记传递函数，即 $W_{ij}(c_{ij}, c_j, c_A; s_1, s_2, \cdots, s_n)|_{s_k=0} = W_{ij}(c_{ij}, c_j, c_A) = p_{ij} M_{ij}(c_{ij}, c_j, c_A)$。

证明

$$W_{ij}(c_{ij}, c_j, c_A; s_1, s_2, \cdots, s_n)|_{s_k=0}$$
$$= p_{ij} M_{ij}(c_{ij}, c_j, c_A) M_{ij}(s_1, s_2, \cdots, s_n)|_{s_k=0}$$
$$= p_{ij} M_{ij}(c_{ij}, c_j, c_A) M_{ij}(0, 0, \cdots, 0) = p_{ij} M_{ij}(c_{ij}, c_j, c_A) \cdot 1$$
$$= W_{ij}(c_{ij}, c_j, c_A)$$

证毕。

定理 10.9　若 $W_{uv}(c_{11}, \cdots, c_{ij}, \cdots, c_{nn}; c_1, \cdots, c_j, \cdots, c_n; c_A)$ 为由节点 u 到节点 v 的第 r 条直达路径的等价组合 c 标记传递函数，$r = 1, 2, \cdots, R; R \geqslant 1$，$W_i(L_m)$ 为 m 阶环中第 i 个环的等价组合 c 标记传递系数，则由节点 u 到节点 v 的等价组合 c 标记传递函数为 $W_{uv}(c_{11}, \cdots, c_{ij}, \cdots, c_{nn}; c_1, \cdots, c_j, \cdots, c_n; c_A)$，如式 (10.11) 所示：

$$W_{uv}(c_{11}, \cdots, c_{ij}, \cdots, c_{nn}; c_1, \cdots, c_j, \cdots, c_n; c_A) =$$

$$\frac{\sum_{r=1}^{n} W_r(c_{11}, \cdots, c_{ij}, \cdots, c_{nn}; c_1, \cdots, c_j, \cdots, c_n; c_A) \cdot \left(1 - \sum_m \sum_{i \neq r} (-1)^m W_i(L_m)\right)}{1 - \sum_m \sum_i (-1)^m W_i(L_m)}$$

$$(10.11)$$

定理 10.10 若节点 u 到节点 v 的等价组合 c 标记传递函数为 $W_{uv}(c_{11}, \cdots,$ $c_{ij}, \cdots, c_{nn}; c_1, \cdots, c_j, \cdots, c_n; c_A)$, $u = 1, 2, \cdots, m; v = 1, 2, \cdots, l; k = 1, 2,$ $\cdots, n, n \geqslant 2$, 则从节点 u 到节点 v 的等价值传递概率 P_{uv} 等于 $W_{uv}(c_{11}, \cdots,$ $c_{ij}, \cdots, c_{nn}; c_1, \cdots, c_j, \cdots, c_n; c_A)$ 将所有 $c_{ij} = c_j = c_A$ 置 0 的值, 如式 (10.12) 所示。且从节点 u 到节点 v 的等价组合 c 标记矩母函数为其等价组合 c 标记传递函数与其等价值传递概率的比值。

证明 由多传递参量矩母函数的特征可知, 当 $c_{ij} = c_j = c_A = 0$ 时, 有

$$W_{uv}(0, \cdots, 0, \cdots, 0; 0, \cdots, 0, \cdots, 0; 0)$$

$$= p_{uv} \cdot M_{uv}(0, \cdots, 0, \cdots, 0; 0, \cdots, 0, \cdots, 0; 0) = p_{uv} E(\mathrm{e}^0) = p_{uv}$$

则网络的等价传递概率为

$$P_{uv} = W_{uv}(c_{11}, \cdots, c_{ij}, \cdots, c_{nn}; c_1, \cdots, c_j, \cdots, c_n; c_A)\big|_{c_{ij} = c_j = c_A = 0} \tag{10.12}$$

则根据梅森公式, 节点 u 到节点 v 的等价组合 c 标记矩母函数为

$$M_{uv}(c_{11}, \cdots, c_{ij}, \cdots, c_{nn}; c_1, \cdots, c_j, \cdots, c_n; c_A)$$

$$= \frac{W_{uv}(c_{11}, \cdots, c_{ij}, \cdots, c_{nn}; c_1, \cdots, c_j, \cdots, c_n; c_A)}{p_{uv}}$$

$$= \frac{W_{uv}(c_{11}, \cdots, c_{ij}, \cdots, c_{nn}; c_1, \cdots, c_j, \cdots, c_n; c_A)}{W_{uv}(0, \cdots, 0, \cdots, 0; 0, \cdots, 0, \cdots, 0; 0)} \tag{10.13}$$

证毕。

定理 10.11 若节点 u 到节点 v 的等价组合 c 标记传递函数为 $W_{uv}(c_{11}, \cdots,$ $c_{ij}, \cdots, c_{nn}; c_1, \cdots, c_j, \cdots, c_n; c_A)$, $u = 1, 2, \cdots, m; v = 1, 2, \cdots, l; k = 1, 2, \cdots,$ $n, n \geqslant 2$, 则活动 (ij) 被执行的平均次数等于 $W_{uv}(c_{11}, \cdots, c_{ij}, \cdots, c_{nn}; c_1, \cdots,$ $c_j, \cdots, c_n; c_A)$ 对活动 (ij) 对应的标记 c_{ij} 求偏导后置所有 c 标记为 0 的值, 如式 (10.14) 所示:

$$T_{ij} = E(T) = \frac{\partial}{\partial c_{ij}} \left(\frac{W_{uv}(c_{11}, \cdots, c_{ij}, \cdots, c_{nn}; c_1, \cdots, c_j, \cdots, c_n; c_A)}{W_{uv}(0, \cdots, 0, \cdots, 0; 0, \cdots, 0, \cdots, 0; 0)} \right) \Bigg|_{c_{ij} = c_j = c_A = 0} \tag{10.14}$$

定理 10.12 若节点 u 到节点 v 的等价组合 c 标记传递函数为 $W_{uv}(c_{11}, \cdots,$ $c_{ij}, \cdots, c_{nn}; c_1, \cdots, c_j, \cdots, c_n; c_A)$, $u = 1, 2, \cdots, m; v = 1, 2, \cdots, l; k = 1, 2,$ $\cdots, n, n \geqslant 2$, 则节点 j 被执行的平均次数等于 $W_{uv}(c_{11}, \cdots, c_{ij}, \cdots, c_{nn}; c_1, \cdots,$ $c_j, \cdots, c_n; c_A)$ 对节点 j 对应的标记 c_j 求偏导后置所有 c 标记为 0 的值, 如

式 (10.15) 所示:

$$T_j = E(T) = \frac{\partial}{\partial c_j} \left(\frac{W_{uv}(c_{11}, \cdots, c_{ij}, \cdots, c_{nn}; c_1, \cdots, c_j, \cdots, c_n; c_A)}{W_{uv}(0, \cdots, 0, \cdots, 0; 0, \cdots, 0, \cdots, 0; 0)} \right) \Bigg|_{c_{ij}=c_j=c_A=0}$$

(10.15)

证明

$$\frac{\partial}{\partial c_j} \left(\frac{W_{uv}(c_{11}, \cdots, c_{ij}, \cdots, c_{nn}; c_1, \cdots, c_j, \cdots, c_n; c_A)}{W_{uv}(0, \cdots, 0, \cdots, 0; 0, \cdots, 0, \cdots, 0; 0)} \right) \Bigg|_{c_{ij}=c_j=c_A=0}$$

$$= \frac{\partial}{\partial c_j} \left(\frac{W_{uv}(0, \cdots, 0, \cdots, 0; 0, \cdots, c_j, \cdots, 0; 0)}{W_{uv}(0, \cdots, 0, \cdots, 0; 0, \cdots, 0, \cdots, 0; 0)} \right) \Bigg|_{c_j=0}$$

$$= \frac{\partial M_E(c_j)}{\partial c_j} \Bigg|_{c_j=0}$$

$$= T_j$$

证毕。

定理 10.13　若节点 u 到节点 v 的等价组合 c 标记传递函数为 $W_{uv}(c_{11}, \cdots,$ $c_{ij}, \cdots, c_{nn}; c_1, \cdots, c_j, \cdots, c_n; c_A)$, $u = 1, 2, \cdots, m; v = 1, 2, \cdots, l; k = 1, 2, \cdots,$ $n, n \geqslant 2$, 则网络的被执行的平均次数等于 $W_{uv}(c_{11}, \cdots, c_{ij}, \cdots, c_{nn}; c_1, \cdots, c_j,$ $\cdots, c_n; c_A)$ 对网络对应的标记 c_A 求偏导后置所有 c 标记为 0 的值, 如式 (10.16) 所示:

$$T_A = E(T) = \frac{\partial}{\partial c_A} \left(\frac{W_{uv}(c_{11}, \cdots, c_{ij}, \cdots, c_{nn}; c_1, \cdots, c_j, \cdots, c_n; c_A)}{W_{uv}(0, \cdots, 0, \cdots, 0; 0, \cdots, 0, \cdots, 0; 0)} \right) \Bigg|_{c_{ij}=c_j=c_A=0}$$

(10.16)

证明

$$\frac{\partial}{\partial c_A} \left(\frac{W_{uv}(c_{11}, \cdots, c_{ij}, \cdots, c_{nn}; c_1, \cdots, c_j, \cdots, c_n; c_A)}{W_{uv}(0, \cdots, 0, \cdots, 0; 0, \cdots, 0, \cdots, 0; 0)} \right) \Bigg|_{c_{ij}=c_j=c_A=0}$$

$$= \frac{\partial}{\partial c_A} \left(\frac{W_{uv}(0, \cdots, 0, \cdots, 0; 0, \cdots, 0, \cdots, 0; c_A)}{W_{uv}(0, \cdots, 0, \cdots, 0; 0, \cdots, 0, \cdots, 0; 0)} \right) \Bigg|_{c_A=0}$$

$$= \frac{\partial M_E(c_A)}{\partial c_A} \Bigg|_{c_A=0}$$

$$= T_A$$

证毕。

定理 10.14　若节点 u 到节点 v 的等价价值传递函数为 $W_{uv}(c_{11}, \cdots, c_{ij}, \cdots, c_{nn}; c_1, \cdots, c_j, \cdots, c_n; c_A)$, $u = 1, 2, \cdots, m; v = 1, 2, \cdots, l; k = 1, 2, \cdots, n, n \geqslant 2$, 则活动 (ij) 被执行的平均次数的方差等于 $W_{uv}(c_{11}, \cdots, c_{ij}, \cdots, c_{nn}; c_1, \cdots, c_j, \cdots, c_n; c_A)$ 对活动 (ij) 对应的标记 c_{ij} 求二阶偏导后置所有 c 标记为 0 的值与活动 ij 平均执行次数 $E(T_{ij})$ 的平方的差。

定理 10.15　若节点 u 到节点 v 的等价价值传递函数为 $W_{uv}(c_{11}, \cdots, c_{ij}, \cdots, c_{nn}; c_1, \cdots, c_j, \cdots, c_n; c_A)$, $u = 1, 2, \cdots, m; v = 1, 2, \cdots, l; k = 1, 2, \cdots, n, n \geqslant 2$, 则节点 j 被执行的平均次数的方差等于 $W_{uv}(c_{11}, \cdots, c_{ij}, \cdots, c_{nn}; c_1, \cdots, c_j, \cdots, c_n; c_A)$ 对节点 j 对应的标记 c_j 求二阶偏导后置所有 c 标记为 0 的值与节点 j 平均执行次数 $E(T_j)$ 的平方的差。

定理 10.16　若节点 u 到节点 v 的等价价值传递函数为 $W_{uv}(c_{11}, \cdots, c_{ij}, \cdots, c_{nn}; c_1, \cdots, c_j, \cdots, c_n; c_A)$, $u = 1, 2, \cdots, m; v = 1, 2, \cdots, l; k = 1, 2, \cdots, n, n \geqslant 2$, 则网络平均被执行次数的方差等于 $W_{uv}(c_{11}, \cdots, c_{ij}, \cdots, c_{nn}; c_1, \cdots, c_j, \cdots, c_n; c_A)$ 对网络对应的标记 c_A 求二阶偏导后置所有 c 标记为 0 的值与网络平均执行次数 $E(T_A)$ 的平方的差。

组合 c 标记矩母函数求解算法步骤如下。

步骤 1：构建组合 c 标记矩母函数矩阵，对活动的矩母函数乘以组合 c 标记矩母函数 $M_{ij}(c_{ij}, c_j, c_A)$。

步骤 2：按 IOT-GERT 网络解析法，求得该网络等价传递函数。$W_{uv}(c_{11}, \cdots, c_{ij}, \cdots, c_{nn}; c_1, \cdots, c_j, \cdots, c_n; c_A; s_1, s_2, \cdots, s_n)$, 及等价矩母函数 $M_E(c_{11}, \cdots, c_{ij}, \cdots, c_{nn}; c_1, \cdots, c_j, \cdots, c_n; c_A; s_1, s_2, \cdots, s_n)$。

步骤 3：置等价矩母函数 $M_E(c_{11}, \cdots, c_{ij}, \cdots, c_{nn}; c_1, \cdots, c_j, \cdots, c_n; c_A; s_1, s_2, \cdots, s_n)$ 中 $s_k = 0$, $k = 1, 2, \cdots, n, n \geqslant 2$, 得到等价组合 c 标记矩母函数 $M_E(c_{11}, \cdots, c_{ij}, \cdots, c_{nn}; c_1, \cdots, c_j, \cdots, c_n; c_A)$。

步骤 4：$M_E(c_{11}, \cdots, c_{ij}, \cdots, c_{nn}; c_1, \cdots, c_j, \cdots, c_n; c_A)$ 分别对各活动实现次数的标记 c_{ij} 求一阶导数，置 $c_{ij} = c_j = c_A = 0$, 求出活动 (ij) 的期望执行次数：

$$T_{ij} = E(T_{ij}) = \left. \frac{\partial M_E(c_{11}, \cdots, c_{ij}, \cdots, c_{nn}; c_1, \cdots, c_j, \cdots, c_n; c_A)}{\partial c_{ij}} \right|_{c_{ij} = c_j = c_A = 0}$$

对 c_{ij} 求二阶导数得到二阶矩，置 $c_{ij} = c_j = c_A = 0$, 继而求得活动 (ij) 的期望执行次数的方差。

步骤 5：$M_E(c_{11}, \cdots, c_{ij}, \cdots, c_{nn}; c_1, \cdots, c_j, \cdots, c_n; c_A)$ 分别对各节点实现次数的标记 c_j 求一阶导数，置 $c_{ij} = c_j = c_A = 0$, 求出节点 j 的期望执行次数：

$$T_j = E(T_j) = \left. \frac{\partial M_E(c_{11}, \cdots, c_{ij}, \cdots, c_{nn}; c_1, \cdots, c_j, \cdots, c_n; c_A)}{\partial c_j} \right|_{c_{ij} = c_j = c_A = 0}$$

对 c_j 求二阶导数得到二阶矩，置 $c_{ij} = c_j = c_A = 0$，继而求得节点 j 的期望执行次数的方差。

步骤 6：$M_E(c_{11}, \cdots, c_{ij}, \cdots, c_{nn}; c_1, \cdots, c_j, \cdots, c_n; c_A)$ 分别对网络实现次数的标记 c_A 求一阶导数，置 $c_{ij} = c_j = c_A = 0$，求出网络的平均执行次数：

$$T_A = E(T_A) = \left. \frac{\partial M_E(c_{11}, \cdots, c_{ij}, \cdots, c_{nn}; c_1, \cdots, c_j, \cdots, c_n; c_A)}{\partial c_A} \right|_{c_{ij}=c_j=c_A=0}$$

对 c_A 求二阶导数得到二阶矩，置 $c_{ij} = c_j = c_A = 0$，继而求得网络的平均执行次数的方差。

10.3　案例研究

2002 年投入产出表数据如表 10.1 所示。通过分析部门间的相互价值流动联系，构建 8 部门国民经济系统 IOT-GERT 网络，国民经济系统的各部门构成 IOT-GERT 网络的顶点，各部门间价值流动关系构成网络的边，国民经济系统中各部门间的资金流动构成网络中的流。国民经济系统的各部门多传递参量 IOT-GERT 网络结构图如图 10.3 所示。

表 10.1　2002 年全国投入产出表

	农业	采掘业	制造业	能源生产和供应业	能源及化工加工业	金属及非金属制品业	建筑业	服务业
总投入合计/元	285787423	103171891	440078539	84781571	280210120	716021647	281326817	942927009
中间投入合计/元	119482762	43505928	307810344	42321967	210912348	534642596	215384929	441655102
农业/元	46368196	400482	71526130	19983	6677529	192675	22862990	15339368
采掘业/元	980425	3522633	1982240	13643672	47036821	27940534	7025824	3783976
制造业/元	17545570	1524097	122492186	552878	7384913	20998057	12062974	67887013
能源生产和供应业/元	3310203	6675985	7102706	4055205	11920534	21015240	4167503	16032740
能源及化工加工业/元	22063394	6251007	32844342	4153357	92513751	48657822	17698658	49108206
金属及非金属制品业/元	6028540	12150848	17236406	8665339	12536382	327591237	103442054	81486577
建筑业/元	497113	140575	207275	77805	141385	376690	338610	16635441
服务业/元	22689323	12840302	54419059	11153729	32701032	87870342	47786316	191381781
增加值合计/元	166304661	59665963	132268195	42459604	69297772	181379051	65941888	501271907
劳动者报酬/元	133159686	25695041	48292792	9820296	23828298	78565540	38985990	231157350
生产税净额/元	5446504	6513463	31121782	8324572	17062501	36616681	2848851	66687759
生产成本/元	7649132	7116017	17497354	12057082	12672251	27362658	7021012	96030165
营业盈余/元	20049338	20341442	35356267	12257655	15734721	38834172	17086036	107396632

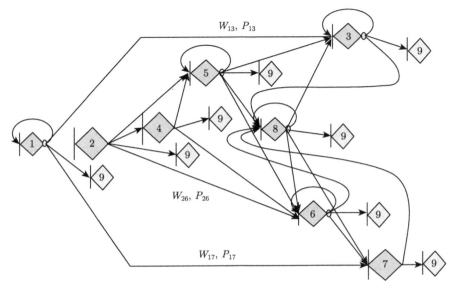

图 10.3 国民经济系统的各部门多传递参量 IOT-GERT 网络结构图

各节点分别表示农业、采掘业、制造业、能源生产和供应业、能源及化工加工业、金属及非金属制品业、建筑业和服务业。

在部门间价值流通过程中的价值由生产成本、劳动者报酬、生产税净额、营业盈余组成，分别为 C, R, I, D，则价值增值量为 $V(C, R, I, D)$，且 $V(C, R, I, D) = C + R + I + D$。根据 2002 年投入产出表数据，经过相应的数据整理计算，得到各节点的分配概率、各价值增值参量的分布，如表 10.2 所示。

根据信号流图中的梅森公式求解部门间等价传递函数，化简后得到农业部门到服务业部门的等价传递函数为

$$W(1,8) = \frac{A_{11}A_{13}A_{38} + A_{11}A_{17}A_{78}}{H}$$

$$= \frac{\dfrac{1}{1-W_{11}}\dfrac{W_{13}}{1-W_{33}}\dfrac{W_{38}}{1-W_{88}} + \dfrac{1}{1-W_{11}}W_{17}\dfrac{W_{78}}{1-W_{88}}}{1 - \dfrac{W_{38}}{1-W_{88}}\dfrac{W_{83}}{1-W_{33}} - \dfrac{W_{87}W_{78}}{1-W_{88}} - \dfrac{W_{68}W_{86}}{(1-W_{88})(1-W_{66})} - \dfrac{W_{67}W_{78}W_{86}}{(1-W_{88})(1-W_{66})}}$$

$$= \frac{\left(\dfrac{W_{13}W_{38}}{1-W_{33}} + W_{17}W_{78}\right)\dfrac{1-W_{66}}{1-W_{11}}}{(1-W_{88})(1-W_{66}) - \left(\dfrac{W_{38}W_{83}}{1-W_{33}} + W_{87}W_{78}\right)(1-W_{66}) - W_{68}W_{86} - W_{67}W_{78}W_{86}}$$

表 10.2　国民经济系统 IOT-GERT 网络各项参数分布表

活动	概率	参数分布			
ij	P_{ij}	C	R	I	D
(1, 1)	0.28	$N(1.114, 0.111)$	$N(0.046, 0.004)$	$N(0.064, 0.006)$	$N(0.168, 0.016)$
(1, 3)	0.44	$N(0.157, 0.015)$	$N(0.101, 0.01)$	$N(0.057, 0.005)$	$N(0.115, 0.011)$
(1, 7)	0.14	$N(0.181, 0.018)$	$N(0.013, 0.001)$	$N(0.033, 0.003)$	$N(0.079, 0.007)$
(2, 4)	0.13	$N(0.023, 0.002)$	$N(0.197, 0.019)$	$N(0.285, 0.028)$	$N(0.290, 0.029)$
(2, 5)	0.44	$N(0.113, 0.011)$	$N(0.081, 0.008)$	$N(0.060, 0.006)$	$N(0.075, 0.007)$
(2, 6)	0.26	$N(0.147, 0.014)$	$N(0.068, 0.006)$	$N(0.051, 0.001)$	$N(0.073, 0.007)$
(3, 3)	0.49	$N(0.157, 0.015)$	$N(0.101, 0.01)$	$N(0.057, 0.005)$	$N(0.115, 0.011)$
(3, 8)	0.27	$N(0.523, 0.052)$	$N(0.151, 0.015)$	$N(0.217, 0.021)$	$N(0.243, 0.024)$
(4, 5)	0.16	$N(0.113, 0.011)$	$N(0.081, 0.008)$	$N(0.060, 0.006)$	$N(0.075, 0.007)$
(4, 6)	0.28	$N(0.147, 0.014)$	$N(0.068, 0.006)$	$N(0.051, 0.001)$	$N(0.073, 0.007)$
(4, 8)	0.22	$N(0.523, 0.052)$	$N(0.151, 0.015)$	$N(0.217, 0.021)$	$N(0.243, 0.024)$
(5, 3)	0.12	$N(0.157, 0.015)$	$N(0.101, 0.01)$	$N(0.057, 0.005)$	$N(0.115, 0.011)$
(5, 5)	0.34	$N(0.113, 0.011)$	$N(0.081, 0.008)$	$N(0.060, 0.006)$	$N(0.075, 0.007)$
(5, 6)	0.18	$N(0.147, 0.014)$	$N(0.068, 0.006)$	$N(0.051, 0.001)$	$N(0.073, 0.007)$
(5, 8)	0.18	$N(0.523, 0.052)$	$N(0.151, 0.015)$	$N(0.217, 0.021)$	$N(0.243, 0.024)$
(6, 6)	0.58	$N(0.147, 0.014)$	$N(0.068, 0.006)$	$N(0.051, 0.001)$	$N(0.073, 0.007)$
(6, 7)	0.18	$N(0.181, 0.018)$	$N(0.013, 0.001)$	$N(0.033, 0.003)$	$N(0.079, 0.007)$
(6, 8)	0.14	$N(0.523, 0.052)$	$N(0.151, 0.015)$	$N(0.217, 0.021)$	$N(0.243, 0.024)$
(7, 8)	0.90	$N(0.523, 0.052)$	$N(0.151, 0.015)$	$N(0.217, 0.021)$	$N(0.243, 0.024)$
(8, 3)	0.12	$N(0.157, 0.015)$	$N(0.101, 0.01)$	$N(0.057, 0.005)$	$N(0.115, 0.011)$
(8, 6)	0.19	$N(0.147, 0.014)$	$N(0.068, 0.006)$	$N(0.051, 0.001)$	$N(0.073, 0.007)$
(8, 7)	0.10	$N(0.181, 0.018)$	$N(0.013, 0.001)$	$N(0.033, 0.003)$	$N(0.079, 0.007)$
(8, 8)	0.40	$N(0.523, 0.052)$	$N(0.151, 0.015)$	$N(0.217, 0.021)$	$N(0.243, 0.024)$

则农业部门到服务业部门的等价传递概率 P_{18}、平均价值增值量 $E(X)$、价值增值量波动方差 $V(P)$ 分别为

$$P_{18} = W_{18}(s_1, s_2, s_3, s_4)|_{s_1=s_2=s_3=s_4=0} = W_{18}(0,0,0,0)$$

$$= \frac{\left(\dfrac{p_{13}p_{38}}{1-p_{33}} + p_{17}p_{78}\right)\dfrac{1-p_{66}}{1-p_{11}}}{(1-p_{88})(1-p_{66}) - \left(\dfrac{p_{38}p_{83}}{1-p_{33}} + p_{87}p_{78}\right)(1-p_{66}) - p_{68}p_{86} - p_{67}p_{78}p_{86}}$$

$$= 0.5156$$

$$E(X) = \sum_{i=1}^{4} \frac{\partial}{\partial S_i} \left(\frac{W_{uv}(S_i)}{W_{uv}(0,0,0,0)} \right) \bigg|_{s_1=s_2=s_3=s_4=0}$$

$$= 0.5945 + 0.2071 + 0.2251 + 0.3071 = 1.3339$$

$$V(P) = \sum_{i=1}^{4} V(X^i)$$

$$= \sum_{i=1}^{4} \left(\frac{\partial^2}{\partial S_i^2} \left(\frac{W_{uv}(S_1, S_2, S_3, S_4)}{W_{uv}(0,0,0,0)} \right) \bigg|_{s_1=s_2=s_3=s_4=0} \right.$$

$$\left. - \left(\frac{\partial}{\partial S} \left(\frac{W_{uv}(S_1, S_2, S_3, S_4)}{W_{uv}(0,0,0,0)} \right) \bigg|_{s_1=s_2=s_3=s_4=0} \right)^2 \right)$$

$$= 0.1172$$

由分析结果可以知道, 对农业的单位投入会有 0.5156 的部分在服务业中得到产出, 平均增值量为 1.3339, 方差为 0.1172, 其中生产成本平均增值量为 0.5945、劳动者报酬平均增值量为 0.2071、生产税净额平均增值量为 0.2251、营业盈余平均增值量为 0.3071, 价值增值乘数为 3.6。同样, 我们可以求得到对不同经济部门投入在国民经济系统各部门获得的产出, 部门间价值传递概率、价值增值量及波动方差等一系列值, 这些值充分反映了部门间动态投入产出的情况及价值增值的情况以及价值流动过程中伴随的价值增值过程, 为国家的宏观调控提供有效的定量支持。

根据信号流图中的梅森公式求解部门间等价传递函数, 化简后得到农业部门到服务业部门间组合 c 标记等价传递函数为

$$W_{(1,8)}(C_{ij}, C_j, C; s_1, s_2, s_3, s_4)$$

$$= \frac{\dfrac{(1 - W_{66}\mathrm{e}^{(C_{66}+C_6+C)})(1 - W_{88}\mathrm{e}^{(C_{88}+C_8+C)})}{1 - W_{11}\mathrm{e}^{(C_{11}+C_1+C)}} \cdot \left(\dfrac{W_{13}\mathrm{e}^{(C_{13}+C_3+C)}W_{38}\mathrm{e}^{(C_{38}+C_8+C)}}{1 - W_{33}\mathrm{e}^{(C_{33}+C_3+C)}} + W_{17}\mathrm{e}^{(C_{17}+C_7+C)}W_{78}^{(C_{78}+C_8+C)} \right)}{(1 - W_{88}\mathrm{e}^{(C_{88}+C_8+C)})(1 - W_{66}\mathrm{e}^{(C_{66}+C_6+C)}) - \dfrac{W_{38}\mathrm{e}^{(C_{38}+C_8+C)}W_{83}\mathrm{e}^{(C_{83}+C_3+C)}(1 - W_{66}\mathrm{e}^{(C_{66}+C_6+C)})}{1 - W_{33}\mathrm{e}^{(C_{33}+C_3+C)}} - W_{87}\mathrm{e}^{(C_{87}+C_7+C)}W_{78}\mathrm{e}^{(C_{78}+C_8+C)}(1 - W_{66}\mathrm{e}^{(C_{66}+C_6+C)}) - W_{68}\mathrm{e}^{(C_{68}+C_8+C)}W_{86}\mathrm{e}^{(C_{86}+C_6+C)} - W_{67}\mathrm{e}^{(C_{67}+C_7+C)}W_{78}\mathrm{e}^{(C_{78}+C_8+C)}W_{86}\mathrm{e}^{(C_{86}+C_6+C)}}$$

$$M_{(1,8)}(C_{ij}, C_j, C; 0, 0, 0, 0)$$

$$= \frac{\dfrac{(1 - p_{66}\mathrm{e}^{(C_{66}+C_6+C)})(1 - p_{88}\mathrm{e}^{(C_{88}+C_8+C)})}{1 - p_{11}\mathrm{e}^{(C_{11}+C_1+C)}} \cdot \left(\dfrac{p_{13}\mathrm{e}^{(C_{13}+C_3+C)}p_{38}\mathrm{e}^{(C_{38}+C_8+C)}}{1 - p_{33}\mathrm{e}^{(C_{33}+C_3+C)}} + p_{17}\mathrm{e}^{(C_{17}+C_7+C)}p_{78}^{(C_{78}+C_8+C)} \right)}{\begin{array}{l} 0.5156((1 - p_{88}\mathrm{e}^{(C_{88}+C_8+C)})(1 - p_{66}\mathrm{e}^{(C_{66}+C_6+C)}) \\ - \dfrac{p_{38}\mathrm{e}^{(C_{38}+C_8+C)}W_{83}\mathrm{e}^{(C_{83}+C_3+C)}(1 - p_{66}\mathrm{e}^{(C_{66}+C_6+C)})}{1 - p_{33}\mathrm{e}^{(C_{33}+C_3+C)}} \\ - p_{87}\mathrm{e}^{(C_{87}+C_7+C)}p_{78}\mathrm{e}^{(C_{78}+C_8+C)}(1 - p_{66}\mathrm{e}^{(C_{66}+C_6+C)}) \\ - p_{68}\mathrm{e}^{(C_{68}+C_8+C)}p_{86}\mathrm{e}^{(C_{86}+C_6+C)} \\ - p_{67}\mathrm{e}^{(C_{67}+C_7+C)}p_{78}\mathrm{e}^{(C_{78}+C_8+C)}p_{86}\mathrm{e}^{(C_{86}+C_6+C)}) \end{array}}$$

对 C_{78}、C_7、C 分别求导后置所有 $C_{ij} = C_j = C = 0$ 即可得到在农业至服务业的价值流动过程中从建筑业到服务业的价值传递过程的平均实现次数为 0.5180，建筑业部门的价值重复实现次数为 0.5180，从农业到服务业的平均转移次数为 3.7881。同样我们可以对其他 C_{ij}, C_j 求偏导后置所有 $C_{ij} = C_j = C = 0$ 即可得到在农业至服务业的价值流动过程中各价值传递活动、价值传递部门的价值传递过程的平均实现次数。同样，我们可以求得到价值流动过程中不同经济部门价值增值活动的平均实现次数、价值增值节点平均实现次数、价值增值网络的平均转移次数等一系列值，这些值充分反映了部门间动态投入产出的情况及价值增值的情况以及价值流动过程中伴随的价值增值过程，为国家的宏观调控提供有效的定量支持。

参 考 文 献

[1] 俞斌. 多传递参量 GERT 网络模型及其应用研究 [D]. 南京：南京航空航天大学, 2010.

[2] 俞斌, 方志耕, 杨保华, 等. 一种新的价值流动 GERT 网络模型及其应用 [J]. 系统工程, 2009, 27(7): 43-48.

[3] 刘思峰, 俞斌, 方志耕, 等. 灰色价值流动 G-G-GERT 网络模型及其应用研究 [C]. 第十一届中国管理科学学术年会论文集, 成都, 2009: 6.

[4] 郭本海, 方志耕, 俞斌, 等. 基于能效视角的主导产业选择多参量 GERT 网络模型 [J]. 系统工程理论与实践, 2011, 31(5): 944-953.

[5] 俞斌, 方志耕, 杨保华, 等. 价值流动 GERT 网络组合 C 标记模型及其应用 [J]. 系统工程, 2009, 27(11): 91-95.

[6] 綦良群, 王金石, 崔月莹, 等. 中国装备制造业服务化水平测度——基于价值流动视角 [J]. 科技进步与对策, 2021, 38(14): 72-81.